集成[
U0512020

Nanoscale
CMOS VLSI Circuits
Design for Manufacturability

纳米级
CMOS VLSI电路

可制造性设计

[美] 桑迪普·昆杜　阿斯温·斯雷德哈　著
　　（Sandip Kundu）　　（Aswin Sreedhar）

潘彪 康旺 蒋林君　译

机械工业出版社
CHINA MACHINE PRESS

Sandip Kundu，Aswin Sreedhar

Nanoscale CMOS VLSI Circuits：*Design for Manufacturability*

9780071635196

Copyright © 2010 by The McGraw-Hill Companies，Inc.

北京市版权局著作权合同登记　图字：01-2022-3982 号。

图书在版编目（CIP）数据

纳米级 CMOS VLSI 电路：可制造性设计 /（美）桑迪普·昆杜（Sandip Kundu），（美）阿斯温·斯雷德哈（Aswin Sreedhar）著；潘彪，康旺，蒋林君译.

北京：机械工业出版社，2025.5. --（集成电路大师级系列）. -- ISBN 978 - 7 - 111 - 78270 - 4

Ⅰ. TN432.02

中国国家版本馆 CIP 数据核字第 20259FT697 号

机械工业出版社（北京市百万庄大街 22 号　邮政编码 100037）
策划编辑：刘松林　　　　　　　　责任编辑：刘松林
责任校对：刘　雪　李可意　景　飞　责任印制：张　博
北京铭成印刷有限公司印刷
2025 年 6 月第 1 版第 1 次印刷
186mm×240mm · 14 印张 · 295 千字
标准书号：ISBN 978-7-111-78270-4
定价：79.00 元

电话服务　　　　　　　　　　　　网络服务
客服电话：010-88361066　　　　　机　工　官　网：www.cmpbook.com
　　　　　010-88379833　　　　　机　工　官　博：weibo.com/cmp1952
　　　　　010-68326294　　　　　金　书　网：www.golden-book.com
封底无防伪标均为盗版　　　　　机工教育服务网：www.cmpedu.com

在当今技术飞速发展的时代，半导体行业作为现代电子设备的核心支柱，持续引领着科技的进步。在此背景下，*Nanoscale CMOS VLSI Circuits：Design for Manufacturability* 一书应运而生，为读者提供了深入了解和掌握可制造性设计（DFM）和可靠性设计（DFR）所需的知识和技能。

作为本书的译者，深知半导体技术的复杂性和重要性。通过翻译本书，译者希望能够将作者的智慧和经验传递给更多的中文读者，助力他们在该领域取得更大成就。本书不仅适合从事半导体设计的工程师和研究人员阅读，还可以作为相关专业本科生和研究生的参考教材。

在翻译过程中，译者力求准确传达原著精髓，确保专业术语和技术概念清晰易懂，同时尽可能地保留原著的结构和风格，以便读者获得与阅读原文相同的学习体验。

在此，特别感谢本书的作者 Sandip Kundu 和 Aswin Sreedhar 教授，正是他们的辛勤工作和卓越贡献，使得本书成为半导体设计领域的经典之作。同时，也要感谢课题组的成员们，是他们的支持和帮助使译者能够专注本书的翻译工作。

希望本书能够帮助更多的读者深入了解和掌握半导体设计的前沿技术。如果在翻译过程中有任何疏漏或不足之处，还请读者不吝指正。

康 旺

前　言 |Preface|

　　本书旨在向读者介绍可制造性设计（Design For Manufacturability，DFM）和可靠性设计（Design For Reliability，DFR）。由于 DFM 和 DFR 的相关主题在众多会议和大量期刊中均有广泛讨论，因此，本书更注重介绍原则和理念，而非深入每个主题的细节。每章末尾均提供参考文献，供读者学习。为了更好地理解本书，读者应具备超大规模集成（Very Large Scale Integration，VLSI）电路设计的基本知识，包括单元库特征化和物理版图开发。

　　本书凝聚了两位作者在 DFM 和 DFR 领域的研究成果。Sandip Kundu 教授还在美国马萨诸塞大学开设了一门关于 DFM 和 DFR 的课程。本书的组织结构很大程度上基于该课程的教学框架。因此，读者有望从本书中受益匪浅。本书还广泛讨论了成本、约束、计算效率和方法学，因此对设计工程师也具有重要的参考价值。

　　本书分为 8 章。第 1 章介绍了当前互补金属氧化物半导体（Complementary Metal Oxide Semiconductor，CMOS）VLSI 设计的趋势，简要概述了新器件、材料科学和光学对实现高性能和低功耗设计的基础性贡献。该章对 DFM 的基本概念进行了介绍，并讨论了其在当前设计系统和设计流程中的相关性和应用。该章还从 DFR、计算机辅助设计（Computer-Aided Design，CAD）流程以及通过设计优化提高产品寿命的角度探讨了纳米级 CMOS VLSI 设计中的可靠性问题。

　　第 2 章介绍了半导体制造技术，包括氧化、扩散、金属沉积和图形化。该章聚焦涉及光刻（photolithography）和刻蚀技术的图形化步骤。该章还讨论了光刻建模，以便有效分析给定设计的可制造性。光刻建模技术分为现象学建模和全物理光刻胶建模两类，该章对其在准确性和计算效率方面进行了比较。

　　第 3 章主要探讨了当前和未来 CMOS 器件工艺参数的偏差及影响。该章讨论的主题包括图形化中的偏差、掺杂密度波动以及由于化学机械抛光（Chemical Mechanical Polishing，CMP）和应力引起的介电层厚度变化。

　　第 4 章解释了通过分析布局进行光刻控制的基本原理，并介绍了光刻参数和概念的重要性。该章通过光学邻近效应修正（Optical Proximity Correction，OPC）、相移掩膜

(Phase Shift Masking，PSM）和离轴照明（Off-Axis Illumination，OAI）等分辨率增强技术，阐明了光刻过程中变异性的控制。该章还介绍了基于模型的设计规则检查的演变及其他传统物理设计的 CAD 工具的变化。该章最后介绍了用于推进分辨率极限的先进光刻技术，如双重图形技术、反演光刻技术和光源–掩膜协同优化技术。

第 5 章深入研究了半导体制造过程中存在的各种工艺缺陷。这些缺陷分为污染物（颗粒缺陷）和设计版图本身（图形缺陷）两类。该章介绍了如何利用关键区域（Critical Area，CA）估算颗粒缺陷的良率，以及如何利用线宽模型估算图形缺陷的良率。该章还描述了计量和失效分析技术及其在半导体测量中的应用。

第 6 章讨论了颗粒缺陷和图形缺陷对电路工作性能的影响，讨论了缺陷模型和故障模型，这两种模型可在存在缺陷的情况下有效识别和预测设计行为。该章还探讨了如何通过容错和避错技术来提高设计良率。

第 7 章讨论了可靠性问题的物理机制及其影响。该章解释并说明了热载流子注入（Hot Carrier Injection，HCI）、负偏置温度不稳定性（Negative Bias Temperature Instability，NBTI）、电迁移（Electro-Migration，EM）和静电放电（Electro-Static Discharge，ESD）等可靠性机制。该章还讨论了这些可靠性故障机制的平均失效时间及其设计解决方案。

第 8 章探讨了在电路实现过程中不同阶段采用 DFM 和 DFR 方法所带来的变化。这些变化涉及 CAD 工具和方法学，包括库表征、标准单元设计和物理设计。该章深入讨论了统计设计方法和基于模型的 DFM-DFR 问题解决方案的需求，还详细介绍了未来设计中可靠性 DFM 方法的重要性。

本书的核心主题是设计过程中做出的决策将影响产品的可制造性、良率和可靠性。产品的经济成功与良率和可制造性密切相关，而以往这些因素主要取决于制造厂的效率和生产力。在本书各章中，读者将看到设计方法对产品经济成功的影响。

目　录 |Contents|

译者序

前言

第1章　绪论 ···················· 1

1.1　技术趋势：摩尔定律的扩展 ······ 1

　1.1.1　器件改进 ············· 2

　1.1.2　材料科学的贡献 ······· 5

　1.1.3　深亚波长光刻技术 ····· 7

1.2　可制造性设计 ············· 11

　1.2.1　DFM 的价值和经济性 ······ 12

　1.2.2　制造偏差 ············ 14

　1.2.3　基于模型的 DFM 方法的必

　　　　要性 ················ 17

1.3　可靠性设计 ············· 18

1.4　本章小结 ··············· 18

参考文献 ··············· 19

第2章　半导体制造技术 ·········· 21

2.1　引言 ················ 21

2.2　图形化工艺 ············· 22

　2.2.1　光刻技术 ············ 23

　2.2.2　刻蚀技术 ············ 25

2.3　光学图案形成 ············ 28

　2.3.1　照明 ················· 29

　2.3.2　衍射 ················· 30

　2.3.3　成像透镜 ············· 34

　2.3.4　曝光系统 ············· 36

　2.3.5　空间像与还原成像 ······ 37

　2.3.6　光刻胶图形形成 ········ 38

　2.3.7　部分相干性 ··········· 40

2.4　光刻建模 ··············· 41

　2.4.1　现象学建模 ··········· 42

　2.4.2　全物理光刻胶建模 ······· 44

2.5　本章小结 ··············· 45

参考文献 ················ 45

第3章　CMOS 工艺与器件偏差：

　　　　分析与建模 ·············· 47

3.1　引言 ················ 47

3.2　栅极长度偏差 ············· 52

　3.2.1　光刻引起的图案偏差 ········· 52

　3.2.2　线边缘粗糙度：理论与表征 ······ 61

3.3　栅极宽度偏差 ············· 64

3.4　原子波动 ··············· 66

3.5　金属和介质的厚度偏差 ········ 67

3.6　应力引起的偏差 ··········· 71

3.7 本章小结 ···················· 73

参考文献 ······················ 73

第4章 可制造性设计理念 ······· 77

4.1 引言 ······················ 77

4.2 光刻工艺窗口控制 ········· 81

4.3 分辨率增强技术 ··········· 84

  4.3.1 光学邻近效应修正 ····· 85

  4.3.2 亚分辨率辅助图形 ····· 88

  4.3.3 相移掩膜 ············· 90

  4.3.4 离轴照明 ············· 94

4.4 基于DFM的物理设计 ····· 96

  4.4.1 几何设计规则 ········· 96

  4.4.2 限制性设计规则 ······· 96

  4.4.3 基于模型的规则检查和适印
      性验证 ··············· 98

  4.4.4 可制造性感知的标准单元
      设计 ················· 99

  4.4.5 缓解天线效应 ········ 103

  4.4.6 基于DFM的布局和布线 ····· 105

4.5 先进光刻技术 ·········· 108

  4.5.1 双重图形技术 ········ 108

  4.5.2 反演光刻技术 ········ 112

  4.5.3 其他先进技术 ········ 116

4.6 本章小结 ··············· 116

参考文献 ·················· 116

第5章 产业界的计量方法、
      缺陷及弥补 ········· 120

5.1 引言 ··················· 120

5.2 工艺缺陷 ··············· 122

  5.2.1 误差来源分类 ········ 123

5.2.2 缺陷相互作用和电效应 ····· 125

5.2.3 颗粒缺陷的模型化 ········ 126

5.2.4 改善关键区域的版图方法 ··· 131

5.3 图形缺陷 ············· 133

  5.3.1 图形缺陷类型 ·········· 133

  5.3.2 图形密度问题 ·········· 134

  5.3.3 图形缺陷建模的统计方法 ··· 135

  5.3.4 减少图形缺陷的版图方法 ··· 139

5.4 计量 ················· 141

  5.4.1 测量中的精度和允许偏差 ··· 141

  5.4.2 CD计量 ·············· 142

  5.4.3 套刻对准计量 ·········· 146

  5.4.4 其他在线计量 ·········· 148

  5.4.5 原位计量 ············· 149

5.5 失效分析技术 ········· 150

  5.5.1 无损检测技术 ·········· 151

  5.5.2 有损检测技术 ·········· 152

5.6 本章小结 ············· 153

参考文献 ················· 153

第6章 缺陷建模与提高良率
      技术 ··············· 157

6.1 引言 ················· 157

6.2 缺陷对电路行为影响的建模 ··· 158

  6.2.1 缺陷-故障关系 ········· 159

  6.2.2 缺陷-故障模型的作用 ···· 160

  6.2.3 测试流程 ············· 166

6.3 提高良率 ············· 167

  6.3.1 容错 ················ 168

  6.3.2 避错 ················ 177

6.4 本章小结 ············· 180

参考文献 ················· 181

第7章 物理设计和可靠性········· 183

7.1 引言 ····················· 183

7.2 电迁移 ··················· 186

7.3 热载流子效应 ·············· 188

7.3.1 热载流子注入机制 ········· 188

7.3.2 器件损坏特性 ··········· 190

7.3.3 时间依赖性介电击穿 ······· 191

7.3.4 缓解由 HCl 引起的退化 ····· 191

7.4 负偏置温度不稳定性 ········· 192

7.4.1 反应-扩散模型 ·········· 193

7.4.2 静态和动态 NBTI ········· 194

7.4.3 设计技术 ············· 195

7.5 静电放电 ················· 196

7.6 软错误 ··················· 198

7.6.1 软错误的类型 ··········· 198

7.6.2 软错误率 ············· 198

7.6.3 可靠性的 SER 缓解和纠正 ··· 199

7.7 可靠性筛选和测试 ··········· 199

7.8 本章小结 ················· 200

参考文献 ···················· 200

第8章 可制造性设计：工具和
方法论 ·············· 203

8.1 引言 ···················· 203

8.2 集成电路设计流程中的 DFx ··· 204

8.2.1 标准单元设计 ··········· 204

8.2.2 库表征 ·············· 205

8.2.3 布局、布线和冗余填充 ····· 206

8.2.4 验证、掩膜合成和检验 ····· 207

8.2.5 工艺与器件仿真 ········· 207

8.3 电气 DFM ················ 208

8.4 统计设计与投资回报率 ······· 208

8.5 优化工具的 DFM ··········· 210

8.6 DFM 感知的可靠性分析 ······ 212

8.7 面向未来技术节点的 DFx ····· 213

8.8 本章小结 ················ 214

参考文献 ···················· 214

绪　　论

1.1　技术趋势：摩尔定律的扩展

20 多年以来，互补金属氧化物半导体（Complementary Metal Oxide Semiconductor，CMOS）技术一直是主流的半导体制造技术，更大的集成度、更高的性能和更低的功率损耗作为技术发展的要求一直推动着 CMOS 器件尺寸持续缩小。1965 年，戈登·摩尔做出了一个著名的预测：在价格保持不变的情况下，芯片上的晶体管数量将每 18 个月翻一番。这一预测被称为摩尔定律。由于多个领域的不断进步，这一定律直到今天仍然适用，诸如高级设计语言、自动逻辑综合、计算机辅助电路仿真及物理设计等设计技术，使得人们能在短时间内生产出规模越来越大的集成电路。制造技术（包括掩膜工程、光刻、刻蚀、沉积和抛光）的不断改进，实现了更高水平的器件集成。

多种技术的协同进步支持了摩尔定律，同时，人们对生产低成本、低功耗和高性能电路的需求一直存在，从过去的发展来看，晶体管特征尺寸的缩小在以上三个方面都有所改进。"高性能"意味着每一代新技术都会提高时钟频率，这种提高只有在晶体管驱动电流相应增加的情况下才有可能，而晶体管驱动电流是栅极尺寸、电荷载流子数量及其在沟道中的迁移率的函数。同时，寄生电容必须较低，以减少传播延迟，传播延迟是门或晶体管的输入到输出信号的转换时间，主要取决于器件的固有电容（如负载电容等），而阈值电压通过影响器件的开关特性，间接影响传播延迟。通过改变相关参数，可制造更高时钟频率的集成电路（Integrated Circuit，IC）。随着半导体芯片进军便携式和手持设备领域，功耗也成了一个关键的设计参数。功耗可分为动态功耗和静态功耗。动态功耗是晶体管工作期间消耗的功率，它取决于电源电压和电路工作频率，以及器件及其互连的寄生电容，这些寄生电容又取决于制造工艺和材料；静态功耗是指与器件用途无关的功耗，它主要取决于器件的阈值电压，而阈值电压又与工艺参数有关，如栅极多晶硅和晶体管沟道的掺杂密度。

时钟频率的提高主要是通过减小器件的有效沟道长度和降低器件的阈值电压实现的，降低电源电压可以有效控制功耗和一些可靠性问题，而通过有选择地提高非关键门的晶体管阈值电压可以实现漏电控制，这也称为多阈值 CMOS（Multi-Threshold CMOS，

MTCMOS)技术。

每一代 CMOS 技术的更新总会伴随着新的挑战出现，因此需要新的解决方案。在早期，当版图尺寸增加到大约 1000 个图形时，手工设计版图就变得十分困难了，此时开始对版图自动化工具产生需求。后来，当门的个数增加到数千个时，计算机辅助的逻辑合成就成为必要的手段；当门数变得更大时，人们发明了高级设计语言。在工艺尺寸缩小到 $1\sim5\mu m$ 时，互连延迟成为关键问题，这也促进了从电路布局中提取互连电阻和电容 (Resistance and Capacitance，RC) 的技术的发展。随着工艺尺寸的继续缩小，耦合电容产生了新的问题，因此需要开发一种信号完整性工具。随着特征尺寸变得更小，出于器件可靠性的考虑，引入了电迁移规则及检查。随着晶体管数量的增加以及频率的提高，功率密度成为一个重要的问题，特别是在移动设备的设计中，动态功耗的降低要求减少互连电容，这反过来又要求在互连层之间开发低 K 值的层间电介质。

总之，这些技术帮助行业从一个技术节点进入下一个节点，而未来的技术将在以下三个方面进行创新：①基本器件结构；②材料；③加工技术。

与之前的技术进步不同，当晶体管的特征宽度在 45nm 及以下时，芯片的设计和制造将同时产生诸多变化，以更好地满足上面列出的三项技术创新要求。正如国际半导体技术路线图 (International Technology Roadmap for Semiconductors，ITRS) 报告[1]中所指出的，基本的晶体管图形化技术将在未来的科技发展中成为一个极其重要的因素，光刻是晶体管和互连图案设计的核心，但在更小的特征尺寸下，光刻技术展现了其不足之处。对于光刻，人们主要关注掩膜和投影光学器件的材料、工作温度和光源的波长（这些问题将在第 3 章中详述），光刻技术尺度减小的核心目标在于生产出更小有效栅极长度的器件，同时新型结构的金属氧化物半导体场效应晶体管 (Metal Oxide Semiconductor Field-Effect Transistor，MOSFET) 器件能够通过增加沟道区的表面积来提高器件的驱动电流，这也提高了对制造技术的要求，这些器件的电路布局等也需要借助光刻技术在晶圆上实现。一些能够提供更高性能（通过提高迁移率）和更好可变性控制（通过降低固有和互连电容）的新材料将在下面的章节中进行介绍。

1.1.1　器件改进

传统的 CMOS 缩放涉及晶体管多个方面的缩放，包括特征尺寸、氧化物厚度以及掺杂浓度和分布，当晶体管尺寸接近原子尺度时，这种缩放方式带来了一系列新的挑战。例如，氧化层厚度的缩小增加了通过氧化层的隧道泄漏电荷，增加沟道掺杂会增加源极-漏极的泄漏，增加源极-漏极的掺杂会增加带间直接隧穿。同时，源极-漏极掺杂的增加也会增大源极-漏极电容，影响晶体管的性能。人们普遍认识到，传统的体硅 CMOS 的缩放将遇到以上这些困难，因而晶体管的进一步缩放将需要对传统 MOS 晶体管进行修改。目前，已经有几种替代器件正在被研究或实际使用，包括绝缘体上硅 (Silicon-On-Insulator，SOI)

MOSFET，其设计旨在减轻源-漏电容和晶体管体效应；正在开发的 FinFET（一种具有鳍状垂直结构而不是平面结构的 FET）和三栅极晶体管，其优点在于能够在不增加关断电流的情况下增加晶体管的导通电流；基于碳纳米管（Carbon Nano-Tube，CNT）技术的晶体管为器件缩放提供了另一种选择，然而当前的光刻工艺在对其进行图形化方面仍有困难。

一些代工厂正在生产用于高性能集成电路的基于 SOI 的 MOSFET，尽管 SOI 的晶圆成本已经显著下降，但价格和产量仍然是 SOI 器件广泛使用的限制因素。此外，FinFET、三栅极器件和其他多栅极器件还处于早期开发阶段，一旦它们可以大规模量产，这些器件将推动传统电路设计和优化方法的变革。碳纳米管有望替代硅晶体管，但这类器件在封装、性能和可靠性方面仍有许多问题尚未解决，接下来将对这些正在开发的器件进行概述。

1.1.1.1 绝缘体上硅

SOI 工艺使用硅-绝缘体-硅衬底代替掺杂硅衬底作为 MOSFET 器件中的体端材料，且有一层很薄的埋入式二氧化硅隔离了晶体管的沟道区，这使得晶体管体端能够浮动，且没有衬底耦合噪声的风险，这反过来又降低了体端的电容，改善了电路性能和功率性能。图 1.1 展示了一个基于 SOI 的 MOSFET 器件，从电路的角度来看，SOI 和体硅晶体管之间的一个区别是：SOI 晶体管的体端成为独立的第四个端子，此端子通常不连接，但可以固定在某个电位以控制阈值电压。与体硅 CMOS 相比，SOI 的主要优势在于其结电容更低、体效应更小、饱和电流更高，其他优势包括能够更好地控制整个芯片上的器件泄漏电流，降低对软错误的敏感性及温度敏感性。部分耗尽的 SOI 工艺通常用于提供高性能和低功耗，其中"部分耗尽"意味着 SOI 器件的沟道反型区不会完全将体区耗尽[2-3]，部分耗尽的 SOI 与旧的体硅 MOSFET 使用相同的材料、工具、工艺和参数规格，以及相同的设计技术和计算机辅助设计（Computer-Aided Design，CAD）工具，而且用于电路仿真和物理设计的 CAD 工具的变化很容易适应当前的框架，这一优势能够促进该技术的应用。

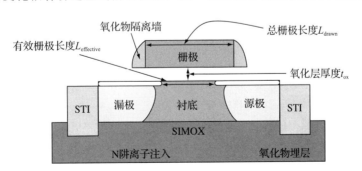

图 1.1 部分耗尽的 SOI 与旧的体硅 MOSFET

1.1.1.2 多门器件

包括 FinFET、DG-FET（DG 表示"双栅极"）和三栅极器件在内的多栅极器件被一些人认为能够取代传统的 MOSFET，多栅极器件是具有多个栅极的 MOSFET，栅极连接在一起可形成一个单一的端子，执行与 MOSFET 相同的操作，也可以各自独立控制，为电路设计人员提供更大的灵活性，在后一种配置中，器件简称为独立栅极 FET 器件。多栅极晶体管的出现是为了制造面积更小的晶体管，这些晶体管可以在相同或更小的芯片面积下提供更高的性能。这些器件可以根据栅极排列的方向进行分类，水平排列的多栅极器件称为平面栅极器件，它可以是具有公共或独立栅极控制的双栅极或多桥晶体管，FinFET 和三栅极器件都是垂直栅极器件，它们（出于制造原因）都必须具有相同的高度，同时该约束迫使所有晶体管具有相同的宽度，因此，必须调整当前器件尺寸和电路优化技术以适应离散的晶体管尺寸。平面双栅极器件是 SOI 技术的自然发展，可以使用如下三种传统技术中的任何一种进行制造：①层对层工艺；②晶圆到晶圆键合；③悬浮沟道工艺。该器件的沟道区夹在两个独立制造的带有氧化物叠层的栅极之间，图 1.2 显示了使用叠层技术制造的平面双栅极器件。

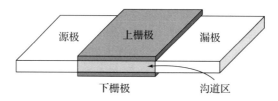

图 1.2　平面双栅极器件

FinFET 是一种非平面垂直双栅极晶体管，其导电沟道由环绕器件主体的薄多晶硅"鳍"结构形成[4-5]。鳍的尺寸决定了器件的沟道长度。图 1.3a 说明了 FinFET 的结构。如图 1.3所示，栅极区域形成于连接漏极和源极区域的硅之上，据报道，晶体管的有效栅极长度为 25nm。三栅极晶体管[5]是英特尔[6]设计的标志性新器件，是一项用于扩展摩尔定律以实现更高性能和更低泄漏电流的未来技术。它与 FinFET 非常相似，并且也被认为是一种非平面垂直多栅极器件（见图 1.3b），这种器件能够为沟道区提供更大的表面积，从而通过包裹单个栅极代替多个栅极结构来产生更高的驱动电流[7-8]。

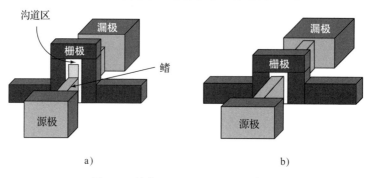

图 1.3　结构：a)FinFET；b)三栅极

这里描述的新型多栅极器件能够更好地控制栅极阈值电压，并且增大了沟道表面积以提高驱动电流，从而可以生产出速度更快的芯片。

1.1.1.3　纳米器件

纳米器件使用非硅材料制作而成，这种材料用于制备模仿 MOSFET 操作的非常规器件，纳米器件不仅比现在生产的传统 MOSFET 小一个数量级，而且在材料和制造技术方面也有其独特之处。MOS 晶体管的工作原理是电荷载流子在沟道区移动，而纳米器件的工作原理则基于量子力学。纳米器件根据其工作机制可分为分子器件和固态器件。分子器件使用单个分子(或几个分子)作为开关，它们可以小至 1nm[9]，典型的例子包括使用链烷[10] 或轮烷[11] 的开关以及基于 DNA 链的器件。分子计算系统[12] 对电和热波动高度敏感，当前的分子器件设计实践仍需要进行大规模修改，以克服高故障率以及功率限制的缺点。

着眼于制备低密度逻辑电路的固态器件包括：①碳纳米管；②量子点；③单电子晶体管；④谐振隧穿器件；⑤纳米线。在不深入研究这些器件的细节的前提下，我们列出了每种器件的潜在传导机制：碳纳米管和硅纳米线在制造方面走得更远，这些器件使用"弹道输运"机制(即电子和空穴的运动不受障碍物的阻碍)作为电荷传导机制；量子点基于库仑力的相互作用，但没有电子或空穴的实际运动[13]；当在器件上施加电位时，谐振隧穿二极管表现出负差分电阻特性，因此可用于构建超高速电路[14-15]；最后，单电子晶体管是一种三端器件，其工作基于"库仑阻塞"，即栅极电压决定区域内电子数量的量子效应[16]。非传统制造技术(即不基于光刻)用于降低这些器件的成本，但对于大规模制造来说仍不实用。

1.1.2　材料科学的贡献

除 SOI 外，以上提到的所有新型器件仍处于初级阶段，尚未量产。为了在晶体管缩放时获得稳定的性能，人们在材料领域进行了工艺改进，制备了一些针对特定工艺阶段和器件区域的新材料，以提高性能或减少泄漏，从而允许 CMOS 继续缩放，典型的例子包括应变硅、低 K 和高 K 电介质、金属栅极和铜导体等，接下来将对这些技术发展的目的和特性进行讨论。

1.1.2.1　低 K 和高 K 电介质

电介质(氧化物)是当今 CMOS 集成电路制造的重要组成部分。传统意义上，由二氧化硅(SiO_2)或氮氧化硅($SiON$)组成的衬底一直是晶体管运行的核心，为晶体管的源极和漏极之间的传导路径提供高阻抗控制，类似地，SiO_2 也用作器件有源区之间以及金属互连层之间的阻挡层。晶体管的驱动电流(以及速度)与栅极氧化层电容成正比，栅极氧化层电容则取决于氧化层厚度 t_{ox} 和用作氧化层的材料的介电常数 ε_{ox}：

$$I_D = \mu C_{ox} \frac{W}{L} V; \ C_{ox} = \frac{\varepsilon_{ox}}{t_{ox}} \tag{1.1}$$

为了增加氧化层电容，氧化物的厚度随着晶体管的缩放而缩小，直到氧化物厚度仅达到几层分子。人们在光学（显微镜）方面和电学方面都对氧化物厚度进行了测量，由于各种场效应，根据电容测算的厚度往往略高于通过显微镜观察到的厚度。在大约 20Å（埃）的厚度下，穿过栅极氧化层的隧道泄漏成为一个严重的问题[17]（见图 1.4），显然，SiO_2 的隧道电流比该厚度的其他栅极氧化层高出很多数量级。

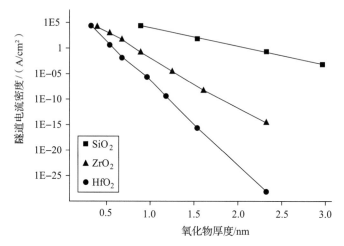

图 1.4　在不同氧化物厚度下的三种氧化物类型的隧道电流

减少隧道泄漏需要更厚的氧化物，然而厚的氧化物会降低栅极电容和晶体管驱动电流，这就需要高 K 氧化物材料用以保持较高的栅极电容和较厚的氧化物，据报道，氧化铪（ε＝25）已被用作高 K 栅极电介质。随着高 K 栅极氧化物的引入，阈值电压也显著增加，但可以通过改变栅极材料来解决该问题，与传统的 SiO_2 栅极不同，高 K 栅极电介质需要金属栅极和一种复杂栅极结构堆叠而成。高 K 材料所需的特性包括（但不限于）高介电常数、低漏电流密度、较小的平带电压漂移、低密度的体陷阱以及与当前 SiO_2 电介质相当的可靠性。表 1.1 列出了高 K 介电常数氧化物材料及其对硅衬底的兼容性[18]。对于给定类型的氧化物，硅衬底的晶体结构和硅上稳定性共同决定了其可能的缺陷水平。

表 1.1　高 K 介电常数氧化物材料及其对硅衬底的兼容性

材料	ε	晶体结构	硅上稳定性
SiO_2	3.9	非晶体	是
Si_3N_4	7.8	非晶体	是
Y_2O_2	15	立方晶系	是
TiO_2	80	四方晶系	否
HfO_2	25	单斜晶系，四方晶系	是
Ta_2O_5	26	正交晶系	否
Al_2O_3	9	非晶体	是

随着晶体管数量的增加，互连线长度增加得更快。当今，芯片的互连电容主导着栅极电容，是有效功耗的最大来源。由于功耗已成为晶体管使用时的最大障碍，因此降低功耗已成为工艺工程师和设计工程师的共同目标。在制造层面，通常会降低金属层之间介电材料的介电常数，这将直接降低互连电容并有助于降低功耗，同时人们将有机材料和多孔 SiO_2 作为可能的替代品进行探索。如今，$K \leqslant 2.5$ 的材料已经投入使用。

1.1.2.2　应变硅

移动的电荷载流子（例如 N 沟道器件中的电子和 P 沟道器件中的空穴）会导致电流从晶体管的源极流向漏极，在电场的影响下，载流子移动的速度称为迁移率，它的定义为 $\mu = v/E$，其中 v 是电荷载流子的速度，E 是施加的电场。漏极电流（I_D）的强度与载流子的迁移率（μ_n, μ_p）成正比，迁移率是温度的函数，也是晶体应力的函数，基于后一种特性，现代工艺通过使沟道中的原子发生应变来提高迁移率：应变是指沟道中原子间距离的增加或减少，这将增加沟道中电荷载流子的平均自由路径。对于 NMOS 器件，拉伸应力提高了电子迁移率；对于 PMOS 器件，压缩应力提高了空穴迁移率，NMOS 晶体管的源极和漏极区掺杂了硅锗原子，以在沟道区产生拉伸应力。具有不同热膨胀系数的材料在冷却时会产生应变，较高的应力可能导致晶体缺陷和可靠性问题，同时高的迁移率也可能导致晶体管泄漏增加，这些因素限制了可以施加到器件上的应力大小。有关应变工程的更多详细信息，请参阅 3.6 节。

1.1.3　深亚波长光刻技术

如今，小型 MOSFET 器件及其互连线的制造要求能够打印特征宽度小于光源四分之一波长的多边形。光刻是半导体制造工艺的核心，它涉及多个步骤，目的是在晶圆上形成器件及其互连图案，如果没有光刻技术，那么在单个基板上组装数十亿个晶体管是无法实现的。一个简单的光刻装置包括由紫外光源组成的照明系统、反映设计模式的掩膜版、投影系统（包括一组透镜）和晶圆。对于日常照明设备，如果物体的宽度小于用于投影的光的波长，则无法以良好的分辨率和对比度对物体进行投影，这里分辨率的定义为：对于给定的光源及投影系统参数，晶圆上的最小可分辨特征。因此，分辨率 R 取决于透镜系统的数值孔径（Numerical Aperture，NA）和光源的波长 λ，描述这种关系的方程称为瑞利方程（Rayleigh's equation），如下所示：

$$R = k_1 \frac{\lambda}{\text{NA}} \tag{1.2}$$

特定掩膜上的最小可分辨线宽也称为掩膜的临界尺寸（Critical Dimension，CD），透镜系统的数值孔径是透镜可以捕获并用于成像的最大衍射角，在数学上，它是入射到透镜上的最大角度的正弦乘以介质的折射率 n：

$$\text{NA} = n\sin\theta \tag{1.3}$$

由于空气是光学系统中的介质，数值孔径的极限值为 1。由于工艺的限制使得 NA 无法达到其极限值。但是由于水的折射率高于空气的折射率，因此使用水作为介质的新发明已将 NA 提高到 1 以上。同时，数值孔径一直是影响制造水平的关键因素，因为 NA 越高，系统的分辨率就越好。

焦深（Depth Of Focus，DOF）的定义是像平面的最大垂直位移，它是控制晶圆上所打印图案稳定性的另一个重要参数，如果要使晶圆上最终打印出的图像保持在制造规格内，那么该参数应该是可以允许的总聚焦范围，最大垂直位移由下式给出：

$$DOF = k_2 \frac{\lambda}{NA^2} \tag{1.4}$$

由于这种焦距容差与数值孔径的平方成反比，因此对于 NA 很高的工艺存在基本限制。分辨率的提高意味着式(1.2)中 R 的降低，提高分辨率的一种方法是使用波长小于或等于所需的掩膜最小特征宽度的光源，图 1.5 显示了照明系统波长发展的趋势[19]。对于光刻中使用的光源，它应该满足的条件有：单频、同相相干、无闪烁、尽量小的色散且几乎没有带外辐射。此外，透镜系统必须能够聚焦该频率的光线。普通玻璃往往对紫外线不透明，故不适合光刻[20]。

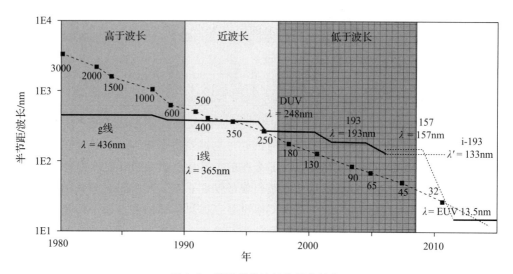

图 1.5   照明系统波长发展的趋势

另一种提高分辨率的方法是降低 k_1 因子，这取决于工艺技术参数，该因子可以写为

$$k_1 = R_{\text{half-pitch}} \frac{NA}{\lambda} \tag{1.5}$$

在这里，R 由所用技术的图形化规则定义，通常被称为技术节点或工艺中的最小半间距，其决定因素是成像系统的数值孔径（NA）、波长（λ）和半节距（R）。如图 1.6 所示，k_1 因子已通过技术缩放逐渐降低，以在掩膜上产生更小的特征。在使用 193nm 的光源打印

45nm 特征的技术中，k_1 因子的理论极限可以从式(1.5)中获得，即 $k_1 = 0.25$，这个理论极限是假设数值孔径为 1 计算而来的。然而在实践中，在使用当前的单次曝光系统的条件下，需要使用具有接近或大于 1 的 NA 的高指数流体才能获得接近 0.25 的 k_1；另一种方法是使用更小波长的光源。目前，这两个选项仍在研究中，但都没有展示出可靠的图像转移能力[21]。

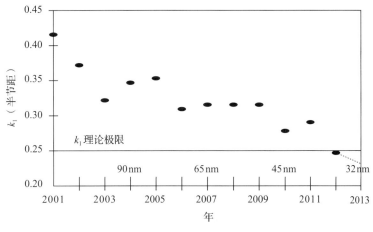

图 1.6　k_1 的降低趋势

双重图形光刻技术被视为能将 k_1 因子降低到 0.25 以下的可行技术，这是通过增加光刻节距，同时保持图案的最小可分辨尺寸不变来实现的。关于双重图形的更多细节将在 4.5.1 节中提供。

1.1.3.1　掩膜版操作技术

分辨率增强技术（Resolution Enhancement Technique，RET）是一种通过调整系统参数，以提高光刻分辨率的方法，大多数 RET 的目标是调控掩膜版上的图案。被打印的特征的分辨率取决于相邻特征以及它们之间的间距。衍射原理决定了当光波投射到晶圆上时，穿过掩膜图案的光波之间的相互作用（见图 1.7），对掩膜版的 RET 修改提高了印刷特征的分辨率。

分辨率增强技术包括光学邻近效应修正、相移掩膜、离轴照明和多重曝光系统。光学邻近效应修正（Optical Proximity Correction，OPC）通过添加额外的凹凸和衬线来改变特征的形状以提高分辨率（参见 4.3.2 节）。相移掩膜（Phase Shift Masking，PSM）利用光波的叠加原理，通过在特征之间的空间中产生相位变化来提高分辨率，更多详细信息见 4.3.3 节。离轴照明（Off-Axis Illumination，OAI）的原理是，如果光线以一定角度入射到掩膜上，可以使高阶衍射图案穿过透镜，从而提高分辨率，此方法及其使用的透镜类型在 4.3.4 节中描述。

另一种有希望能够提高印刷图案分辨率的技术是多重曝光系统，在这种系统的一个具体例子中，图案由两个单独的掩膜承载，这些掩膜分步曝光，从而在晶圆上形成最终图

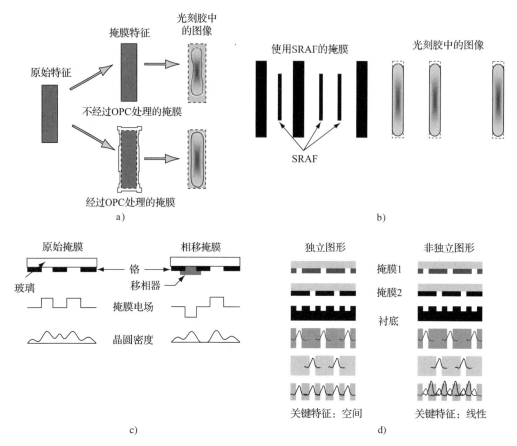

图 1.7　RET 掩膜版操作改进模式传输：a)光学邻近效应修正；b)SRAF 插入；c)相移掩膜；d)双模式

像，这种技术被称为双重图形光刻技术，它通过将关键掩膜分解为两个掩膜的方法来打印关键掩膜。这种方法增加了金属线之间的间距，从而减小了可以印刷在晶圆上的最小可分辨特征，有关此技术的详细信息请参见 4.5.1 节。如今，人们正在对三重和四重图形技术进行研究，试图进一步克服分辨率障碍。但这种图形化系统也有负面后果，其中之一是可能导致制造产量和整体工艺产量降低，从而增加产品成本。

1.1.3.2　增加数值孔径

如式(1.2)所示，增加系统的数值孔径可提高分辨率。数值孔径由式(1.3)给出，其中，n 是投影系统和晶圆之间的介质的折射率，θ 表示穿过投影透镜的光线的最大入射角，通常使用折射率为 1 的空气作为介质。图 1.8 展示了那些旨在提高 NA 的未来技术的目标。浸没式光刻(见图 1.9)使用液体介质来提高折射率 n，折射率为 1.3 的水目前被用作浸没液，也有其他高折射率液体作为替代。但浸没可能导致工艺问题，例如水分子的斑点缺陷以及处理晶圆时的错误。提高数值孔径的其他方法包括使用高折射率透镜、高曲率透镜和高折射率光刻胶材料。

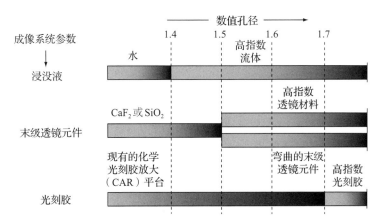

图 1.8　改进数值孔径技术的未来趋势

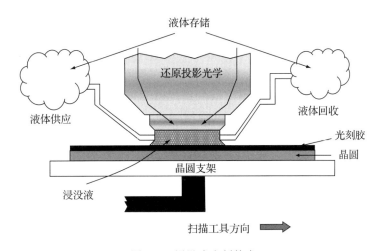

图 1.9　浸没式光刻技术

1.2　可制造性设计

在本书中，可制造性设计（Design For Manufacturability，DFM）是指能够确保图案的适印性、控制参数变化并提高产量的新设计技术、工具和方法。DFM 的广义定义包括从设计规范的起点到 IC 产品发布过程中的各种方法，其中包括电路设计、设计优化、掩膜工程、制造计量——这里仅列举几种在制造具有可重复性、高产量和高性价比的芯片时的技术。评估所有 DFM 方法的两个最重要的指标是整个过程中的成本以及由于不同制造步骤的不规则性导致的累积芯片良率损失。

随着持续缩放，图形化几乎在极限分辨率下进行，晶体管数量却呈指数增长，当光刻图案被推到极限时，单个缺陷就可能使由数百万个晶体管组成的芯片失效，这也凸显了

DFM 的重要性。人们对可制造性充满了担忧，以至于曾经完全由设计规则和掩膜工程处理的 DFM 正在考虑向设计流程的上游移动。接下来的几小节将研究 DFM 的价值和经济性、制造偏差以及基于模型的 DFM 方法的必要性。

1.2.1　DFM 的价值和经济性

在 1.1 节中提到，从一个技术节点扩展到下一个技术节点通常需要改变设计方法、CAD 工具以及工艺技术。随着亚波长光刻技术的出现，可制造性设计成为设计时必须的关注点之一，这项技术逐渐在设计过程中变得更为主动。之前，光学衍射效应都是通过设计规则检查(Design Rules Check，DRC)来处理的，其他问题都是在掩膜制备过程中处理的，而自从引入亚波长光刻后，基于规则的 DRC 已被基于模型的 DRC 所取代：简单的规则已被快速且近似的光学模拟所取代。随着光学影响区域(又称光学直径)的增加，DRC 模型变得更加复杂。许多仍在使用旧工艺技术的设计人员尚未了解 DFM 的真正价值，然而，随着设计转向 45nm 及以下工艺，DFM 步骤在设计过程中变得越来越重要。在 65～130nm 工艺技术中，DFM 问题主要通过版图的后处理过程(即分辨率增强技术)来解决，然而，当涉及深亚波长光刻时，仅靠后处理无法确保设计的可制造性，如果单次的后处理是不充分的，那么在物理版图生成和 RET 步骤之间的迭代就变得必要了。总而言之，DFM 方法增加了贯穿设计的工具数以及迭代周期，从而增加了设计的流片时间(Time To Tape Out，TTTO)。如今，使用 DFM 工具改进设计时需要对工艺技术有更深入的了解，这也是设计人员越来越关注的一个事实，同时他们也在设计时综合兼顾多个目标，包括面积、性能、功率、信号完整性、可靠性和 TTTO，当然，添加新的设计目标会影响现有的设计目标。因此，若要判断一种 DFM 方法的有效性，必须考虑它对其他设计目标的影响。除了已经讨论过的成像系统参数和相关工艺之外，DFM 还涉及栅极 CD 和互连 CD 的偏差(variation)、随机掺杂波动、迁移率影响以及其他 TCAD(Technology CAD)技术所研究的不规则性。一旦设计网表过渡到 DFM 步骤(见图 1.10)，其可能的结果是：①改变物理设计网表，使所需参数在规定范围内；②当一些设计领域的 DFM 更改无法自动合并时，可以向设计人员反馈；③DFM 对设计工艺的参数影响，包括静态时序分析以及信号完整性和可靠性。对于结果②，如果一次性的 DFM 步骤不成功，那么剩余的问题可以通过自动布局工具解决，或者手动干预。

第一个结果会导致设计版本的修改，包括预期中的硅后效应(postsilicon effect)。使用的技术包括：电路硬化(circuit hardening)(见第 6 章)、分辨率增强和冗余填充；第三个结果将分析给定的设计并提供特定设计参数的可变范围。这些结果并非基于 DFM 的建议来提高产量效益，而是帮助设计人员执行更加有效的优化措施，并最小化后硅电路的可变性且保证其符合规范。

DFM 的价值不止体现在设计过程，在经济方面同样具有重要价值，DFM 经济学通过

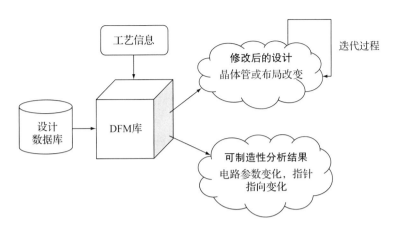

图 1.10 可制造性设计(DFM)方法的设计目的

评估其投资回报率来为每种 DFM 方法建立成本效益指标。大多数 DFM 方法旨在通过采用不同技术来优化设计和制造过程的参数以提高整体设计产量。正如 Nowak[22] 和 Radojcic[23] 所描述的,DFM 的经济学可分为三个潜在损益领域:①DFM 投资成本;②设计重制成本;③DFM 利润(见图 1.11[23])。投资在 DFM 工具和方法的成本是在产品概念、设计、优化和流片阶段产生的,这项投资的优势在流片后体现,例如提高芯片的良率和可靠性,这意味着基于 DFM 方法的工艺良率曲线更加陡峭。

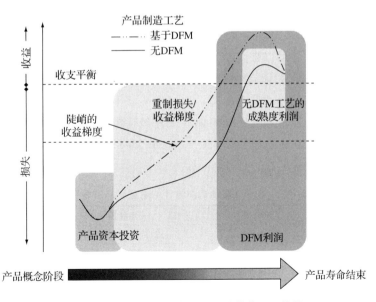

图 1.11 可制造性设计(DFM)的价值和经济性

DFM 的量化收益往往需要硅反馈,由于显微镜等直接观察技术的高成本,通常用间接硅反馈来评估 DFM 的优势,例如制造良率和参数良率。间接测量受多个参数的影响,因此对这些参数进行去相关操作需要精心构建测试结构。制造设计不仅对于持续提高产品良率具有重要作用，而且对推动未来技术节点的发展也举足轻重。

1.2.2 制造偏差

在电路设计过程中，参数偏差已经成为一个主要问题，对于构造校正方法，需要精确的电路模型以及正确的模型；否则，在制造前无法可靠地预测设计行为，实际上，由于制造过程中的参数偏差，设计可能与模型参数产生差异。一些设计可能由数十亿个晶体管组成，因此当这种差异变大时，很有可能产生电路故障，这将显著降低产量。此外，当前的设计实践是基于底层硬件在产品生命周期内一直保持正确的假设而进行的，然而，随着对更小尺寸器件及其互连的不懈追求，这种设计范式已不再适用[24-27]。例如，随着 90nm 工艺技术的出现，负偏置温度不稳定性(Negative Bias Temperature Instability，NBTI)成为主要的可靠性问题[28]，这是由于 PMOS 器件会随着电压和温度的压力而不断退化；对于使用 45nm 技术制造的 NMOS 器件，正偏置温度不稳定性(Positive Bias Temperature Instability，PBTI)同样成为可靠性问题[29]。由微软研究院编写的 Windows 故障汇总数据也说明了硬件故障发生率的提高[30]。根据 ITRS 的报道，这些问题可能在未来的技术发展中变得更加严重[31]，因为设计更有可能受到 PVT(即工艺角、电压和温度)问题的影响而最终失败。

表 1.2 从来源和影响的角度对这些变化进行了分类，其中第 1 列和第 2 列构成了半导体制造过程中第一种来源-影响对应关系，如前文所述，制造工艺的偏差会导致器件和互连特性的变化，这种制造差异可以被归结为设备和工艺的不规范性，最典型的来源是光刻和化学处理过程。偏差的其他来源包括掩膜制造过程中引起的掩膜缺陷、掩膜误操作、倾斜和对准问题等；还有一些额外的偏差来源，如成像系统不适当的焦点位置、曝光剂量以及光致光刻胶厚度的变化；器件和互连线的偏差来源包括掺杂剂注入晶圆上器件的源极、漏极或沟道区域的过程以及在化学机械抛光(Chemical Mechanical Polishing，CMP)期间金属线和电介质特征的平坦化工艺。

表 1.2 集成电路制造和设计的偏差：来源和影响

制造工艺	电路参数	电路操作	CAD 分析
掩膜缺陷	沟道长度	温度	时域分析
对齐，倾斜	沟道宽度	电源电压	RC 提取
焦点，剂量	阈值电压	老化、PBTI/NBTI	I-V 曲线
光刻胶厚度，刻蚀	重叠电容	耦合电容	单元建模
掺杂	互连线	多输入开关	工艺文件
化学机械抛光	—	—	电路仿真

通过电路参数的变化可以观察到这种制造过程中偏差的影响，其中最重要的是有源器

件的参数，特别是晶体管和二极管，目前已经有一些建模和分析技术用来预测制造后的电路参数变化。在物理特性方面，相比于其他因素，电路性能对光刻后沟道长度和互连宽度更为敏感，因此，它们被称为临界尺寸(CD)，多晶 CD 的变化导致有效沟道长度的变化，电路延迟往往会随着沟道长度的增加而线性增加，漏电流往往随着沟道长度的减少而呈指数级增加。如图 1.12 所示，栅极 CD 仅 10% 的变化就会引起阈值电压(V_T)和延迟产生巨大变化，这是因为器件的 V_T 可能低于泄漏控制的最小允许值。多晶 CD 控制已经成为整个工艺控制过程的关键，互连 CD 变化会导致路径延迟、耦合电容效应、电迁移敏感性增加以及点缺陷的变化。

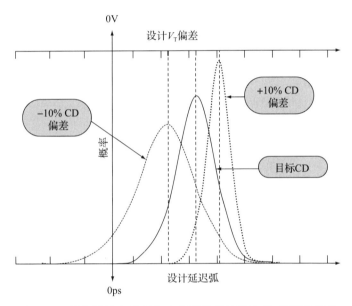

图 1.12　因临界尺寸(CD)的变化而引起的设计 V_T 和延迟偏差

　　最后，制造来源的偏差(包括掩膜缺陷、晶圆处理、对准和倾斜)会导致覆盖层和电介质厚度的误差。焦点、剂量和光刻胶的厚度变化都是导致晶圆上 CD 变化的因素。许多建模方法应用统计技术来预测这些偏差对电气参数、版图适印性和裸晶良率的影响。刻蚀工艺用于去除未被保护层覆盖的材料，这可能会导致图案保真度问题，因为湿法、化学和等离子体刻蚀工艺都无法达到零误差。刻蚀问题最重要的影响是线边缘粗糙度(Line Edge Roughness，LER)，即特征边界的水平偏差；另外的影响是线宽粗糙度(Line Width Roughness，LWR)，即沿多边形长度的宽度随机偏差。LER 对晶体管的影响之一是阈值电压 V_T 的变化，如图 1.13 所示[32]。掺杂浓度的波动也会导致 V_T 变化，图 1.14 展示了三种不同器件[33]，这三种器件在沟道中具有相同数量的掺杂原子，但却具有不同的 V_T 值。化学机械抛光用于在金属和电介质材料沉积后使晶圆平坦化。晶圆上的图形密度会导致 CMP 产生表面粗糙度，即实际表面与理想表面之间产生垂直偏差。晶圆表面的这种变化会导致后续光刻步骤中的焦点发生变化，从而导致 CD 的进一步变化(见图 1.15)。

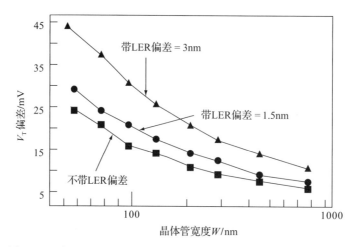

图 1.13　由于 LER 引起的 V_T 偏差(使用预测模型采用 45nm 生产)

$V_T=0.49V$　　　　　　$V_T=0.65V$　　　　　　$V_T=0.85V$

图 1.14　随机掺杂剂变化(Random Dopant Fluctuation，RDF)引起的 V_T 偏差

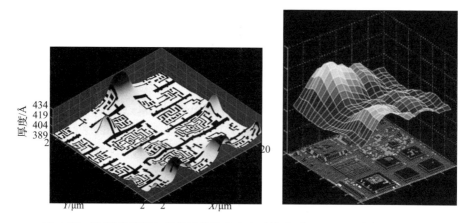

图 1.15　CMP 处理后与设计相关的芯片表面波动(由 Cadence 设计系统提供)

除了制造工艺和电路参数的变化之外，电路行为还可能受到其他因素的影响，例如环

境因素，包括电源电压和温度的变化，都可能影响流经器件的电流量，同时温度对电路的可靠性(即老化)也具有影响；以迁移率、NBTI 和热载流子退化为例的电路可靠性因素，会在一定时间后改变互连和栅极延迟。以上这些影响与互连宽度和厚度有关，而互连宽度和厚度又分别依赖于图形化和 CMP 的有效性。因此，可以看出，物理设计、外围区域的图形化结构和电路老化过程之间存在联系。

在流片的过程中，用来预测电路性能的 CAD 工具贯穿每个步骤。随着模型参数变得越来越精确，电路性能能够被更好地预测。初始性能预测模型不考虑偏差，而且在典型的设计环境中，互连 RC 提取可基于标准工艺参数，而晶体管模型可将参数偏差考虑在内。在制造之后，如果硅未能达到预期性能，则此类未列出的偏差被确定为错误源。从设计优化和设计准时交付的角度来说，考虑所有可能的变化源是一个"昂贵"的提议，因此，芯片公司必须不断评估其用于 DFM 库的新技术。

1.2.3 基于模型的 DFM 方法的必要性

自 20 世纪 90 年代末以来，可制造性设计(DFM)一直沿用至今。传统的 DFM 依赖于集成电路版图中多边形及其他形状的设计规则和指南，设计工具所建议的规则是基于两个相邻的金属线或两个相邻的多晶硅折线特征之间的相互作用。如果设计版图通过所有指定设计规则并遵循建议指南，则可实现高产良率。所有传统的 DFM 方法都被应用于整个芯片层面，其中以基于工艺角的功能分析和参数化的产量损失分析为主。

随着亚波长光刻技术的出现，仅检查设计规则不足以确保高产良率，这一事实主要归因于亚波长光刻带来的适印性问题，印刷宽度小于光源波长二分之一的特征会产生由衍射引起的图案保真度问题，多边形之间的相互作用远远超过了相邻特征，相邻特征受到影响的区域被称为光学直径。随着多边形数量的增加，对每种类型的多边形间的相互作用进行规则检查是不可能的。由于 DRC 规则的数量呈指数级增长，单独通过基于规则的 DRC 就生成光学兼容布局是不切实际的，因此自从引入亚波长光刻技术以来，基于规则的 DRC 已经被基于模型的 DRC 所取代，而其中简单的规则被快速近似光学模拟所取代。随着光学直径的增加，这些模型变得更加复杂，由于这种复杂性，基于模型的 DFM 方法通常被局限在较小的电路区域。随着时间的推移，这些模型已经逐步演变为多种效应的集合体，其中包括衍射、CMP 引起的晶圆表面调制、随机掺杂剂波动和 LER 等。

随着制造工艺进入 32nm 技术节点，基于相移掩膜和双模式的布局修改必须考虑与其相邻的单元的相互作用。另外，DFM 方法还需要基于模型的技术来预测其对时间、功率、信号完整性和可靠性问题的影响。为了确保工艺变化后电路仍能正确运行，一些早期设计阶段的反馈仍是必要的。如今的标准单元方法采用了基于模型的后光刻分析，可以在硅上产生高度紧凑、可打印且功能齐全的单元。

1.3 可靠性设计

晶体管及其互连有时会在其使用寿命内失效，一些已知的失效机制包括栅极氧化物短路、电迁移引起的互连空洞或斑点、正/负偏置温度不稳定性引起的 V_T 偏移，以及其他与制造相关的机械、化学或环境因素等，当这些故障被正确建模时，产品寿命可以通过改变设计来提高，总体来说，这个过程被称为可靠性设计（Design For Reliability，DFR）。虽然 DFR 与 DFM 不同，但从设计方法的角度来看，两者可以集成在一起，因为其校正机制是相似的。

可靠性设计是一种对给定器件或电路的可靠性进行分析、建模和预测的技术、工具及方法。尽管可靠性参数会随着制程成熟度而变化，但建立电路参数和产品可靠性之间的关系仍然是很重要的，这有助于在 DFR 过程中设定明确的目标。可靠性模型利用失效机制以及电路设计参数相关信息来模拟产品的可靠性，该模型的目的是预测器件的平均无故障时间（Mean Time To Failure，MTTF），MTTF 是制造参数的函数，也是与电路操作相关的参数的函数，如器件的电源电压和温度。

可靠性设计是一种对电路和布局大小、平面规划和冗余进行修改以解决故障的练习，一般可以在电路、信息、时间或软件级别上添加冗余：双轨编码和纠错码是信息冗余的例子；备用电路和模块是电路冗余的例子；现代内存通常包含备用的行和列以提高良率；此外，备用处理器核心、执行单元和互连已在商业电路中使用；多采样锁存器支持时间冗余，以及包括冗余多线程（Redundant Multi-Thread，RMT）在内的软件冗余。许多类似的特性在如今的商业系统中已经得到大规模的应用。

1.4 本章小结

有效的 DFM-DFR 方法在设计初期阶段能够为设计者提供初步反馈。本章介绍了纳米级 CMOS 和超大规模集成电路（Very Large Scale Integration，VLSI）的设计趋势，解释了为了实现更高性能和更低功耗这两个主要目标时采取的措施。我们还简要概述了在 22nm 技术节点中新器件的结构，该技术被一些人认为是传统 MOSFET 器件的替代品。本章讨论了材料科学和光学在提高器件的可操作性、适印性以及可靠性方面的作用，同时还讨论了 DFM 在工艺、设计参数、集成设计和制造的过程发生变化时的适用性。考虑到使用亚波长光刻技术和更高密度的布局模式，我们研究了更新的、基于模型的 DFM 方法。最后，我们提到了纳米级 CMOS VLSI 设计中一些重要的可靠性问题，并描述了基于 DFR 的 CAD 工具，它可以帮助增加设计的预期寿命。简而言之，本章重点描述了技术的发展趋势以及 DFM 和 DFR 日益上升的重要性。

参考文献

1. "Lithography," in *International Technology Roadmap for Semiconductors Report*, http://www.itrs.net (2007).
2. K. Bernstein and N. J. Rohrer, *SOI Circuit Design Concepts*, Springer, New York, 2000.
3. K. K. Young, "Analysis of Conduction in Fully Depleted SOI MOSFETs," *IEEE Transactions on Electron Devices* **36**(3): 504–506 (1989).
4. D. Hisamoto, T. Kaga, Y. Kawamoto, and E. Takeda, "A Fully Depleted Lean-Channel Transistor (DELTA)—A Novel Vertical Ultra-Thin SOI MOSFET," in *Technical Digest of IEEE International Electron Device Meeting (IEDM)*, IEEE, Washington, DC, 1989, pp. 833–836.
5. X. Huang, W. C. Lee, C. Kuo, D. Hisamoto, L. Chang, J. Kedzierski, E. Anderson, et al., "Sub-50nm FinFET:PMOS," in *Technical Digest of IEEE International Electron Device Meeting (IEDM)*, IEEE, Washington, DC, 1999, pp. 67–70.
6. R. S. Chau, "Integrated CMOS Tri-Gate Transistors: Paving the Way to Future Technology Generations," *Technology @ Intel Magazine*, 2006.
7. F. L. Yang, D. H. Lee, H. Y. Chen, C. Y. Chang, S. D. Liu, C. C. Huang, T. X. Chung, et al., "5 nm-gate nanowire FinFET", in *Technical Digest of IEEE Symposium on VLSI Technology*, IEEE, Dallas, TX, 2004, pp. 196–197.
8. B. Doyle, B. Boyanov, S. Datta, M. Doczy, J. Hareland, B. Jin, J. Kavalieros, et al., "Tri-Gate Fully-Depleted CMOS Transistors: Fabrication, Design and Layout," in *Technical Digest of IEEE Symposium on VLSI Technology*, IEEE, Yokohoma, 2003, pp. 133–134.
9. K. Sandeep, R. Shukla, and I. Bahar, *Nano, Quantum and Molecular Computing: Implications to High Level Design and Validation*, Springer, New York, 2004.
10. C. P. Collier, G. Mattersteig, E. W. Wong, Y. Luo, K. Beverly, J. Sampaio, F. M. Raymo, et al., "A Catenana-Based Solid State Electronically Reconfigurable Switch," *Science* **289**(5482): 1172–1175, 2000.
11. W. R. Dichtel, J. R. Heath, and J. F. Stoddart, "Designing Bistable [2]Rotaxanes for Molecular Electronic Devices," *Philosophical Transactions of the Royal Society A: Mathematical Physical and Engineering Sciences* **365**: 1607–1625, 2007.
12. N. B. Zhitenev, H. Meng, and Z. Bao, "Conductance of Small Molecular Junctions," *Physical Review Letter* **88**(22): 226801–226804, 2002.
13. C. S. Lent, P. D. Tougaw, and W. Porod, "Quantum Cellular Automata: The Physics of Computing with Arrays of Quantum Dot Molecules," in *Proceedings of Physics and Computation*, IEEE, Dallas, TX, 1994, pp. 5–13.
14. J. P. Sun, G. I. Haddad, P. Mazumder, and J. N. Schulman, "Resonant Tunneling Diodes: Models and Properties," *Proceedings of the IEEE* **86**(4): 641–660, 1998.
15. K. Ismail, B. S. Meyerson, and P. J. Wang, "Electron Resonant Tunneling in Si/SiGe Double Barrier Diodes," *Applied Physics Letters* **59**(8): 973–975, 1991.
16. K. K. Likharev, "Single-Electron Devices and Their Applications," *Proceedings of the IEEE* **87**(4): 606–632, 1999.
17. F. Saconi, J. M. Jancu, M. Povolotskyi, and A. Di Carlo, "Full-Band Tunneling in High-κ Oxide MOS Structures," *IEEE Transactions on Electron Devices* **54**(12): 3168–3176, 2007.

18. S. K. Ray, R. Mahapatra, and S. Maikap, "High-k Gate Oxide for Silicon Heterostructure MOSFET Devices," *Journal of Material Science: Material in Electronics* **17**(9): 689–710, 2006.
19. R. Doering, "Future Prospects for Moore's Law," in *High Performance Embedding Computing Workshop*, MIT Press, Lexington, MA, 2004.
20. Harry J. Levinson (ed.), *Principles of Lithography*, SPIE Press, Bellingham, WA, 2005.
21. Chris A. Mack (ed.), *Fundamental Principles of Optical Lithography*, Wiley, West Sussex, U.K., 2007.
22. M. Nowak, "Bridging the ROI Gap between Design and Manufacturing," *SNUG*, Santa Clara, CA, 2006.
23. M. Nowak and R. Radojcic, "Are There Economic Benefits in DFM?" in *Proceedings of Design Automation Conference*, IEEE, Anaheim, CA, 2005, pp. 767–768.
24. S. Y. Borkar, "Designing Reliable Systems from Unreliable Components: The Challenges of Transistor Variability and Degradation," *IEEE Micro* **25**(6): 10–16, 2005.
25. J. M. Carulli and T.J. Anderson, "Test Connections—Tying Application to Process," in *Proceedings of International Test Conference*, IEEE, Austin, TX, 2005, pp. 679–686.
26. P. Gelsinger, "Into the Core…," *Stanford EE Computer Systems Colloquium*, http://www.stanford.edu/class/ee380/Abstracts/060607.html (2006).
27. J. Van Horn, "Towards Achieving Relentless Reliability Gains in a Server Marketplace of Teraflops, Laptops, Kilowatts, & 'Cost, Cost, Cost'…(Making Peace between a Black Art and the Bottom Line)," in *Proceedings of the International Test Conference*, IEEE, Austin, TX, 2005, pp. 671–678.
28. M. Agostinelli, S. Pae, W. Yang, C. Prasad, D. Kencke, S. Ramey, E. Snyder, et al., "Random Charge Effects for PMOS NBTI in Ultra-Small Gate Area Devices," in *Proceedings of International Reliability Physics Symposium*, IEEE, San Jose, CA, 2005, pp. 529–532.
29. M. Denais et al., "Interface Trap Generation and Hole Trapping under NBTI and PBTI in Advanced CMOS Technology with a 2-nm Gate Oxide," *IEEE Transactions on Device and Materials Reliability* **4**(4): 715–722, 2004.
30. B. Murphy, "Automating Software Failure Reporting," *ACM Queue* **2**(8): 42–48, 2004.
31. G.Groseneken, R. Degraeve, B. Kaczer, and P. Rousel, "Recent Trends in Reliability Assessment of Advanced CMOS Technology," *Proceedings of IEEE 2005 International Microelectronics Test Structure* 18: 81–88, 2005.
32. W. Zhao and Y. Cao, "New Generation of Predictive Technology Model for Sub-45nm Design Exploration," *IEEE Transactions on Electron Devices* **53**(11): 2816–2823, 2006.
33. A. Asenov, A. R. Brown, J. H. Davies, S. Kaya, and G. Slavcheva, "Simulation of Intrinsic Parameter Fluctuations in Decananometer and Nanometer-Scale MOSFETs," *IEEE Transactions on Electron Devices* **50**(9): 1837–1852, 2003.

半导体制造技术

2.1 引言

集成电路的制造工艺涉及对半导体晶圆(即衬底)的多道物理和化学工序,主要包括氧化、图形化、刻蚀、掺杂和沉积等处理步骤。在集成电路的制造过程中,需要通过以上步骤按照给定次序对晶圆反复进行加工处理。如今,硅(Silicon)是大批量半导体器件制造中使用的主要材料。本章所讨论的基本制作步骤不限于硅,同样适用于使用锗、砷化镓或磷化铟衬底的其他类型的复合型集成电路。当前,半导体制造业的两个基本目标是:

1)通过半导体材料、导电材料(金属)和绝缘材料(氧化物)制造半导体三端器件和互连结构。

2)通过图形化工艺和掺杂工序,在创建的结构上实现设计目标的器件连接和参量特性。

SiO_2 在用作栅极电介质的同时,也被用作金属之间的绝缘层,其中栅极电介质由氧化步骤生成,绝缘层由化学气相沉积(Chemical Vapor Deposition,CVD)步骤生成。在氧化过程中,氧气与加热到 $1000\sim1200℃$ 的硅片反应生成 SiO_2,其厚度由氧化过程的参数控制。CVD 需要含硅前体,例如硅烷(SiH_4),通过将其氧化以产生非晶态 SiO_2。图形化是半导体制造中最重要的一步,它通过光刻技术将几何图形转移到硅衬底上。在开始图形化之前,需要先在硅衬底上涂一层光敏材料,即光刻胶。在图形化过程中,表征设计信息的图形被印在掩膜上。最简单的掩膜采用在玻璃上镀铬(Chrome-On-Glass,COG)的方法,通过在玻璃衬底上镀铬,再将图形刻蚀形成不透明和透明(即无铬)区域。由于基本的 COG 掩膜不适用于需要高对比度和高分辨率的区域,因此只将其用于较高的非关键金属层。关于图形对比度和分辨率及其对不同类型的掩膜的影响的更多信息,请参阅 4.3.3 节。

刻蚀(etching)是指去除未被保护层(例如光刻胶或氮化物)覆盖的衬底或氧化层的某些区域的过程。化学刻蚀有液态和气态两种方式,化学刻蚀的选择取决于被刻蚀的材料和使用的保护层。等离子干法刻蚀是集成电路制造中使用的主要方法,因为其精度高,还能够避免刻蚀在保护层下面的部分。刻蚀在晶圆图形化过程中也起着至关重要的作用。2.2.2 节详细介绍了不同的刻蚀方法。

　　掺杂(doping)是指将硼、磷或锑等杂质引入半导体材料以控制晶圆中主要载流子类型的过程。扩散、离子注入和快速热退火是将杂质引入半导体区域的常用技术。掺杂通常连续进行，以获得适当的掺杂分布，并且在整个过程中保持高温。

　　沉积(deposition)是指在制造过程中将所有材料铺设在衬底上的过程，这些材料包括金属、多晶硅、氮化硅和二氧化硅。在现有的集成电路中，铝和铜等金属被沉积为导体。蒸发、化学气相沉积(CVD)和溅射都是可用于将材料沉积到衬底上的技术。

　　光刻和刻蚀工艺控制晶圆上形成的图形。由于 IC 缺陷越来越多地与设计图形联系在一起，在本章中，我们将深入研究光刻和刻蚀工艺的细节，制造集成电路所涉及的其他过程则不在本章的探讨范围内。

2.2　图形化工艺

　　图形化工艺包括将掩膜图形转移到晶圆上，然后进行刻蚀以创建所需的轮廓。掩膜制造和将图形转移的整个过程通过光刻完成，而刻蚀则决定每个光刻步骤后形成的图形。图 2.1 列出了图形化工艺中涉及的步骤。

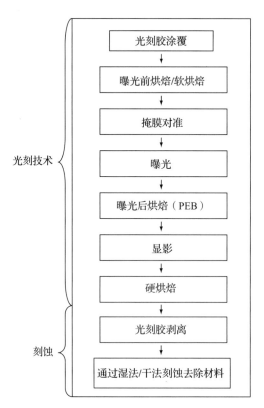

图 2.1　图形化工艺中涉及的步骤

2.2.1 光刻技术

平板印刷术(lithography)发明于 18 世纪末,指在光滑的石头或金属板等平面上印制图案的过程。词语 lithos 的意思是石头,grapho 的意思是书写或印刷。光刻技术是平板印刷的一种,其中光源用于将掩膜(光滑表面)上的图案转移到晶圆(板)上。半导体制造业使用光刻技术打印抽象设计图案。下面简要描述光刻工艺中的每个步骤。

2.2.1.1 光刻胶涂覆

首先,清洁晶圆表面以确保良好的附着力;然后,在晶圆上涂覆一种称为光刻胶的光敏材料。由于光刻胶不能很好地粘附在晶圆上的二氧化硅(或氮化硅)上,因此通常在涂覆光刻胶之前额外加一层粘附层。光刻胶的涂覆过程和最终得到的等厚光刻胶层如图 2.2 所示。光刻胶通常是液体的形式,将晶圆置于真空吸盘上,真空吸盘在将光刻胶倒在晶圆上的同时高速旋转。图 2.3 展示了一个光刻胶制备台,当晶圆旋转时,喷嘴从顶部喷射光刻胶聚合物。光刻胶通过喷嘴排布于晶圆上的方式有两种,静态点胶是使喷嘴保持在晶圆的中心位置,而动态点胶是使喷嘴围绕晶圆中心以固定半径移动。虽然静态点胶更简单,但动态点胶可确保更好的均匀性。当夹头以大约 1500r/min⊖ 的速度旋转 300mm 晶圆时,晶圆会受到离心力的影响,从而形成一层薄而均匀的光刻胶层。薄的光刻胶层提高了刻印图案的分辨率,但薄并不利于其作为抗刻蚀保护层。晶圆上涂覆的光刻胶厚度一般是被打印特征最小宽度的两倍左右,具体厚度取决于晶圆的尺寸和光刻胶材料的黏度,还与晶圆旋转速度的平方根成反比。高黏度的液体能够形成较厚的光刻胶层,可以通过改变吸盘旋转的速度来控制光刻胶材料的黏度。

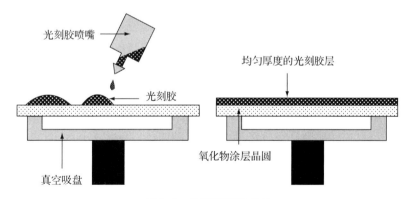

图 2.2 涂覆光刻胶工艺

⊖ 每分钟转数。——编辑注

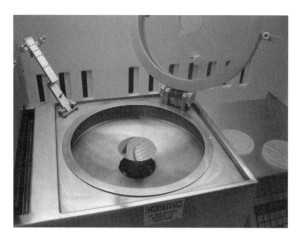

图 2.3　安装在真空吸盘上的裸硅晶圆，准备涂覆光刻胶（由美国马萨诸塞大学阿默斯特
　　　　分校分层制造中心提供）

2.2.1.2　曝光前（软）烘焙

曝光前烘焙或软烘焙是一种干燥步骤，在涂覆有光刻胶的晶圆被送至曝光系统之前进行，用于增加光刻胶和晶圆之间的附着力，并去除光刻胶中的溶剂。软烘焙通过将晶圆放置在加热垫上特定时长完成，整个过程中加热垫的温度必须保持在 90℃ 左右，环境为空气或氮气，以去除溶剂并减少光刻胶的分解。一旦软烘焙完成，晶圆就可以进行掩膜对准和图形化。

2.2.1.3　掩膜对准

典型的制造过程有多达三十个曝光步骤。在每个曝光步骤之前，需要将掩膜与前一阶段的图形对齐以避免错误。在某些技术中，甚至第一个掩膜也与底层的轴对齐[1-2]。借助印制在掩膜上的特殊对准标记进行对准，对准标记作为 IC 图案的一部分转移到晶圆上，即将掩膜 n 上的对准标记覆盖在晶圆的对准图案上，而晶圆上的对准图案是使用掩膜 $n-1$ 曝光得到的。方框或十字等简单的标记能够最小化对准错误，否则会发生套刻误差。由于技术的发展，掩膜的几何图形变得非常小，因此今天的 VLSI 设计具有非常严格的对准公差，通过计算机控制进行对准能够确保所有曝光步骤所需的精度。

2.2.1.4　曝光

曝光阶段会将掩膜的图案实际转移到有光刻胶涂覆的晶圆上。光刻胶是一种对入射光发生化学反应的材料，正性和负性光刻胶在光的作用下会发生不同的化学反应：正性光刻胶开始溶解，而负性光刻胶则相反。掩膜上的图案为透明或不透明的，光通过透明区域并落在光刻胶上，而不透明区域阻止光通过。在过去的 40 年中，曝光系统发生了变化，以确保更高的分辨率、更少的缺陷和更短的曝光时间。下一小节将讨论不同的曝光系统及其对分辨率和对比度的影响。曝光有时会出现的一个问题是光刻胶侧壁反射光波的影响。当光波通过光刻胶时，其中一些光波会从光刻胶层的底部反射出来，并在侧壁上形成称为驻波的图案。在涂覆光刻胶层时应增加底部减反射层（Bottom Anti-Reflection Coating，BARC），以降低光刻胶层表面的反射率。

2.2.1.5　曝光后烘焙

曝光后，晶圆在高温（60～100℃）下烘焙，以促进显影期间的光刻胶扩散。与软烘焙工艺相比，晶圆的曝光后烘焙（Post-Exposure Bake，PEB）时间更长。对于常规光刻胶，PEB 可以减少因表面反射率增加而引起的驻波；对于化学放大光刻胶，PEB 有助于光刻胶曝光区域的扩散过程。曝光后烘焙使光刻胶产生光酸产生剂（Photo-Acid Generator，PAG），增加其溶解度。正如在软烘焙阶段一样，必须保证合适的操作环境和温度，以减少光刻胶的分解。

2.2.1.6　显影

曝光后，立即将显影剂溶液喷涂到晶圆上，以帮助后续步骤中去除暴露在光下的区域（正性光刻胶）。显影剂通常是水基溶液。因为光刻胶和显影剂的相互作用决定了最终光刻胶的形状，所以显影是光刻的一个关键步骤。显影的技术包括旋转显影、喷雾显影和搅拌显影，显影剂的流动决定了光刻胶扩散的速度和有效性。

2.2.1.7　硬烘焙

显影后进行最终烘焙固化光刻胶，以进行后续的制造步骤。在高温（150～200℃）下烘焙可确保光刻胶聚合物的交联，这是热稳定性所必需的。硬烘焙还可以去除溶剂、液体和气体，以优化最终表面的粘附特性。

2.2.2　刻蚀技术

刻蚀是指在显影过程之后，去除无光刻胶或其他保护材料覆盖区域的过程，剩余材料的最终形状取决于无保护部分的去除速度和刻蚀方向。材料去除率称为刻蚀速率，它取决于刻蚀工艺的类型。如果刻蚀在所有方向上均匀进行，则称为各向同性刻蚀，而各向异性刻蚀仅通过在一个方向上的移动来移除材料，如图 2.4 所示。刻蚀技术可分为湿法刻蚀技术和干法刻蚀技术。

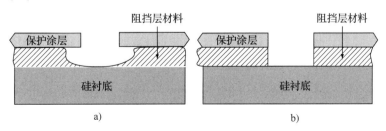

图 2.4　获得的刻蚀轮廓：a)各向同性刻蚀；b)各向异性刻蚀

2.2.2.1 湿法刻蚀技术

湿法刻蚀使用液体形式的化学品来去除未受保护的阻挡层材料。湿法刻蚀通常涉及一个或多个化学反应，最终使待去除的材料扩散，而不影响其他材料或刻蚀剂溶液。被刻蚀剂去除的材料通常称为阻挡层，该层中未被保护层覆盖的材料部分被刻蚀剂去除。

如图 2.5 所示，湿法刻蚀包括三个步骤：①刻蚀剂溶液扩散或将晶圆浸入刻蚀剂溶液中；②形成阻挡层材料氧化物（即未被覆盖材料的氧化物）；③去除氧化物。在第一步之后，接下来的两个步骤反复进行，直到去除所有未受保护的阻挡材料。该工艺中使用的刻蚀剂溶液应根据需要去除的材料选择，表 2.1 列出了几种常见的阻挡层及其相应的刻蚀剂溶液[3]。

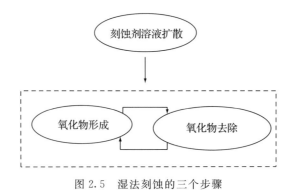

图 2.5 湿法刻蚀的三个步骤

表 2.1 几种常见的阻挡层及其相应的刻蚀剂溶液

待刻蚀材料	刻蚀剂溶液
二氧化硅	氢氟酸、氟化铵
硅	硝酸、氢氟酸
铝	硝酸、乙酸、磷酸

控制刻蚀的两个参数是刻蚀速率和灵敏度。刻蚀速率是指阻挡层被去除的速率，该速率通常取决于刻蚀剂溶液的化学成分和形成的氧化物，用干氧形成的氧化物的刻蚀速率低于在水蒸气存在下形成的氧化物的刻蚀速率。刻蚀工艺的灵敏度决定了阻挡层、保护层和衬底层中被去除的材料量，无保护层需要更高灵敏度的刻蚀剂。

湿法刻蚀是一种各向同性刻蚀过程，这意味着材料在所有方向上以相等的速率去除。如图 2.4 所示，这会导致阻挡材料的钻蚀。钻蚀是指保护层下的材料被去除，这种额外的减少会在测试芯片制造过程中被测量，并得到刻蚀涨缩量，刻蚀掩膜必须对此进行补偿。

2.2.2.2 干法刻蚀技术

干法刻蚀技术使用气体形式的化学物质或离子来刻蚀材料的未保护区域。干法刻蚀基于化学反应(如等离子体刻蚀)或物理动量(如离子铣)。

等离子体刻蚀是一种纯干化学刻蚀过程,在真空室内安装激励源的情况下进行。设置激发场以激发扩散到待刻蚀材料中的气体原子(见图 2.6a),这些原子通过化学反应与阻挡材料结合形成复合材料,复合材料有助于去除材料后副产物的耗散。与湿法刻蚀一样,等离子体刻蚀是一种各向同性刻蚀过程。表 2.2 列出了一些常用于等离子体刻蚀剂的气体[3]。

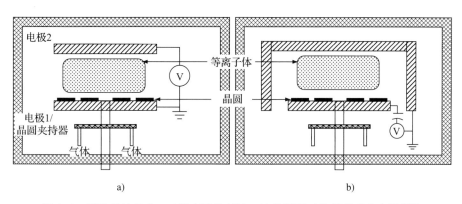

图 2.6　干法刻蚀技术:a)等离子体刻蚀;b)使用不对称场的反应离子刻蚀

表 2.2　一些常用于等离子体刻蚀剂的气体

待刻蚀材料	刻蚀剂气体
二氧化硅	CF_4、C_2F_6、C_3F_8、CHF_3
多晶硅	CF_4、CCl_4、SF_6
铝、铜	CCl_4、Cl_2、BCl_3
氮化硅	CF_4、C_2F_6、C_3F_8、CHF_3

离子铣是一种干法刻蚀技术,使用氩(Ar^+)等气体轰击晶圆。这种技术被认为是一种基于物理动量的方法,因为刻蚀的目的是将原子从晶圆表面敲落。晶圆周围的电场将离子向表面加速,物理击落阻挡材料的原子。通过将离子瞄准垂直于晶圆表面,可以确保各向异性刻蚀。然而,离子铣过程因选择性差而受到限制。

反应离子刻蚀(Reactive Ion Etching,RIE)结合了基于化学和动量的方法。在 RIE 中,等离子体系统使真空室中使用的气体电离,然后通过施加在晶圆上的不对称场将气体加速到晶圆上(见图 2.6b)。由于结合了两种类型的干法刻蚀,RIE 能够更好地实现所需的各向异性和灵敏度。

光刻和刻蚀是转移和确定图案的基本阶段。事实上,缺陷是否存在很大程度上取决于图案转移过程是否有效,因此,对图形化过程进行建模非常重要,这样才能得到对过程中的任何错误都具有弹性的掩膜图案。以下各节将讨论使用光刻系统进行建模和仿真的细节。

2.3 　光学图案形成

　　图 2.7 展示了一个简单的半导体光刻系统[4]。该系统由四个基本部分组成：照明系统、掩膜、成像透镜和涂有光刻胶的晶圆基板。光源发出的光被引导到有透明和不透明区域的掩膜上，传过掩膜透明区域的光随后通过透镜系统并落在晶圆上。光刻系统的目标是以适当的强度、方向性和空间特性将光从相干光源传输到掩膜，将掩膜图案准确地转换为晶圆上的亮区和暗区。

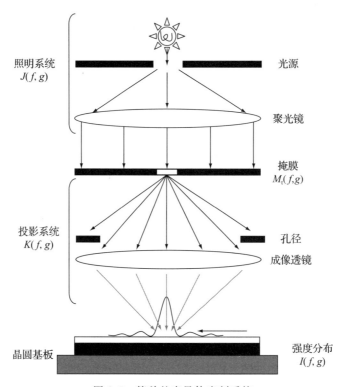

图 2.7　简单的半导体光刻系统

　　要在晶圆上形成的图案会被刻蚀在掩膜上。如图 2.8 所示，带有空格（白色图案）的线条（深色图案）和接触孔或通孔（正方形区域）是通常在设计中绘制的图案类型。光通过掩膜的透射率由图案决定。在二值图像掩码（Binary Image Mask，BIM）中，图案的暗区具有零透射率（光无法通过），而其他区域具有最大透射率。光通过这些具有最大透射率的区域，然后通过透镜系统。透镜系统的目的是将图像缩小到所需的尺寸，并将掩膜上的所有图案正确（即不丢失任何信息）地投影到晶圆上。照明系统创建一个近似掩膜图像的图案，投影系统将该图像投影到晶圆上，在光刻胶上形成亮区和暗区。光刻胶图案被显影和刻蚀，为后续阶段做准备。

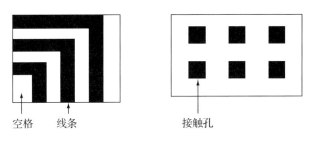

图 2.8　纳米级 CMOS 布局中的典型掩膜特征

2.3.1　照明

合适光源的选择取决于打印的图案类型、系统所需的分辨率以及透镜系统的性能。光源的功率和波长是选择光源的基本标准，波长与可成像的最小尺寸直接相关，功率与曝光时间以及产量直接相关。更短的波长可以产生更好的性能，更高的产量可以降低单位成本，从而获得更大的利润。

过去几代的半导体制造技术使用了具有不同功率和波长的不同光源。早期照明系统使用波长为 300～450nm 的高压汞弧灯，这些光源用于特征宽度大于 $1\mu m$ 的技术节点。后来，钠灯被用作光刻中的照明光源。图 2.9 分别展示了 436nm 和 365nm 波长的 g 线和 i 线光源及其相应的强度[5]。为了提高使用钠灯传输的图像的分辨率，引入了化学放大光刻胶（Chemically Amplified Resist，CAR）来帮助形成图案。然而，即便使用更好的透镜系统和化学放大光刻胶，钠灯也无法产生小于 250nm 特征所需的高分辨率图像[6]。

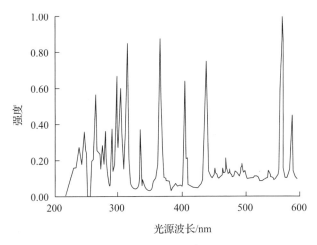

图 2.9　汞弧灯光谱含量

因此，有必要寻找具有足够强度的其他照明源，以便能够正确成像 300nm 以下的特征。激光似乎是一个理想的选择，但现有的连续单模激光器有过多自干扰，无法用于光刻。不过准分子激光器能够提供 248nm 和 193nm 波长的无干扰辐射，确保均匀性。通过使用科勒照明技术，可以确保整个晶圆的光源方向均匀性，其中光源放置在聚光镜的前焦平面上（见图 2.10）。当成像系统的光源以这种方式放置在透镜的前焦平面，通过透镜折射的光线近似聚焦于无限远[7]（即它们彼此平行并与光轴平行），对光源强度的不均匀性进行平均，使掩膜上的每个点接收到相同的强度。

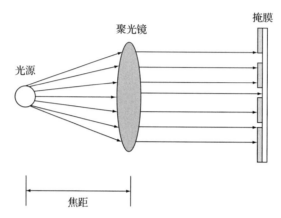

图 2.10　科勒照明：将光源放置在聚光镜的前焦平面上，确保光线方向一致

在光刻技术中，传统光源的形状是圆形的，其他形状的照明光源则用于成像某些类型的特征。图 2.11 展示了一些常用的光源类型。环形光源发出在特定焦点区域产生光线的光，四极光源和双极光源用于根据其特定方向曝光特征。有关此类光源的使用及其控制光刻的不同能力的详细信息，请参阅第 4 章。

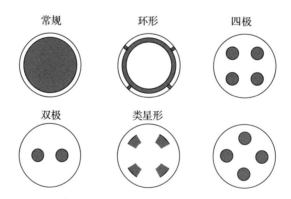

图 2.11　一些常用的光源类型，外圆形成单位半径的支持区域

2.3.2　衍射

衍射是投影成像中最重要的现象。"衍射"一词起源于 16 世纪格里马尔迪（Grimaldi）的著作，他将其定义为当光波阵面的一部分受到某种阻碍时发生的波的一般特征。这种现象

也被称为光与直线路径的"偏离"。荷兰科学家克里斯蒂安・惠更斯(Christian Huygens)在其 1690 年的著作《光的创造》(*Treatise on Light*)中提出，光波阵面上的每个点都被视为次级球面小波的源：在每个点上，可以通过叠加该点上的所有波来构建新的波阵面。图 2.12 是惠更斯原理的简化说明[8-9]，展示了球面小波的形成和光弯曲衍射现象。然而，惠更斯原理没有考虑光的波长(λ)，也不能解释小波不同相位的现象。

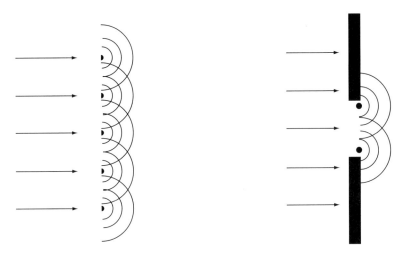

图 2.12　平面波的传播和通过狭缝的衍射图解

1882 年，古斯塔夫・基尔霍夫(Gustav Kirchhoff)基于小波必须满足亥姆霍兹方程和能量守恒的条件，建立了衍射图案方程[10-11]。基尔霍夫提出，如果从掩膜到图像的距离平面小于光源的波长(这通常是特征尺寸超过 2λ 的情况)，则可以假设衍射图像只是掩膜图案的阴影，这实际上忽略了衍射，输出图案接近阶跃函数[11](见图 2.13)。

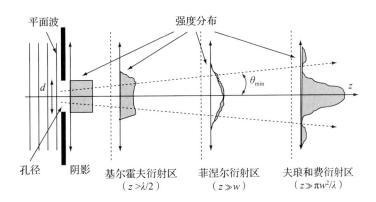

图 2.13　基于源平面和像平面之间的距离在不同区域的衍射图像分布

1818 年，奥古斯丁・让・菲涅尔(Augustin Jean-Fresnel)根据波的相位和给定点上所有球面波振幅的总和来描述衍射图案，从而简化了问题。这种近似，后来被称为惠更斯-菲涅尔原理，只有当光源和像平面之间的距离大于所用光源的波长时才有效。如图 2.13 所示，改变光源波长、孔径宽度或到像平面的距离会产生衍射理论的不同解释。在光学光刻系统中，假设光源和像平面之间的距离大于光源波长，因此使用夫琅和费衍射来近似估计衍射图案的强度，见式(2.7)。

设置一个成像实验，包括波长为 λ 的相干照明源和由宽度为 w 的狭缝组成的掩膜(见图 2.14)，像平面放置在距离 $R \gg w$ 的位置。考虑一个谐波，其 x 轴上的电场由波动方程给出：

$$E(x,r) = E_0 \sin(kr - \omega t) \tag{2.1}$$

式中，k 是波数，ω 是角频率。狭缝的无穷小区域 $\mathrm{d}y$ 与任意点 Q 的距离 r 处的场强 $\mathrm{d}E$ 取决于每单位长度的源强度 s_L 和从掩膜到像平面的距离 R：

$$\mathrm{d}E = \frac{s_\mathrm{L}}{R} \sin(kr - \omega t)\mathrm{d}y \tag{2.2}$$

式中，r 是无穷小狭缝和像平面之间的距离。r 可以使用 Maclaurin 级数展开为 R、y 和 $\varphi^{[9]}$(即从狭缝中心到成像点的线所形成的角度)。一阶近似得到

$$r = R - y\sin\varphi + \cdots \tag{2.3}$$

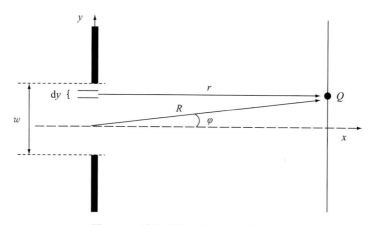

图 2.14　单缝实验估算点 Q 处的电场

现在考虑整个垂直狭缝宽度，电场由积分给出：

$$E = \frac{s_\mathrm{L}}{R} \int_w \sin[k(R - y\sin\varphi) - \omega t]\mathrm{d}y \tag{2.4}$$

从而得到

$$E = \frac{s_\mathrm{L}w}{R} \frac{\sin[(kw/2)\sin\varphi]}{(kw/2)\sin\varphi} \sin(kR - \omega t) \tag{2.5}$$

现在电场可以写为

$$E = \frac{s_{\mathrm{L}}}{R}\left(\frac{\sin\zeta}{\zeta}\right)\sin(kR - \omega t)\,;\ \zeta = (kw/2)\sin\varphi \qquad (2.6)$$

衍射图案的强度定义为在透镜系统确定图案形状之前通过狭缝的光量。强度也称为辐照度，是电场平方的时间平均值：

$$I = \langle E^2 \rangle_{\mathrm{t}} \qquad (2.7)$$

鉴于 $\langle \sin(kR - \omega t) \rangle_{\mathrm{t}}^2 = 1/2$，相干光源通过单个狭缝衍射产生的辐照度表示为

$$I = \frac{1}{2}\left(\frac{s_{\mathrm{L}}w}{R}\right)^2\left(\frac{\sin\zeta}{\zeta}\right)^2 \qquad (2.8)$$

式 (2.8) 是一个典型的 sinc^2 函数，该函数关于 y 轴对称。如图 2.15 所示[9,12]，当远离狭缝中心时，辐照度振幅迅速下降。中心最大值的宽度取决于狭缝宽度 w 和源波长 λ。

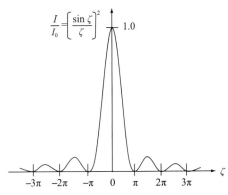

图 2.15　单缝夫琅和费衍射产生的强度分布

杨氏单缝衍射实验是一个著名但简单的实验，说明了衍射效应。图 2.16 描述了实验中使用的单缝以及像平面上产生的衍射图案。这个单缝实验可以用来设想掩膜上图案的衍射。每个特定的特征宽度产生一个衍射图案，该衍射图案从其中心开始迅速衰减。来自每个掩膜源的衍射图案将相互作用，反映叠加原理。当两个波的相位相同时，会发生相长干涉，振幅是相加的；相反，异相波会造成相消干涉，振幅是相减的。

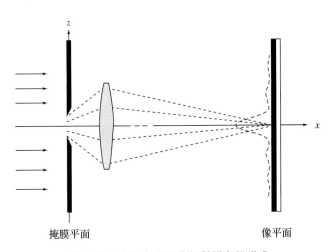

图 2.16　单缝夫琅和费衍射图案的形成

为了获得掩膜图案衍射的数学方程，将 $m_t(x,y)$ 设为空间域中的掩膜电场传输函数。掩膜上每个点处的掩膜传输函数的值由透明图案的存在或不存在来确定。对于镀铬玻璃，无铬区域（即透明区域）$m_t(x,y)$ 的值为 1，有铬区域的值为 0（见图 2.17）。由 xy 平面表示的像平面是物镜之前的平面。在空间频域中，坐标 f 和 g 表示平面，与波数 k 成正比，与距离 R 和波长 λ 成反比。如果 $E_j(x,y)$ 表示光源的电场，则掩膜透射函数 $m_t(x,y)$ 的衍射图案的电场由夫琅和费积分给出：

$$M_t(f,g) = \iint m_t(x,y) \cdot E_j(x,y) e^{-2\pi i(fx+gy)} \mathrm{d}x\mathrm{d}y \tag{2.9}$$

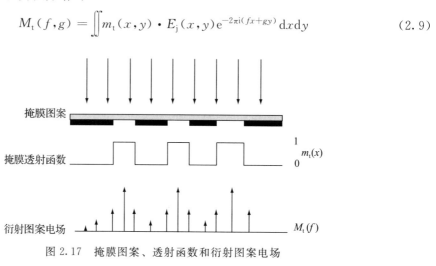

图 2.17　掩膜图案、透射函数和衍射图案电场

这个方程只不过是傅里叶变换。本质上，照明系统的光通过掩膜产生的衍射图案是掩膜上图案的傅里叶变换。

2.3.3　成像透镜

衍射光穿过透镜系统时，由于物镜的尺寸有限，只允许有限部分的衍射光通过。透镜通常是圆形的，允许通过的光区域可以通过透镜直径简单地量化，这个区域也可以被视为一个圆形孔径，滤除直径以外的衍射光。图 2.18 的简单射线图表明，衍射极限是由用于成像的透镜能够捕获的最大衍射角给出的，该角度在图中用 $\theta_{\max}$ 表示。透镜系统的数值孔径（Numerical Aperture，NA）是一个特征参数，它决定了晶圆上衍射图像的质量，它被定义为最大衍射角 $\theta_{\max}$ 的正弦：

$$\mathrm{NA} = n\sin\theta_{\max} \tag{2.10}$$

当空气是物镜和晶圆之间的介质时，数值孔径的数学极限为 1。由于透镜制造中的许多精度问题，这个 NA 极限尚未达到。然而，较新的技术使用水（$n>1$）作为介质来增加数值孔径，从而增加成像到晶圆上的光量。

孔径的简单函数可以写为

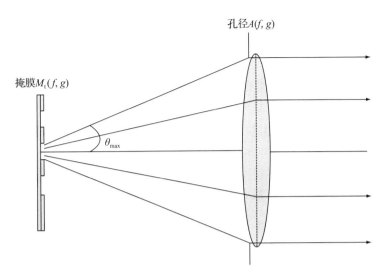

图 2.18　成像系统的数值孔径

$$A(f,g) = \begin{cases} 1, & \sqrt{f^2 + g^2} < \dfrac{\mathrm{NA}}{\lambda} \\[2mm] 0, & \sqrt{f^2 + g^2} > \dfrac{\mathrm{NA}}{\lambda} \end{cases} \tag{2.11}$$

式中，f 和 g 是用于表示频域中孔径函数的坐标。可以看出，式（2.11）所描述的函数是一个滤波器，允许所有光线以小于 $\theta_{\max}$ 的角度倾斜通过透镜。

　　人们对光刻打印更小特征的需要从未停止，更小的特征尺寸导致更多的器件被印刷到晶圆上，在质量和控制可接受的晶圆上打印的最小特征决定了成像系统的分辨率。成像系统的分辨率 R 由瑞利勋爵（Lord Rayleigh）提出[13]：

$$R = k_1 \frac{\lambda}{\mathrm{NA}} \tag{2.12}$$

式中，k_1 是用作比例常数的瑞利系数，高 k_1 值可确保更好的图案保真度。随着分辨率要求的变化，k_1 已减小，导致保真度和对比度问题增加。式（2.12）表明，系统的分辨率与光源的波长成正比，这种直接关联是寻找可以打印较小特征的新光源的关键促成因素。

　　透镜系统的特性决定其分辨率，另一个重要因素是焦深（又称景深）。焦深（Depth Of Focus，DOF）是像平面的最大垂直位移，以便在分辨率限制内打印图像。这是允许的焦点的总范围，可以将生成的晶圆图像保持在制造规范内。焦深由下式给出：

$$\mathrm{DOF} = k_2 \frac{\lambda}{\mathrm{NA}^2} \tag{2.13}$$

　　焦深与数值孔径的平方成反比，因此，对更低的 R 和更大的 DOF 的需求是冲突的。

2.3.4 曝光系统

曝光系统的功能是曝光掩膜上的特征，并将光从掩膜传导到晶圆。曝光系统的配置和技术随光源波长和光刻胶的化学性质而变化。

目前，用于半导体制造光刻的成像系统是投影式曝光，其中掩膜和晶圆彼此相距很远，透镜系统用于投影特征（见图 2.19[14]）。其他类型的打印技术包括接近式曝光和接触式曝光。在接触式曝光中，掩膜和光刻胶涂层晶圆实际上是相互接触的。接触式曝光在 20 世纪 60 年代很流行，当时器件尺寸超过 $2\mu m$，使用波长 $300\sim500nm$ 的光源将掩膜上的图案转移到晶圆上。接触式曝光的理论分辨率极限由下式给出：

$$R = 3\sqrt{\frac{\lambda z}{8}} \tag{2.14}$$

式中，λ 是源波长，z 是光刻胶厚度。由于实践困难和无法达到分辨率极限，接触式曝光无法用于后一代技术。在接近式曝光中，顾名思义，掩膜和晶圆彼此靠近，但不接触。接近式曝光的理论分辨率极限由下式给出[15]：

$$R = 3\sqrt{\frac{\lambda}{4}\left(w + \frac{z}{2}\right)} \tag{2.15}$$

式中，w 是晶圆与掩膜之间的间隙距离。使用 $450nm$ 光源和非常小的 $10\mu m$ 间距可以达到的最高分辨率为 $3\mu m$。由于间隙造成的衍射问题限制了接近式曝光的使用，此后一直采用投影式曝光。

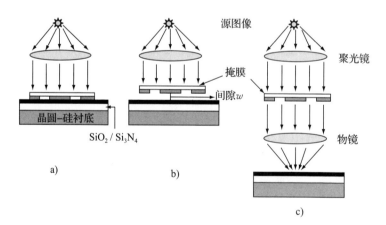

图 2.19 光刻用曝光系统：a)接触式曝光；b)接近式曝光，晶圆和掩膜之间有间隙 w；c)投影式曝光

投影光刻中用于曝光掩膜的两种技术是扫描法和步进法（见图 2.20）。扫描光刻机在掩膜和晶圆移动时将一条狭缝投射到晶圆上，曝光量取决于狭缝宽度、光刻胶厚度以及掩膜和晶圆的移动速度。步进光刻机每次为一个曝光步骤投影一个称为场的矩形区域，场是掩

膜尺寸、曝光量和产量的函数。这种步进技术可用于执行下一小节所述的还原成像。

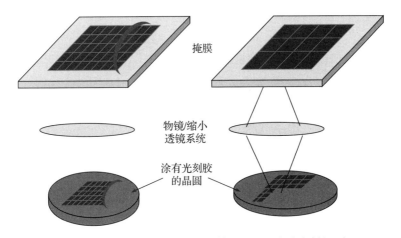

图 2.20　掩膜曝光设置：扫描光刻机(左)和步进光刻机(右)

2.3.5　空间像与还原成像

当衍射图案通过透镜系统时，一些被孔径过滤掉。我们知道衍射图案是掩膜特征的傅里叶变换，因此该函数的傅里叶逆变换应产生与原始掩膜相似的特征。此傅里叶逆变换操作由透镜系统执行，精心设计的透镜系统可以在晶圆上产生近乎理想的图案。在频域中，滤波函数可以乘以衍射图案，得到光刻胶上方衍射图案的电场。空间域中最终投影空间像（Aerial Image，AI)的电场如下所示：

$$E_{\mathrm{AI}}(x,y) = F^{-1}\{M_{\mathrm{t}}(f,g)A(f,g)\} \tag{2.16}$$

式中，$F^{-1}\{\cdot\}$ 表示傅里叶逆变换函数。该图像的强度分布称为掩膜图案的空间像。强度分布只是电场的时间平均平方。

特征宽度的控制在光刻掩膜过程中至关重要，因为形状中的任何错误都会复制到光刻胶上。所谓的 1 倍曝光系统中，掩膜具有与晶圆上所需特征尺寸相同的图案。随着技术的发展和波长较小的光源的发现，还原投影系统开始使用。在还原成像中，掩膜上的特征在光刻过程中会缩小。还原成像使用一系列焦距匹配的透镜，以产生所需的缩小效果（见图 2.21）。实际上，还原透镜系统在系统的两端有不同的数值孔径。基于还原成像的打印特征的临界尺寸(Critical Dimension，CD)由下式给出：

$$\Delta\mathrm{CD}_{\mathrm{wafer}} = \frac{\Delta\mathrm{CD}_{\mathrm{mask}}}{M_{\mathrm{D}}} \tag{2.17}$$

式中，M_{D} 是缩小因子，在现代投影系统中通常为 4 或 5。当然，掩膜中的误差由相同的 M_{D} 来消除。但对于特征小于光源波长的系统，在考虑晶圆侧误差时，必须考虑掩膜误差增强系数(Mask Error Enhancement Factor，MEEF)：

$$\Delta\mathrm{CD}_{\mathrm{wafer}} = \mathrm{MEEF} \times \frac{\Delta\mathrm{CD}_{\mathrm{mask}}}{M_{\mathrm{D}}} \tag{2.18}$$

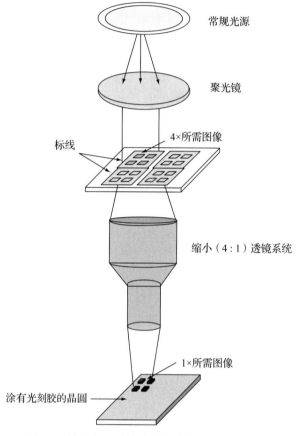

图 2.21　带缩小光学元件的成像系统，缩小因子 $M_{\mathrm{D}} = 4$

　　还原成像的重要性在于使掩膜制造更简易。由于制作 4 倍特征尺寸的掩膜比制作 1 倍特征尺寸的掩膜容易得多，因此还原成像在各层掩膜的制作中发挥着重要作用。虽然还原成像的这一有用功能已被用于投影更小的图像，但如果掩膜制备成为瓶颈，未来的技术可能需要更大程度的缩小。2007 年 ITRS 技术报告[16]建议，可以考虑更高的放大倍数，以减少掩膜上的制备问题。放大倍数的增加需要改变投影成像系统，也增加了控制 MEEF 的负担。

2.3.6　光刻胶图形形成

　　曝光系统产生的空间像传播到光刻胶上，形成潜影。光刻胶被曝光，扩散反应在曝光区域内开始。光线也可能反射出晶圆边界形成驻波，曝光后的烘焙过程和防反射涂层减轻

了驻波效应。此外，如图 2.22a 所示[15]，穿过光刻胶的光的相对强度随深度而衰减，这使
光刻胶侧壁的顶部宽度和底部宽度不一致（见图 2.22c）。光刻胶侧壁角(θ)规范给出了顶部和底部强度之间的可接受变化范围。透镜系统在光刻胶层上的焦点位置是根据所需的侧壁角和光刻胶材料的吸收系数确定的。强度梯度过高会导致光刻胶特征逐渐变窄，使刻蚀阶段后的特征宽度发生变化。

曝光量（Exposure Dose，ED）是曝光系统所用光源的强度。系统的曝光量是光刻胶图案形成的主要影响因素。曝光量取决于光刻胶的厚度、吸收系数和成像系统参数。通过在光刻胶上使用特殊的对比度增强层（Contrast Enhancement Layer，CEL）来控制对光的更高吸收[17]。根据溶解性质，光刻胶可分为正性和负性。光刻胶的对比度是指区分光刻胶的曝光区域和未曝光区域的难易程度。光刻胶厚度的变化率与曝光量的对数呈线性变化，这增强了光刻胶的对比度。正性光刻胶的对比度由下式给出：

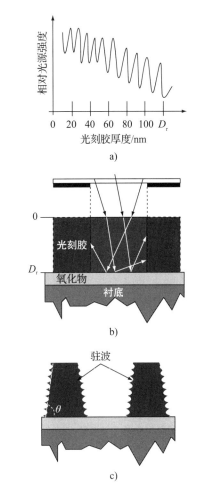

图 2.22 光刻胶图形形成：a)光刻胶内照明光源的相对强度，其中 D_r 是晶圆上的光刻胶厚度；b)穿过无铬区域的光线，反射出光刻胶-晶圆界面；c)反射光线在产生的光刻胶侧壁产生驻波

$$\gamma_+ = \frac{1}{\ln ED_{+l} - \ln ED_{+h}} \qquad (2.19)$$

式中，ED_{+l} 是低于该剂量时无光刻胶生成的曝光量，ED_{+h} 是高于该剂量时光刻胶完全消耗的曝光量（即曝光区域）（见图 2.23）。类似的表达式可用于负性光刻胶。使用显影剂处理光刻胶的扩散区域，然后进行 PEB，最后通过刻蚀过程创建所需的剖面，为下一阶段的处理做好准备。值得注意的是，掩膜的分辨率还取决于刻蚀后最终光刻胶剖面的宽度。由于驻波形成等问题，刻蚀后形成的图案边缘不规则。图案边缘的不规则性称为线边缘粗糙度（Line Edge Roughness，LER），它导致线宽粗糙度（Line Width Roughness，LWR），即图案宽度随 LER 的变化。本质上，LWR 是特征分辨率的变化。3.2.2 节提供了关于刻蚀引起的分辨率变化的更多详细信息。

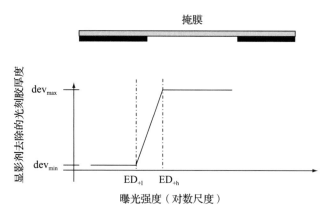

图 2.23 计算曝光系统的对比度

2.3.7 部分相干性

在分析信号之间的相位关系时，必须考虑空间相干性和时间相干性的概念。空间相干性是指在同一时刻空间不同点光源之间的相位相关性，时间相干性是信号在不同时刻的相关性。空间相干意味着时间相干，但反过来并非如此。为了清楚起见，本书讨论的所有光源都是时间相干的，后文提及相干、非相干或部分相干源仅指空间相干。

理想点光源的光线高度连贯且彼此平行，入射到掩膜上时形成平面波阵面，这产生了如图 2.24a 所示的强度分布。但是，如果掩膜被倾斜光线照射（见图 2.24b），则强度分布会发生偏移；如果从不同方向照射掩膜（见图 2.24c），则所得轮廓是图 2.24a 中所示初始强度轮廓的加宽版本。目前，这种部分相干成像技术广泛用于改善晶圆上的强度分布。

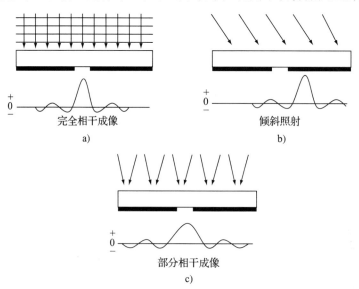

图 2.24 不同成像技术的强度分布，图 2.24c 显示了强度分布因从不同角度入射的光线而变宽

大入射角光线产生的衍射图案可能不会落在孔径内，从而导致傅里叶逆变换期间的信息损失。在这种情况下，掩膜中某个点的特征无法在晶圆上的相同位置准确复制。科勒照明通过以下操作来防止信息丢失：①使光源的图像落在物镜的入射光瞳处；②将掩膜放在聚光镜的出射光瞳处。此设置如图 2.25 所示。由于掩膜放置在聚光镜的出射光瞳处，所有光线以小于 90° 的入射角落在掩膜上，因此所有的衍射信息都能被检索到。光线入射角的任何变化都会影响系统的分辨率，这种变化通过称为部分相干因子(σ)的因子进行量化：

$$\sigma = \frac{n\sin\theta}{NA} \tag{2.20}$$

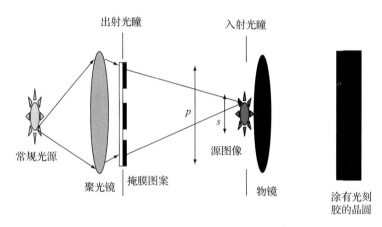

图 2.25　科勒照明用于部分相干成像

成像系统的分辨率随相干性的变化由下式给出[4]：

$$R = k_1 \frac{\lambda}{NA(1 + \sigma)} \tag{2.21}$$

另一种表示部分相干因子的传统方法是将孔径平面上的源图像直径与孔径本身的直径作比：

$$\sigma = \frac{s}{p} \Rightarrow \frac{源图像直径}{孔径直径} \tag{2.22}$$

2.4　光刻建模

光刻建模可分为两大类：基于物理的模型和现象学模型。基于物理的模型精确地模拟了底层的光学元件以及光刻胶中发生的化学反应。这些模型非常复杂，很难校准和验证，因为它们的参数具有复杂的非线性关系。现象学模型(又称以参数为中心的模型)不考虑化学反应，而是根据可用的光刻胶经验模型对图像形成进行建模并估计边缘位置。基于物理的模型考虑了许多物理和化学效应，因此它们比以参数为中心的模型慢得多。PROLITH 和 Solid-C 是基于基础物理模型的著名商业工具。以参数为中心的模型速度快，但在准确性上有所妥协。不过这些模型足够简单，可以与设计流程集成，以验证设计的适印性。

以下章节描述了空间像模拟和化学放大光刻胶建模所涉及的步骤。基于物理和现象学的光刻建模方法都使用空间像模拟技术，区别在于光刻胶的扩散和开发建模。

2.4.1　现象学建模

现象学建模包括以下几个阶段：

1）在光刻胶上方形成空间像后进行光学建模。该模型结合了不同照明方案、光圈类型和散焦效果。

2）借助一阶光刻胶扩散模型对潜在 PEB 图像的形成进行建模。

3）使用基于光刻胶经验模型的强度阈值确定特征边缘。

2.4.1.1　部分相干成像的霍普金斯方法

空间像是指在光刻胶表面上方的平面上观察到的掩膜图案的孔径滤波强度分布。恩斯特·阿贝（Ernst Abbe）提出了部分相干成像系统的扩展源方法。霍普金斯（Hopkins）在其关于衍射的论文中[8]，设计了这项工作的扩展，用于估算掩膜上图案的强度分布。由于部分相干使每个点上的衍射图案相对于孔径发生偏移，因此可以使用反向观测来获得强度分布。我们知道，电场由以下傅里叶变换表示法给出：

$$E(x,k) = \iint A(k+k')M_t(k)e^{2\pi i(k+k')x}\,dk \tag{2.23}$$

式中，$E(k)$ 是 $E(r)$ 在空间域中的频域表示。为了简化方程，我们只考虑 x 轴方向。值得注意的是，由于图 2.11 所示的所有照明源都有一个圆形的外圈，因此它们的可用区域也是圆形。因此，特征的二维强度轮廓参考的是与特征中心的径向距离（r）。强度分布是电场的平方，它的值是通过对所有源点进行积分得到的，由下式给出：

$$I(r) = \iint \text{TCC}(k,k'') \cdot M_t(k)M_t^*(k'') \cdot e^{2\pi i(k-k'')x}\,dk\,dk'' \tag{2.24}$$

式中，$M_t^*(k)$ 是 $M_t(k)$ 的复共轭。霍普金斯在考虑掩膜函数之前，使用了一个中间步骤对源进行积分。因为只有孔径函数受源的影响，所以这两个函数可以合并形成传输交叉系数[10,18]（Transmission Cross Coefficient，TCC）：

$$\text{TCC}(k,k'') = \iint S(k)A(k+k')A^*(k+k'')\,d^2k \tag{2.25}$$

式中，$S(k)$ 是源形状函数。式（2.24）中获得的强度值也称为 PEB 前潜像。

2.4.1.2　光刻胶扩散

曝光后烘焙是在晶圆曝光后进行的。对于正性光刻胶，曝光区域在 PEB 过程中开始扩散。对扩散函数与 PEB 前潜像强度进行简单卷积，以估计光刻胶中的 PEB 后潜像。可以使用基本的高斯扩散模型（以及已建议的各种其他模型）。在频域中，扩散函数可以由下式给出：

$$D(k,k') = \exp\{- 2\pi^2 \mathrm{d}^2 (k^2 + k'^2)\} \qquad (2.26)$$

考虑到光刻胶的扩散，霍普金斯 TCC 函数（$\mathrm{TCC}_{w/.\,\mathrm{diff}}$）的变化可以表示为

$$\mathrm{TCC}_{w/.\,\mathrm{diff}}(k,k'') = \iint S(k) D(k,k') A(k+k') A^*(k+k'') \mathrm{d}^2 k \qquad (2.27)$$

因此，PEB 后潜像强度可以写为

$$I(x;k,k'') = \iint \mathrm{TCC}_{w/.\,\mathrm{diff}}(k,k'') M_{\mathrm{t}}(k) M_{\mathrm{t}}^*(k'') \mathrm{e}^{2\pi\mathrm{i}(k-k'')x} \mathrm{d}k\mathrm{d}k'' \qquad (2.28)$$

2.4.1.3　简化光刻胶模型

简化光刻胶模型可用于预测空间像的光刻胶响应。此类模型包括空间像阈值模型、可变阈值模型和集总参数模型。这些模型没有捕捉到光刻胶的机械响应，但它们用最少的参数描述了光刻胶。简化光刻胶模型没有物理意义，主要是为了快速获得光刻胶响应而设计的。本章使用了一个原始的光刻胶模型来确定特征边缘的位置。该模型称为阈值偏差模型，已证明在预测投影临界尺寸方面相当准确。该模型假设，通过对打印轮廓应用等于强度阈值的恒定偏差，可以计算特征边缘的精确位置及其 CD，见图 2.26。

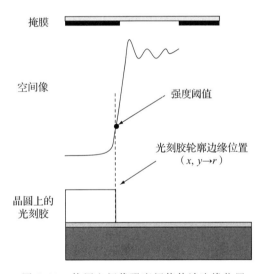

图 2.26　使用空间像强度阈值估计边缘位置

强度阈值通常通过拟合光刻胶轮廓数据获得。我们可以使用光刻胶经验模型（例如可变阈值模型）来获得强度阈值[11,15]。

2.4.1.4　相干系统总和法

霍普金斯提出了一种估算掩膜特征空间像强度分布的方法，并提出了一种通过"分解"成像系统来简化该公式的技术。该技术称为相干系统总和（Sum-Of-Coherent-System，SOCS）法，对原始霍普金斯公式中获得的传输交叉系数函数进行特征值分解[10-11]：

$$\text{TCC}_{w/.\,\text{diff}}(k,k'') = \iint S(k)D(k,k')A(k+k')A^*(k+k'')\mathrm{d}^2k \qquad (2.29)$$

在部分相干照明方案中，从多个角度入射的光线不会相互干扰，因此它们对掩膜特征的衍射图案的影响是独立的。分解由一组相互作用高度非相干的相干源描述。将空间像强度分解为不同点源的强度之和。曝光系统函数由光源函数和孔径函数组成，它被分解为称为内核的本征函数。这些光学系统内核基于其特征值进行排列，并用于估计潜像强度。因此，TCC 被分解为一组离散的特征向量及其各自的特征值：

$$\text{TCC} = \sum_u \zeta_m \varphi_m(k) \cdot \varphi_m^*(k) \qquad (2.30)$$

式中，ζ 为特征值，$\varphi(k)$ 为特征向量或成像系统内核的频率分量。空间像强度为

$$I(r) = \sum_u \zeta_m \cdot (\varphi_m(k,k') * * M_t(k,k'))^2 \qquad (2.31)$$

式中，双星号表示时域中的卷积。

此类矢量的数量 u 由误差要求确定。然而，由于每个特征函数与强度值之间的关系是非线性的，因此 u 值越高，强度预测的误差就越小。简而言之，SOCS 法是一种基于分解的技术，用于计算部分相干成像的空间像强度。

2.4.2　全物理光刻胶建模

全物理光刻胶模型是根据光刻胶的物理和机械化学反应建立的，过程从开始被使用到在刻蚀站被去除。光刻过程中的每个步骤都由一个复杂的物理模型描述。这种模型的优点是仿真结果与实际实验数据完全相关。另一个重要优点是，当技术参数发生变化时，模型本身只需要调整，不需要进行完全的修改，而简化模型则需要；缺点包括速度慢和缺乏可扩展性。

有两种不同类型的光刻胶。与 i 线和 g 线照明源一起使用的典型光刻胶称为常规光刻胶。使用波长较小的深紫外（Deep Ultra-Violet，DUV）照明光源可以获得更高的分辨率。使用化学放大（CAR）光刻胶可获得更高的灵敏度和更大的吞吐量[17]。CAR 光刻胶通过在 PEB 阶段发生改变光刻胶溶解特性的化学反应，"放大"曝光量响应。现在，用于 CAR 光刻胶的模型是对传统光刻胶模型的简单修改[26]。

光刻胶成分取决于色调、技术生成、照明波长和曝光系统参数。在显影过程中，光刻胶通过将空间光能分布转换为光刻胶的溶解度分布来发挥作用。曝光前，光刻胶的固有化学成分为聚合物树脂、溶解抑制剂、光酸产生剂（Photo-Acid Generator，PAG）和淬火剂。物理模型主要集中在光刻胶建模时光刻胶响应的三个阶段：曝光、光刻胶溶解和显影。

化学过程的第一个阶段是曝光阶段，主要包括吸收。根据经验，这种吸收可由兰伯特定律定义为

$$\frac{\mathrm{d}I}{\mathrm{d}z} = -\alpha I \qquad (2.32)$$

曝光期间抗蚀剂内的强度分布特征为抗蚀剂厚度 z 和吸收系数 α 的函数[20-21]：

$$I(z) = I_0(z) \cdot \exp\{-\alpha_{\text{eff}} \cdot z\} \tag{2.33}$$

第二个阶段是光刻胶溶解或扩散。对于 CAR 光刻胶，扩散可分为三个步骤：第一步，获得 PAG 分子的相对浓度[22-23]；第二步，使用该值获得未反应光酸的浓度；第三步，对 PEB 过程中被未反应光酸解封的聚合物树脂进行建模。反应扩散模型很好地描述了这个过程。酸解块速率是酸的扩散率、碱淬火剂的相对浓度和 PEB 时间的函数[24]。

最后一个阶段涉及确定发展速度。人们已提出各种模型[19,25-27]，以获得浸没在水性显影剂溶液中的光刻胶的体积和相对显影速率。所有全物理光刻胶模型都提供光刻胶发展的最大和最小速率，用于估计光刻胶轮廓的形状。

2.5　本章小结

在本章中，我们研究了制造集成电路所涉及的各个阶段。我们主要集中于控制晶圆上图案形成的两个重要过程：光刻和刻蚀。本章对光刻工艺进行了解释，以帮助读者理解在晶圆上形成图案所需的步骤；讨论了光学成像系统的部件和控制最终图形的参数的细节。我们对光刻建模进行了深入的描述，因为它已成为许多基于模型的 DFM 方法的重要组成部分；分析了两种建模类型——现象学模型和基于物理（"全物理"）的模型。我们还演示了如何在晶圆上方形成空间像，以及光刻胶模型如何响应不同的光强度。理解光刻胶上图案形成的基本原理，如本章所述，需要对工艺变化进行建模，并将其与器件和互连参数联系起来。

参考文献

1. M. Madou, *Fundamentals of Microfabrication*, CRC Press, Boca Raton, FL, 1997.
2. R. C. Jaeger, *Introduction to Microelectronic Fabrication*, Prentice Hall, Englewood Cliffs, NJ, 2002.
3. W. R. Runyon and K. E. Bean, *Semiconductor Integrated Circuit Processing Technology*, Addison-Wesley, Reading, MA, 1990.
4. E. C. Kintner, "Method for the Calculation of Partially Coherent Imagery," *Applied Optics* **17**: 2747–2753, 1978.
5. M. E. Dailey et al., "The automatic microscope," *MicroscopyU*, http://www.microscopyu.com/articles/livecellimaging/automaticmicroscope.html.
6. A. K. Wong, *Optical Imaging in Projection Microlithography*, SPIE Press, Bellingham, WA, 2005.
7. J. W. Goodman, *Introduction to Fourier Optics*, McGraw-Hill, New York, 1968.
8. H. H. Hopkins, "On the Diffraction Theory of Optical Images," *Proceedings of the Royal Society of London, Series A* **217**: 408–432, 1953.
9. E. Hecht, *Optics*, Addison-Wesley, Reading, MA, 2001.
10. M. Born and E. Wolf, *Principles of Optics*, Pergamon Press, Oxford, U.K., 1980.

11. C. A. Mack, *Fundamental Principles of Optical Lithography: The Science of Microfabrication*, Wiley, New York, 2008.

12. G. B. Airy, "On the Diffraction of an Object-Glass with Circular Aperture," *Transactions of Cambridge Philosophical Society* **5**(3): 283–291, 1835.

13. Lord Rayleigh, "Investigations in Optics, with Special Reference to the Spectroscope," *Philosophical Magazine* **8**: 261–274, 1879.

14. S. M. Sze (ed.), *VLSI Technology*, McGraw-Hill, New York, 1983.

15. A. K. Wong, *Resolution Enhancement Techniques in Optical Lithography*, SPIE Press, Bellingham, WA, 2001.

16. "Lithography," in *International Technology Roadmap for Semiconductors Report*, http://www.itrs.net (2007).

17. H. Ito, "Chemical Amplification Resists: History and Development within IBM," *IBM Journal of Research and Development* **341**(1/2): 69–80, 1997.

18. H. H. Hopkins, "The Concept of Partial Coherence in Optics," *Proceedings of the Royal Society of London, Series A* **208**: 263–277, 1951.

19. M. D. Smith, J. D. Byers, and C. A. Mack, "A Comparison between the Process Windows Calculated with Full and Simplified Resist Models," *Proceedings of SPIE* **4691**: 1199–1210, 2002.

20. N. N. Matsuzawa, S. Mori, E. Yano, S. Okazaki, A. Ishitani, and D. A. Dixon, "Theoretical Calculations of Photoabsorption of Molecules in the Vacuum Ultraviolet Region," *Proceedings of SPIE* **3999**: 375–384, 2000.

21. N. N. Matsuzawa, H. Oizumi, S. Mori, S. Irie, S. Shirayone, E. Yano, S. Okazaki, et al., "Theoretical Calculation of Photoabsorption of Various Polymers in the Extreme Ultraviolet Region," *Japan Journal of Applied Physics* **38**: 7109–7113, 1999.

22. K. Shimomure, Y. Okuda, H. Okazaki, Y. Kinoshita, and G. Pawlowski, "Effect of Photoacid Generators on the Formation of Residues in an Organic BARC Process," *Proceedings of SPIE* **3678**: 380–387, 1999.

23. M. K. Templeton, C. R. Szmanda, and A. Zampini, "On the Dissolution Kinetics of Positive Photoresists: The Secondary Structure Model," *Proceedings of SPIE* 771: 136–147, 1987.

24. F. H. Dill, "Optical Lithography," *IEEE Transactions on Electron Devices* **22**(7): 440–444, 1975.

25. R. Hershel and C. A. Mack, "Lumped Parameter Model for Optical Lithography," in R. K. Watts and N. G. Einspruch (eds.), *Lithography for VLSI*, Academic Press, New York, 1987, pp. 19–55.

26. T. A. Brunner and R. A. Ferguson, "Approximate Models for Resist Processing Effects," *Proceedings of SPIE* **2726**: 198–207, 1996.

27. J. Byers, M. D. Smith, and C. A. Mack, "3D Lumped Parameter Model for Lithographic Simulations," *Proceedings of SPIE* **4691**: 125–137, 2002.

CMOS 工艺与器件偏差： 分析与建模

3.1　引言

　　如今，设计和工艺工程师最关心的问题是半导体制造中参数偏差的影响越来越大。参数偏差的百分比从 250nm 工艺的 10％大幅增加到 45nm 工艺的 50％左右[1]。偏差在任何制造过程中都会出现。偏差范围的允许度通常由产品规格说明规定，超出规格的偏差将导致工艺良率降低。参数的偏差可以根据工艺目的、相关区域和行为分为不同的类别。

　　半导体制造的基本步骤包括用几何图案制造晶体管、二极管和电容器等器件，然后用导线（金属互连线）将这些器件连接起来。光刻技术是制造器件和导线的图案技术的核心。制造一个器件涉及多晶硅与金属栅极的图案、产生栅极氧化层的氧化、显影工艺，以及通过扩散或离子注入引入源极和漏极杂质。光刻技术也用于制作互连金属线。图案工艺的偏差主要是投影光刻技术导致的。由于晶圆上印刷图案的特征宽度已经小于光源波长的 1/4，由衍射导致的适印性的偏差已经变得非常普遍。除了固有的分辨率和对比度问题外，成像系统中的散焦和透镜畸变也会引起进一步的偏差。这些偏差影响着要印刷的图案，包括栅极和互连特征。

　　多晶硅图案被用来制造 MOSFET 的栅极。晶圆上栅极图案的图形转印是建立自对准栅极结构的重要步骤。这种图案的偏差包括栅极长度 L_G 与栅极宽度 W_G 的改变，这两个维度决定了晶体管处于开启状态时反型层的面积。L_G 和 W_G 的变化会导致晶体管工作电特性的变化。例如，晶体管的漏极（驱动）电流 I_D（表征其工作特性最重要的参数）与栅极长度 L_G 成反比，与栅极宽度 W_G 成正比。降低 L_G 使 I_D 增大，晶体管切换得更快。整个芯片上系统化地降低栅极长度，栅极沟道长度的降低能够改善芯片的整体运行速度，但是同时也会带来漏电流的增加。沟道长度较短时，晶体管阈值电压趋于较低，这种现象被称为 V_T 滚降，如图 3.1 所示[2]，但漏电流随阈值电压的降低呈指数增长。图 3.2 显示了降低了 V_T 的 N 沟道 MOSFET 的各种漏电流。栅极宽度由多晶硅位于有源区上的区域定义。当多晶硅下的有源区图案不完美时，栅极宽度可能会发生变化。这种不恰当的扩散产生的影响，会导致 W_G 的偏差，称为扩散区圆化。同时，W_G 的变化也会导致漏极电流的成比例改变，从而影响晶体管工作。

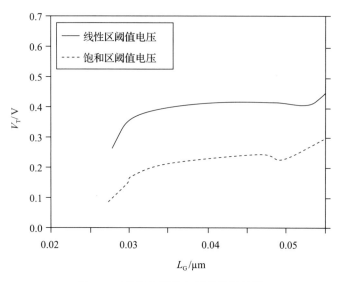

图 3.1   NMOS 阈值电压的滚降特性

漏极电流是关于晶体管沟道的反型层电荷量的函数，反型层电荷量又是栅极电容的函数。晶体管尺寸和栅极氧化物厚度是栅极电容的主要决定因素。当尺寸缩小时，晶体管栅极长度减小，这需要相应地减小栅极氧化层厚度 t_{ox}，以提高晶体管性能。氧化物厚度的偏差可能导致晶体管击穿和失效。栅极电介质击穿是造成电路可靠性问题的一个已知原因。

晶体管阈值电压 V_{T} 取决于沟道区杂质的浓度。掺杂通过离子注入过程引入杂质，在纳米尺度结构下，掺杂原子的特定数量或位置无

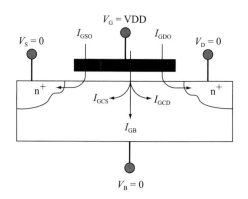

图 3.2   降低阈值电压的 N 沟道 MOSFET 中的泄漏电流

法保证。因此，随着晶体管尺寸与沟道面积的缩小，掺杂原子的数量也会有相似的减少。在掺杂原子较少的情况下，即使其数量仅有微小变化，也会导致晶体管的阈值电压发生偏差。将新的掺杂引入晶体管的源-漏区，通过应力增加电荷载流子的迁移率。应力的程度取决于标准单元内的有源区、浅槽隔离（Shallow Trench Isolation，STI）和其他区域的数量。应力的变化会改变电子的迁移率以及器件的泄漏程度。表 3.1 总结了过去和规划中的工艺控制允许偏差[3]。

表 3.1　过去和规划中的工艺控制允许偏差

	产品生产年份								
	2001	2002	2003	2004	2005	2006	2007	2008	2009
商业产品技术节点	130		90		65		45		30
DRAM 1/2 节距/nm	130	115	100	90	80	70	65	57	50
MPU 1/2 节距/nm	150	130	107	90	80	70	65	57	50
印刷门	90	75	65	53	45	40	35	32	28
物理门（刻蚀）	65	53	45	37	32	28	25	22	20
栅极氧化物厚度控制（有效栅极氧化物厚度 3σ 百分比偏差）	$<+4\%$	$<+4\%$	$<+4\%$	$<+4\%$	$<+4\%$	$<+4\%$	$<+4\%$	$<+4\%$	$<+4\%$
栅极长度在晶圆内/晶圆间/批次间的 3σ 方差/nm	6.31	5.3	4.46	3.75	3.15	2.81	2.5	2.2	2
栅极长度在物理门的 3σ 百分比偏差	10%	10%	10%	10%	10%	10%	10%	10%	10%
光刻 3σ 最大允许偏差	5.51	4.33	3.99	3.35	2.82	2.51	2.24	1.97	1.79
刻蚀 3σ 最大允许偏差（包括光刻胶修剪与栅极刻蚀）	3.64	3.06	1.99	1.88	1.41	1.26	1.12	0.98	0.89
临界尺寸偏差（密度与隔离线）	$\leqslant15\%$	$\leqslant15\%$	$\leqslant15\%$	$\leqslant15\%$	$\leqslant15\%$	$\leqslant15\%$	$\leqslant15\%$	$\leqslant15\%$	$\leqslant15\%$

生成金属互连线涉及沉积和平面化。过去铝被用作金属互连导线的材料，而现代工艺使用铜进行互连。铝通过溅射、化学气相沉积（Chemical Vapor Deposition，CVD）和外延等工艺沉积在晶圆上，铜则使用双大马士革工艺沉积。双大马士革工艺使用单金属沉积步骤来形成通孔和金属互连线。首先通过两个单独的光刻步骤在介电层中形成沟槽和通孔；然后通过单金属沉积填充通孔和沟槽凹槽。填充后，通过化学机械抛光（CMP）工艺去除沟槽外沉积的多余金属。电镀工艺用于在种子金属衬垫上沉积铜互连线。

沉积的金属必须平面化，这不仅是为了电容的均匀性，也是为了建立后续的上层金属层所需的表面平面化。CMP 后沉积金属的平面度取决于金属下面的图案，也取决于下层的金属层。孤立的和密集的图案以不同的速度抛光，导致表面不平整和金属厚度的偏差。这种金属厚度的偏差会导致互连电容的偏差，从而使电路性能和噪声容限改变。

相关因子可用于将工艺参数偏差分类为批次间、晶圆间、芯片间或芯片内偏差。较强的相关性可以减小工艺参数偏差。工艺参数偏差可能是时间或空间的。晶圆内的偏差称为空间偏差，晶圆间的偏差称为时间偏差。批次间与晶圆间的偏差是时间偏差或相关性的类型。空间偏差的来源有很多，包括套刻偏差、标线偏差、透镜偏差和聚焦偏差。操作偏差和微粒也可能导致空间偏差。这些偏差在初期对总体工艺良率的影响比重大，但随着工艺的成熟，其影响越来越小。芯片间的偏差具有空间相关性，这取决于晶圆的尺寸。典型的芯片间（interdie）偏差包括由化学机械抛光和氧化物厚度引起的偏差。芯片内（intradie）偏差发生在一颗芯片中。过去，芯片内偏差未受到太多重视，然而随着晶体管特征尺寸不断缩小，芯片内偏差变得越来越重要。事实上，一些研究表明，今天的芯片间偏差可能与芯片内偏差一样普遍[4]。芯片内偏差包括图案偏差、随机掺杂波动（Random Dopant Fluctuation，RDF）和由 CMP 引起的厚度偏差等。它们会影响晶体管的性能，是设计过程中需要关心的问题。图案偏差与 RDF 都是设计时参数偏差的来源。

偏差也可以按系统性和随机性进行分类。这种区别对于分析其潜在原因并通过设计或制造中的特定改变来解决是至关重要的。随机性偏差，顾名思义，不能归因于某个特定的原因或参数。这种偏差通常假定为平均值 μ 和标准差 σ 的高斯分布，并遵循大数定律。随机性偏差包括晶体管中的掺杂原子波动、电路中的电源电压偏差、晶圆中的点状缺陷以及由于光刻造成的线边缘粗糙度等。系统性偏差是设计或制造参数的函数，因此可以用一个或一组函数来建模。NMOS 与 PMOS 的阈值电压偏移是系统性工艺偏差的一种，与系统性掺杂偏差有关。系统性偏差也可能来自设计属性。掩膜的图形密度会导致氧化物厚度的偏差，从而导致互连电容的变化。邻近效应会导致图形失真，从而导致器件和互连参数变化。这种偏差通常可以在制造前后进行建模和预测。需要注意的是，系统性与随机性偏差会同时出现在一个设计（或者说一枚芯片）中。只能通过分解这两种类型的偏差，然后分别建模解决。分解过程很复杂且通常是统计性质的[4]。

半导体制造中，芯片内工艺偏差的来源与照明源波长和晶圆上印刷图案的最小特征尺寸有关。对"高于波长"的光刻工艺，偏差具有随机性，可能由处理过程、颗粒、套刻偏差、掺杂波动等多种因素引起。

光刻光源的波长与技术在同步发展，如制作 $0.35\mu m$ 晶体管使用的是波长为 365nm 的光源。但如图 1.5 所示，从 180nm 技术开始，光刻光源的波长一直保持在 193nm。过去一段时间里，使用更短波长光源的光刻技术发展受到了几个因素的阻碍。虽然 157nm 光源存在，但以这种波长进行光刻时，曝光系统中的氧气和水会吸收辐射，光源并没有获得牵引力，除去曝光系统中氧气与水的成本超过了使用 157nm 光源带来的好处。157nm 与更短波长光源（例如 13.4nm 极紫外线的 EUV 光源）的另一个问题涉及光掩膜本身。通过光掩膜的必须是具有高透射率的光，否则它会吸收能量，升温并热膨胀。典型的曝光系统会将掩膜缩小 4 或 5 倍。因此，如果我们打算制造边长 1cm 的芯片，掩膜边长必须为 4～5cm。对于基于熔融二氧化硅的当前一代掩膜，1℃上升对应掩膜的 25nm 扩展。因此，对于小分辨率的目标，光掩膜的温升需要少得多。要实现这一点，需要在遮罩的黑暗区域具有高反射率，在暴露区域具有高透射率。同时，透镜需要表现出一定的折射率和透射率，这对 193nm 以下的投影系统提出了另一个挑战。为了取代透镜，抛物面反射器也被研究用于光学投影系统，反射器的吸收系数需要足够低。

因此，特征尺寸为 180nm 及以下（即最小特征 $<\lambda$）的器件使用氟化氩（ArF）193nm 光源印刷。这些器件的尺寸落在标称投影或照明系统的衍射极限（即最小特征 $\geq\lambda$）之外。衍射

极限问题使得印刷具有高对比度和合理宽度公差的特征变得困难，这导致了这类技术节点设计相关的偏差的增加。对于180nm以下的技术节点，衍射相关问题比粒子相关偏差更加突出，如图 3.3 所示[5]。依赖设计的光刻工艺的偏差是当今半导体制造的主要问题。

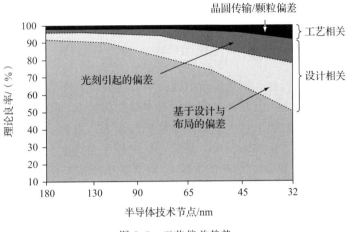

图 3.3　工艺偏差趋势

除非找到波长更小的更好的无耀斑光源，否则设计意图与实际印刷之间的线宽偏差是不可避免的。自亚波长光刻技术问世以来，参数偏差一直在增大；这可以在图 3.4 中看到，趋势曲线来自 Nassif[6] 和 Borkar[7] 等人的研究。为了保证未来几代技术的高良率，我们需要控制这些偏差的新设计和新工艺。本章将详细讨论最重要的工艺参数偏差，且每节都会对这些偏差的表现进行检查，并分析它们对设计效果和良率的影响。此外，我们还将讨论此类偏差的分析和估计技术。

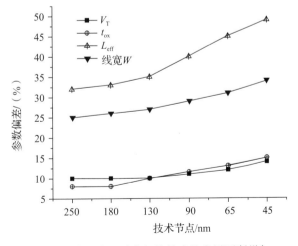

图 3.4　参数偏差随着每代技术的发展不断增加

3.2　栅极长度偏差

根据给定的规范，晶体管的工作状态取决于晶圆上印刷的多晶硅栅极图案。栅极长度的偏差可能由图案效应或刻蚀诱导的边缘效应引起。我们将在本节深入研究这些问题。

3.2.1　光刻引起的图案偏差

从掩膜到硅片的图像转移受到光学衍射的影响，这会影响图像平面上的光强以及光刻胶刻蚀工艺。根据光刻胶的正负性，在相同的光学曝光条件下，印刷图案的尺寸也会有偏差，这些尺寸进一步受到刻蚀工艺本身的化学性质的影响。因此，无论是金属还是多晶硅的印刷线路，都可以用梯形模型来表示，参数包括梯形下底宽度 w、侧壁角 θ 和抗蚀剂高度 h，如图 3.5a 所示[8]。掩膜的临界尺寸（CD）定义为在所需规格范围内可印刷在抗蚀剂上的最小可分辨特征。

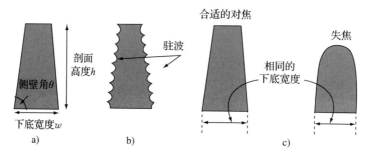

图 3.5　评估临界尺寸（CD）：a)参数控制 CD；b)抗蚀剂-基板界面反射引起驻波形成；c)不同焦距下相同的下底宽度的光刻胶剖面图偏差

特征宽度无法仅用抗蚀剂剖面的单个参数明确定义。显影后的光刻胶剖面图使用轮廓的多个参数拟合成梯形特征模型。每当谈到掩膜的 CD 时，人们首先认识到的特征是其在光刻胶上的宽度，它就是图 3.5a 中的梯形下底宽度 w。然而，即使具有相同的基底宽度，焦点的改变也可以产生完全不同的光刻胶剖面图，如图 3.5c 所示。因此，在测量 CD 时，考虑轮廓高度和侧面角的影响也很重要。如果其他两个参数在要求的规格范围内，则可以用这三个参数中的任何一个来描述掩膜的 CD，也都可以用于定义 CD 和后期开发的计量。

3.2.1.1　邻近效应

当今，VLSI 设计中所需的图案宽度远低于 193nm 波长光源的最小可分辨特征宽度，因此线宽偏差是一个重要的问题。线宽偏差是光刻中的邻近效应导致的，归因于光学衍射，其中栅极特性的线宽偏差可能由相邻线的衍射图案引起。

我们在前一章中了解到，衍射图案集中在结构的中点，在有限的区域中扩散，强度随扩散迅速衰减，其分布是相邻线衍射图案的相位和振幅的叠加。当衍射图案处于同一相位时，会发生相长干涉；相反，当它们彼此不同步时，就会发生相消干涉，如图 3.6 所示。

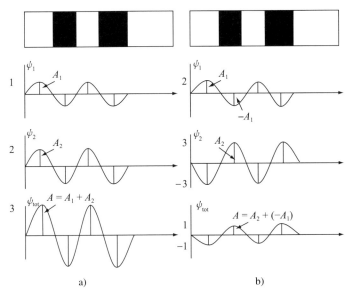

图 3.6　叠加原理：a) 相长干涉（同相波）；b) 相消干涉（异相波）

考虑如下的一维平面波动方程：

$$\frac{\partial^2 \psi}{\partial x^2} = \frac{1}{v^2} \frac{\partial^2 \psi}{\partial t^2} \tag{3.1}$$

式中，$\psi(x,t)$ 表示波，v 表示波速。根据叠加原理，如果两个波 ψ_1 和 ψ_2 在同一方向传播，那么它们的振幅是相加的。

新的波函数 ψ_{tot} 由下式给出：

$$\frac{\partial^2 \psi_1}{\partial x^2} = \frac{1}{v^2} \frac{\partial^2 \psi_1}{\partial t^2}（波\,1），\quad \frac{\partial^2 \psi_2}{\partial x^2} = \frac{1}{v^2} \frac{\partial^2 \psi_2}{\partial t^2}（波\,2）$$

$$\frac{\partial^2 (\psi_1 + \psi_2)}{\partial x^2} = \frac{1}{v^2} \frac{\partial^2 (\psi_1 + \psi_2)}{\partial t^2} \Rightarrow \frac{\partial^2 \psi_{\text{tot}}}{\partial x^2} = \frac{1}{v^2} \frac{\partial^2 \psi_{\text{tot}}}{\partial x^2} \tag{3.2}$$

图 3.7 显示了二维强度图案之间的干涉。这种干扰的一个影响是抗蚀图案的扩大或缩小；这就是所谓的邻近效应。它取决于特征宽度、相邻图案之间的距离、使用的掩膜类型和其他的照明系统参数。邻近效应通常发生在较低的金属互连层和多晶硅栅极图案中，可能导致设计过程产生参数偏差。

邻近效应使得相邻结构的间距会影响金属线的宽度，如图 3.8 所示。我们定义间距（spacing）为相邻结构的两个边之间的距离，定义节距（pitch）为相邻结构的两个连续相似边缘（如右边缘到右边缘）之间的距离。

Socha 等人[9] 通过保持掩膜的线宽不变，改变结构之间的间距，研究了邻近效应对线宽的影响。可以观察到，在某些周期下，金属线宽度从原始宽度急剧收缩，如图 3.9 所示[10]。

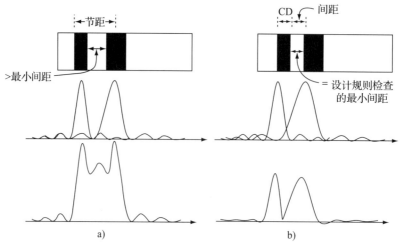

图 3.7 干涉：a)相长干涉；b)相消干涉

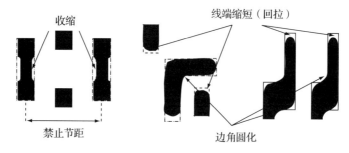

图 3.8 金属线的邻近效应

这个使金属线宽度变窄的间距定义了设计过程中不应出现的节距，它们都称为该金属宽度的禁止节距(forbidden pitch)。对于 45nm 及以下的技术节点，大量的禁止节距对布局设计施加了多重限制，几何布局规则不允许相邻金属线放置在禁止节距[9-10]。即使在允许的节距内，邻近效应也会导致附近的金属线发生线宽偏差，这种变化称为跨芯片线宽偏差[11]（Across-Chip Linewidth Variation，ACLV）。金属线的其他邻近效应还包括线端缩短和边角圆化，如图 3.8 所示。

3.2.1.2 失焦

失焦指晶圆上光刻胶的焦点位置与目标焦点的位置之间存在差异。曝光系统的焦距取决于所使用的光源、缩小透镜系统以及晶圆上光刻胶的厚度。失焦会导致晶圆上印刷的图像模糊。焦点偏差使得晶圆上形成的图案不正确，导致金属线宽偏差。失焦对不同节距图案线宽变化的影响是系统性的，可以建模分析。使用泊松图显示节距偏差和失焦导致印刷线宽的变化，如图 3.10 所示[12]。图中不同节距在失焦时，线宽的变化显示的形状不同：高密度的节距随着失焦程度变化，线宽先升高后降低，曲线形如"微笑"；低密度的节距线宽先降低后升高，曲线形如"皱眉"[11-12]。

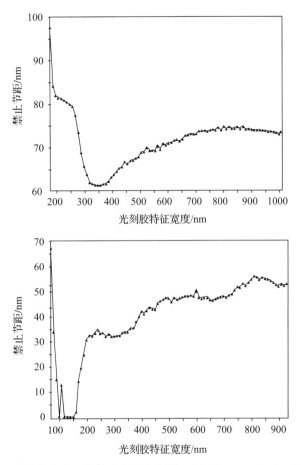

图 3.9　使用 Prolith 软件仿真一维掩膜的禁止节距：上图为 65nm 技术，下图为 45nm 技术

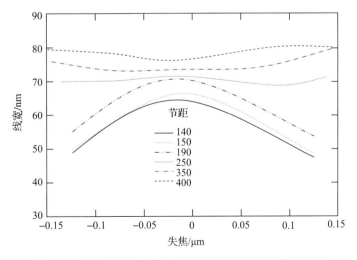

图 3.10　在泊松图中由于失焦引起的不同节距的线宽变化

密集图案是指在布局的某个区域内结构密集分布，而孤立图案是指结构稀疏分布。失焦对致密线和孤立线的影响不同。如图 3.10 所示，密集图案的线宽变化率高于孤立图案的线宽变化率。

如果 CMP 平面化过程中产生光刻胶厚度偏差，会发生透镜场的失焦，如图 3.11 所示[13]。化学机械抛光与布局相关，可以对不同密度区域的平面化偏差进行建模和预测（具体内容参见 3.5 节）。曝光系统使用的高能光源会在图案制作过程中加热透镜；这会改变透镜材料的折射率，这是失焦的另一个原因。曝光剂量和系统焦点等光刻的输入参数可以系统地变化，但也有相关的随机成分。典型的随机成分（如晶圆错位和晶圆倾斜）难以建模，但由这些因素引起的线宽变化可以统计建模。

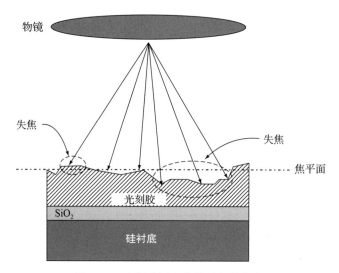

图 3.11 光刻胶厚度偏差引起的失焦

3.2.1.3 透镜像差

透镜系统中的像差是指实际透镜与理想透镜的偏差。回顾斯涅尔定律（又称折射定律）有助于理解透镜像差。如图 3.12 中的示意图所示[14]，斯涅尔定律表明

$$n_i \sin\theta_i = n_t \sin\theta_t \tag{3.3}$$

式中，n_i 和 n_t 分别是入射和透射介质的折射率。在一阶条件下，由于 θ 很小，可以近似认为 $\sin\theta = \theta$。因此，斯涅尔定律可以简化为 $n_i\theta_i = n_t\theta_t$。入射角和接触介质的折射率描述了用于估计透镜系统前后焦点的光行为。这种简化假定光线是近轴光线，即入射角很小，靠近轴通过的光线。

实际情况中，来自光源的光线通过掩膜会向不同的方向衍射，并落在物镜上。现在的光线不是近轴的，因此基于斯涅尔定律的假设无效了。用泰勒级数展开 $\sin\theta$：

$$\sin\theta = \theta - \frac{\theta^3}{3!} + \frac{\theta^5}{5!} - \frac{\theta^7}{7!} + \cdots \tag{3.4}$$

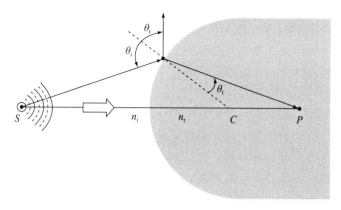

图 3.12　斯涅尔定律示意图

在任何情况下，当考虑远轴光线时，至少需要包括泰勒级数的前两项。光线的入射角大于 $\sin\theta$ 的一阶泰勒级数近似，因为并非所有入射光线都聚焦在同一焦点，而引入三阶项也导致初级像差的产生。如图 3.13 所示，入射光线焦点位置的差异导致焦点偏差。

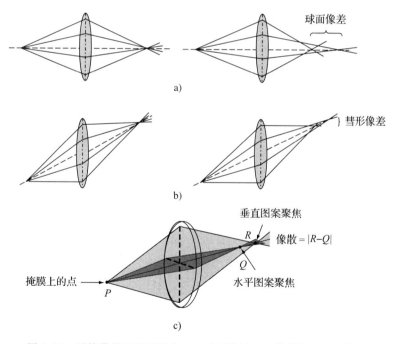

图 3.13　透镜像差引起的失焦：a) 球面像差；b) 彗形像差；c) 像散

定义每个入射光束的光程差（Optical Path Difference，OPD）为当前光束与通过光轴的零衍射光束之间的光程差值。这种焦距的偏差即为透镜像差，它会导致晶圆上的图像模糊。

透镜像差有多种来源，如图 3.13 所示。这些像差可以分为两类：色像差与单色像差[14-15]。色像差产生的原因是组成光的不同波长的透镜折射率不同，引发了色散现象，纵向和横向像差都属于色像差。单色像差包括活塞像差、倾斜像差、球面像差、彗形像差和像散。活塞像差和倾斜像差不在波前造成弯曲，因此只会引起位置上的微小变化，不会影响图像，也不会造成严重的失焦。球面像差引起非近轴射线焦平面位置的变化，彗形像差引起以一定角度入射的光线的焦点位置发生变化，这两种像差表现为图像不对称。像散是将焦点偏差作为图像方向的函数，各方向有对应的失焦程度。

像差也可以根据其来源进行分类，包括制造、透镜类型与设计图案。制造的偏差源于透镜的问题，如透镜表面的缺陷、曲率或结构；透镜使用不当（例如违规操作、错误倾斜）将导致形成的图案的变化；由设计引起的像差是曝光过程中图案的方向造成的。

将掩膜图案还原到晶圆上需要使用一系列透镜。目前，在投影印刷中使用的步进扫描法在一次曝光中水平扫描区域，在下一次曝光中移动到另一个区域，如此反复。曝光系统将掩膜图案扫描到晶圆上的区域称为透镜场。穿过透镜场的像差可能导致特征位置相对于透镜中心的偏差。由于扫描是水平进行的，垂直方向可能观察不到这种偏差。由于透境场相对于晶圆较小，透境场内的偏差被认为是无关紧要的，如图 3.14 所示[16]。

透镜像差导致的失焦会引起金属互连和栅极线宽的偏差。由透镜引起的所有像差都可以通过计算穿过透镜的光束的光程差来表征。由泽尼克（Zernike）提出的最简单的方法是将 OPD 表面表示为所有像差分量的函数。这个正交分量的函数可以用球坐标系表示为[17]

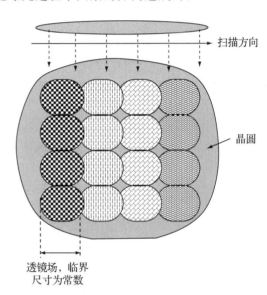

扫描方向

晶圆

透镜场，临界
尺寸为常数

图 3.14   透镜像差导致不同透镜场之间临界尺寸的偏差

$$\mathrm{OPD}(\rho,\varphi) = \sum_k s_x Z_x(\rho,\varphi)$$

$$Z_x(\rho,\varphi) = \begin{cases} Z_n^m(\rho,\varphi) = R_n^m(\rho)\cos(m\varphi) : \text{奇数} \\ Z_n^{-m}(\rho,\varphi) = R_n^m(\rho)\sin(m\varphi) : \text{偶数} \end{cases} \tag{3.5}$$

式中，m 和 n 为非负整数，$n \geqslant m$；φ 为方位角，以弧度（rad）为单位；ρ 为径向距离。径向多项式 $R(\rho)$ 是 n、m 和 ρ 的函数。正交分量（$Z_0, \cdots, Z_k$）为泽尼克系数，系数 s_x 决定了正交分量对图像失焦的贡献。对于相同方向的图案，OPD 值为正；而对于相反方向的图案，OPD 值为负。

每个分量都按照特定的顺序对一个像差建模。Z_0 多项式对活塞像差进行建模；Z_1 和 Z_2 对图像在 x 和 y 方向的倾斜像差建模；Z_4 和 Z_5 对像散建模（Z_1、Z_2 和 Z_3 实际上对图像的失焦影响很小，其 s_x 值较低）；Z_6 和 Z_7 表示彗形像差，它由于衍射光线的角度引起像差；Z_8 表示球面像差；高阶项 Z_9 及更高的分量重复对不同衍射阶下的像差建模。光刻模拟器使用这些多项式估计透镜像差对空间影像与对掩膜上的光刻胶轮廓图案的影响。更多的细节可以在 Born 和 Wolf 的文献中找到[17]。

3.2.1.4　非矩形栅极建模

目前的晶体管建模方法假设硅上的晶体管与布局中的形状相同，只有单一的沟道长度和宽度。但进入亚波长光刻时，设计意图与实际印刷之间是有区别的：多金属栅极通常在硅上并非规则的矩形。沟道区是由栅极下的掺杂剂分布及其与源-漏扩散区域的相互作用决定的，因此即使栅极是规则的矩形，沟道区域也可能不是矩形的[18]。非矩形晶体管的建模是一个复杂的问题，因为泄漏电流和阈值电压对栅极长度是非线性关系，如图 3.15 所示[19]。

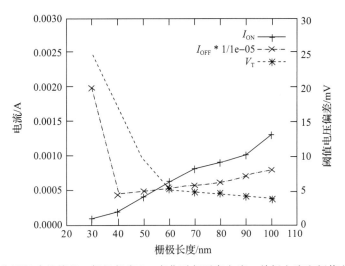

图 3.15　由于临界尺寸的偏差，栅极长度 L_G 变化引起开启电流、关闭电流和阈值电压 V_T 的偏差

图 3.16 显示了 45nm 工艺节点晶圆上绘制的栅极掩膜结构与实际的印刷轮廓。图 3.17 显示了绘制的和实际印刷的轮廓在驱动电流和泄漏电流方面的偏差。从图中可以清楚地看出，光刻引起硅后晶体管特性的变化，因此在对硅前电路进行仿真时，不能简单地假设栅极形状为矩形。建模非矩形栅极的第一步是将栅极切割成片，使得长度偏差最小。一种非矩形栅极（Non-Rectangular Gate，NRG）建模方法是建立一组并行晶体管，其中的每个晶体管都具有特定的宽度和长度，如图 3.18 所示[20-21]。这种方法的主要缺点是它增大了电路的复杂度与晶体管的数量，限制了可以仿真的电路尺寸。

图 3.16　栅极和扩散轮廓：a)绘制掩膜；b)实际印刷轮廓

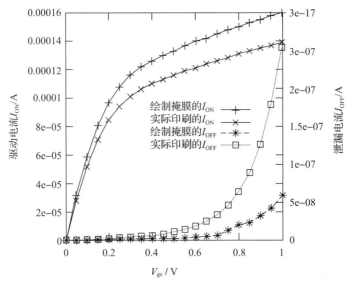

图 3.17　绘制和实际印刷轮廓的驱动电流和泄漏电流的偏差

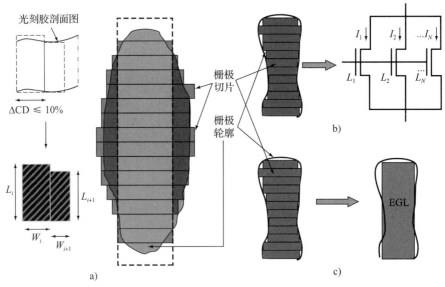

图 3.18　NRG 建模：a)栅极电阻剖面切片；b)将每片建模为一个晶体管；c)用于仿真器件开
启与关闭操作的单个 EGL 模型

另一个缺点是，受到窄宽度效应和浅槽隔离的影响，标准晶体管可能不适用于这种分割模型。另一种建模方法是将栅极建模为单个矩形晶体管，预测某一特定区域的实际印刷轮廓的特性，如截止区或饱和区[21]。这种对实际电路进行仿真的方法被称为等效栅长（Equivalent Gate Length，EGL）建模。EGL 方法是一种谨慎的折中方案，且不会牺牲精度和仿真性能。另一种非矩形多金属栅极特性建模方法是利用三维器件仿真，但这种仿真对小型的器件库单元不够实际。许多 NRG 的建模方法都在 SPICE 上进行[18-20,23-28]。NRG 模型为分析受光刻缺陷影响的器件提供了一种可行的 CAD 方法。

3.2.2 线边缘粗糙度：理论与表征

线边缘粗糙度（Line Edge Roughness，LER）被定义为由曝光和刻蚀工艺参数的复杂相互作用引起的抗蚀图案边缘的偏差[29-37]。在顶层成像中，对于 100nm 以下的深紫外成像结构，化学放大光刻胶的 LER 偏差在 5～10nm[38]。每个边缘上10nm 的偏差与互连线和多金属栅极线的等效线宽偏差相当，如图 3.19 所示。随着特征尺寸缩小到50nm 以下，LER 对线宽的允许偏差有相当大的影响。由于 LER 对互连电阻、器件特性、设计限制和成像系统分辨率都有影响，其偏差一直受到密切关注。

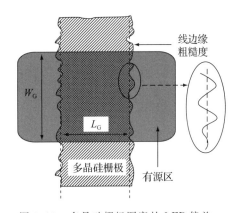

图 3.19   多晶硅栅极图案的 LER 偏差

线边缘粗糙度偏差是由制造过程中几个因素的复杂相互作用造成的。许多研究人员试图确定偏差的来源，以此量化 LER 效应。目前，产生 LER 偏差的原因不能被缩小到单一的来源，所以我们关注一些已被实验证实的相关因素，包括：

- 掩膜粗糙度；
- 空间像对比度；
- 光刻胶的分子结构；
- 在不同位置间的吸收波动所引起的散粒噪声；
- 光刻胶聚合物的混合；
- 显影工艺。

掩膜粗糙度是硅表面 LER 产生的直接原因。在曝光过程中，掩膜中的所有误差都通过掩膜误差增强系数（Mask Error Enhancement Factor，MEEF）在晶圆上被减弱。在 MEEF 为 2 的 4 倍还原成像系统中，由于掩膜粗糙度而产生的 10nm 误差会导致晶圆上 5nm 的边缘偏差。因此，就像最终晶圆特征印刷的过程一样，掩膜制作误差必须通过对最终的线宽允许偏差限制的监测来控制。

掩膜图案的空间像落在光刻胶上使其产生化学反应。空间像的清晰度影响最终的光刻胶剖面图，清晰度的高低通过曝光系统的对比度来衡量。如前一章所定义的，对比度衡量光刻胶厚度随曝光剂量的变化率。为了研究空间像的清晰度对线边缘粗糙度的影响，采用不同对比度的曝光系统进行实验。LER 的偏差与空间像的对比度成反比。因此，当对比度高时 LER 偏差小，当对比度低时（即强度斜率不陡时）LER 偏差大。这种效应如图 3.20 所示[35]。简而言之，在整体设计中保持良好的特征对比度可以降低 LER。

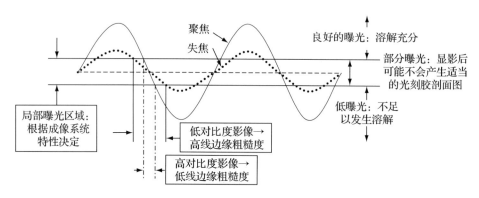

图 3.20　LER 偏差与空间像对比度相关

光刻胶聚合物中存在的树脂的分子量分布对溶解性能和 LER 有影响。聚合物的分子量分布指数定义为重均分子量 M_w 与数均分子量 M_n 之比。若分子量分布指数较高，则聚合物变得不均匀，将导致轮廓边缘粗糙[32]。过高的比值也会影响酸的扩散，增大光刻胶的侧壁粗糙度。光刻胶聚合物的分辨率取决于曝光后烘焙（PEB）阶段的酸扩散。

散粒噪声是光学器件中高能光子数量偏差引起的电噪声，这导致光强的统计波动[31-32]。散粒噪声随平均光强振幅的增大而增大。使用化学放大光刻胶和由大量光子组成的照明系统，增大了光刻胶中出现的散粒噪声。散粒噪声引起的光强波动导致掩膜特征不规则地暴露在晶圆上，这会导致 LER。目前的研究表明，在面积为 $100nm^2$ 的晶圆内，200 个离子的偏差会导致 LER 引起的线宽偏差达到 6nm[22,35]。

目前，磺酸盐和磺盐通常用作化学放大光刻胶的光酸产生剂（Photoa-Aid Generator，PAG）。曝光后盐和光刻胶聚合物之间发生酸化学反应，确保树脂内产生适当的扩散和光酸。光刻胶聚合物与盐的混合不均匀会导致不适当的酸溶解，从而导致 LER 偏差。磺酸盐生成酸的产率决定了光刻胶对曝光的敏感性[32-35]。而 PAG 诱导的与盐的化学反应会直接影响 LER 的偏差。光刻胶聚合物与显影剂溶液之间的相互作用也使得 LER 对特征有影响：致密线和孤立线之间侧壁粗糙度的差异的原因，已被发现是显影剂溶液流入了这些区域。光刻胶的发展阶段是一个各向同性的过程，无溶剂的 PEB 光刻胶聚合物的侵蚀率决定了线边缘粗糙度的水平。

随着亚 50nm 工艺时代的到来，LER 对器件性能和可靠性的影响成为一个重要问题。线边缘粗糙度的偏差进一步降低了当今硅上多金属栅极特性的小线宽允许偏差，即 LER 的增加会侵蚀线宽的允许偏差。在晶圆的栅极图案和金属互连图案中都观察到 LER 的影响。在芯片的多个位置测量的线宽分布如图 3.21 所示，其中 3σ 的偏差范围为 8nm[22]。LER 偏差对金属互连线宽的影响包括电阻增加使得通过金属的电流减少，以及对电迁移失效的更高敏感性；对栅极的主要影响是栅极长度的偏差可能导致晶体管的不正确运行。栅极长度的偏差影响器件的开启和关闭电流，导致泄漏和传播延迟的变化。

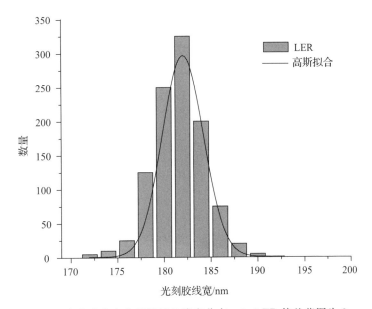

图3.21　在芯片多个位置测量的线宽分布，3σ LER 偏差范围为 8nm

目前，已有多种 LER 建模技术被提出，以帮助测量 LER 偏差对器件参数的影响。一种 LER 模型首先从扫描电子显微镜(Scanning Electron Microscopy，SEM)图像中获得线宽和 LER 信息[29]。在测量线宽和 LER 数据时，SEM 指定采样点之间的距离，以便使扫描的分辨率与吞吐量达到平衡。检测区域的长度和扫描晶圆片的次数决定了所获得数据的偏差量。用这些数据点拟合预测偏差的模型，如图 3.22 所示[35]。尽管 LER 在本质上是不规则的，但傅里叶分析显示 LER 偏差存在周期性，而周期在检测区域也不都是恒定的。利用不同样本点之间的相关性，使用 LER 周期的概率统计模型预测线边缘粗糙度。图 3.23 绘制了特定类型光刻胶的 LER 周期概率[37]。

随着我们积极向 32nm 和 22nm 器件扩展，LER 偏差问题将变得更加突出。在未来的技术发展中，为了减少栅极长度和阈值电压的偏差，需要寻找更多防止或者减少 LER 发生的方法。

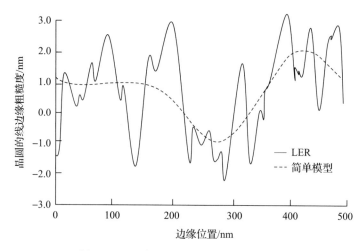

图 3.22　反映了 LER 偏差的简单曲线图

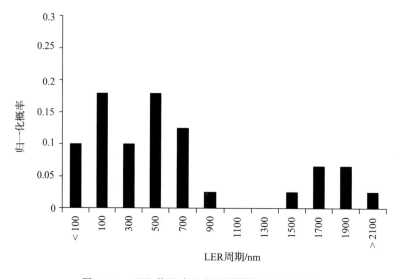

图 3.23　LER 偏差产生的不同周期及发生概率

3.3　栅极宽度偏差

MOSFET 的宽度由多晶硅金属栅极与底层有源区重叠的区域决定，如图 3.24a 所示。有源区（又称扩散区）位于栅极下方，是通过模式化和离子注入过程产生的硅掺杂区域。若要使栅极宽度为矩形，必须尽量减少栅极图案、扩散区图案以及通过 STI 工艺生成矩形氧化物侧壁的过程中的偏差。过程中的任何一个缺陷都可能导致栅极宽度偏差。由于栅极宽度 W_G 与晶体管的漏极电流成正比，因此栅极宽度的偏差会影响性能。由邻近效应（如 3.2.1.1 节所述）引起的栅极图案问题可能导致栅极末端回拉，如图 3.8 所示。回拉会导致栅极宽度的不规则和减少。前几节所述的非矩形模型中也包含了由于回拉引起的栅极宽度偏差。

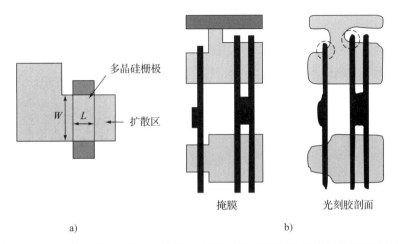

图 3.24　a)多晶硅栅极的宽度和长度；b)栅极的扩散区圆化改变了其宽度和长度

　　我们通常认为扩散区是矩形的，因此它对晶体管的工作影响很小。但如图 3.24b 所示，扩散区在硅上并不是标准的矩形。扩散区图案在形成过程中也会发生类似的衍射效应，导致被称为扩散区圆化的现象。圆化通常发生在 L 形和 T 形结构中，这取决于触点如何放置在扩散区[28]。源极和漏极触点与电源连接的方式以及向源区或漏区弯曲的扩散区形状都取决于晶体管排列是串联还是并联。扩散区圆化的程度是多晶硅与不规则扩散区的距离的函数。扩散区上延伸的多晶硅区不是问题，因为它们用于晶格内部的连接。

　　另一个在确定扩散区形状方面起着关键作用的因素是有源区之间的 STI 井。浅槽隔离的目的是隔离芯片内的有源区，以防止它们相互作用。隔离通过在硅中刻蚀的空腔内生长栅极氧化层（通常为 SiO_2）实现。STI 产生的阶段包括晶圆氧化、氮化物层沉积、沟槽图案、各向异性刻蚀、衬管氧化、沟槽氧化物填充的化学气相沉积、使用化学机械抛光的平面化，以及最终的湿法刻蚀以剥离氮化物和晶圆氧化物。首先氧化晶圆，然后进行基于 CVD 的氮化物层沉积。沟槽区域的图案使用光刻技术形成，并使用各向异性干法刻蚀工艺进行刻蚀，这将生成矩形沟槽区域，为下一阶段的氧化和基于 CVD 的沟槽氧化物填充做好准备。使用 CMP 工艺将生长或沉积的氧化物平面化，缺点是它取决于氧化物去除率和底层图形密度。图形密度不同的区域会导致盘状物和侵蚀区域的形成，将在 3.5 节详细介绍。未被氮化物覆盖的区域的湿法刻蚀会导致 STI 边界处的一些活性区域被去除。这使栅极图案下的有源区呈非矩形，导致 W_G 偏差。由于线端回拉和扩散区圆化引起的栅极宽度偏差会影响晶体管的漏极电流，同时栅极宽度偏差也会改变器件的几何形状，导致寄生电容变化。

3.4　原子波动

离子注入和离子扩散将掺杂引入晶圆。在 90nm 工艺 CMOS 技术出现之前，引入沟道区以控制阈值电压 V_T 的掺杂原子总数有数百个。随着沟道长度的不断缩短，在纳米级沟道中引入少于 100 个原子时，控制掺杂原子的分布已成为一项挑战。因为原子数量很少，沟道的任何微小变化都可能对器件的 V_T 产生显著的变化。现在的掺杂主要是通过离子注入和热退火来完成的，这些技术生成的掺杂分布不能确定，原子在沟道区域的分布是随机的，如图 3.25 所示。

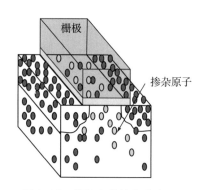

图 3.25　器件内的掺杂分布

当源极和漏极之间形成导电路径时，MOSFET 处于开启状态。引入一组随机的掺杂原子到沟道中，当栅极电压 V_G 等于或超过 V_T 时，沟道的各个区域在源极和漏极之间形成不均匀的导电路径。这种导电路径是在掺杂原子相对百分比低的区域形成的。如果我们将这些离散区域视为三维 MOSFET 沟道空间中的立方体，那么立方体中掺杂原子的存在与否决定了沿该路径的导电概率：杂质原子的数量越多，导电的概率就越低。现在，对于在阈值电压水平下包含 a_c 个原子的立方体，可以将掺杂杂质原子数量小于 a_c 的概率（即导电的概率）建模为泊松分布，平均杂质浓度为 K，如下所示[39]：

$$P_{\text{cube-con}} = \sum_{a=0}^{a=a_c} \frac{K^a \mathrm{e}^{-K}}{K!} \tag{3.6}$$

$P_{\text{cube-con}}$ 的值必须很高，以确保大多数载流子在该立方体上的传导。

用泊松分布对沟道区周围的原子数进行建模，可以很好地近似传导行为。掺杂原子数量和位置的偏差导致器件阈值电压 V_T 的偏差。这种偏差是单个沟道区的特征，与其他沟道区无关。为了说明这种效果，图 3.26 绘制了按照最小间距阵列放置的相同参数 MOSFET 的 V_T 统计图[40]。研究表明，源-漏区附近的掺杂控制阈值电压，因此通过反向掺杂将沟道的 V_T 偏差最小化。沟道区中不进行掺杂的晶体

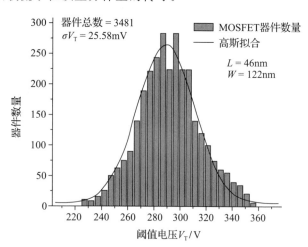

图 3.26　对芯片中多个相同参数 MOSFET 测量的 V_T 统计偏差

管用在绝缘体上硅(Silicon-On-Insulator，SOI)器件中，V_T 由背栅偏压或栅极金属功函数确定[41]。

阈值电压偏差由高斯分布建模，它取决于掺杂(N_A)、沟道面积($L_G \times W_G$)和氧化物厚度(t_{ox})。V_T 的分布可通过式(3.7)与图 3.27 进行描述[40]：

$$\sigma_{V_T} \propto \frac{qt_{ox}}{\varepsilon_{ox}} \sqrt{\frac{N_A W_d}{L_G W_G}} \tag{3.7}$$

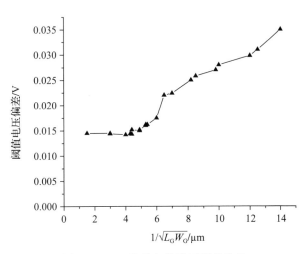

图 3.27　V_T 偏差与沟道面积的关系

栅极氧化层沉积过程是一个常规且可控的过程。但随着提高器件性能的需要，栅极氧化层的厚度已经减少到只有几层原子。将晶圆氧化并平坦化以达到所需厚度，使用光刻技术打印栅极图案，然后刻蚀栅极以外的无保护区域以形成栅极氧化物。CMP 工艺的不当平面化会导致氧化物中的原子数量发生变化，导致部分区域的迁移率降低。栅极氧化物层太薄会导致氧化物隧穿，使器件产生故障。栅极氧化物原子的数量随器件的不同而随机变化，因此进行了统计建模。随着栅极长度和栅极氧化层尺寸接近埃单位，原子和量子的偏差必须精确建模，以便在硅前设计中可以进行适当的分析。

3.5　金属和介质的厚度偏差

金属和介质的厚度偏差是平面化不当的结果。平面化的目的是将金属化和氧化处理后的表面平整。随着晶体管特征尺寸的减小，芯片层级的平面性的重要性不断增大。没有适当的平面化，在光刻制作上层时就会出现严重的失焦问题。若掩膜布局均匀，则产品的平面性会更好，因此这对更好的制造和参数化产量有很高的要求。

有几种平面化技术已用于半导体制造，如旋涂玻璃材料(Spin-On-Glass，SOG)、反回蚀(Reverse Etch Back，REB)、化学机械抛光(CMP)等。SOG 技术使用一种特殊的化合物覆盖到晶圆表面，在应用 SOG 材料前对晶圆进行清洗。平面化过程中常使用以硅酸盐为基础的化合物填充孔洞。SOG 材料被倒在一个可以夹住晶圆并高速旋转的夹具之上，SOG 层的厚度取决于流体的黏度。

反回蚀工艺的第一步是金属完全沉积在晶圆上。沉积过程通常是不均匀的，一些区域有较厚的金属沉积。第二步是去除这些较厚的金属沉积，形成所需厚度的均匀层，REB 过程需要制作额外的掩膜。在当今的半导体制造中，SOG 和 REB 技术并不受欢迎，因为它们需要在平面化过程中对参数进行复杂的控制，制作额外的掩膜也增加了成本。因此，CMP 是当今工业中使用最多的平面化方法。

化学机械抛光是一种广泛用于满足局部或整体平面约束的晶圆平面化技术[42]。与以往的 SOG 和 REB 方法不同，CMP 一直是 VLSI 设计过程中进行多层金属和氧化物平面化的选择。图 3.28 为 CMP 平面化抛光机，其简化示意图如图 3.29 所示。

图 3.28　CMP 平面化抛光机(配图来自 IBM)

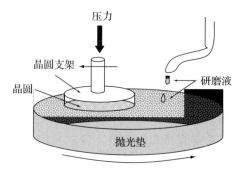

图 3.29　CMP 简化示意图

晶圆由晶圆支架用真空吸力倒扣。支架将晶圆压在以恒定速度旋转的抛光垫上。同时，一种被称为研磨液的化合物被连续地涂在抛光垫上。这种研磨液是一种含有悬浮磨料(铝和硅)固体的化学物质，与晶圆相互作用使其变软。机械压力、旋转和化学磨损的共同作用使晶圆表面平面化。使用铜的 CMP 还需要额外的平面化过程来去除阻挡层。

在纳米级 CMOS VLSI 电路制造中，光刻、刻蚀、金属化等制造过程的质量取决于目标的布局。为了减少这些步骤中的偏差，布局图形密度要优先考虑均匀，图案的均匀可以降低整个工艺参数控制的要求。实验数据证实了 CMP 后的晶圆拓扑性能依赖于掩膜布局图形密度。Preston 方程将金属去除率与抛光垫旋转速度和压力联系起来，它表明晶圆表面的平面度受晶圆上图形密度的影响[42]。有效密度通过周围区域的平均密度来估计。这个区域由平面化长度决定，这是根据每个 CMP 过程的特定特性而固定的。CMP 后的氧化物和金属的厚度不仅取决于相邻的图形密度，还取决于下层金属层和夹层介质（Inter-Layer Dielectric，ILD）的厚度，如图 3.30a 所示[43]。低层金属层的厚度偏差之和形成高层金属层和 ILD 厚度的偏差。金属与 ILD 厚度的偏差导致在随后的制模过程中失焦，进而导致更高的 CD 偏差和其他缺陷。侵蚀（erosion）是晶圆上金属和 ILD 在 CMP 后与 CMP 前的厚度之差，压片（dishing）是在空间和线的形状上材料厚度的减少。布局中图形密度的偏差也会引起侵蚀与压片。

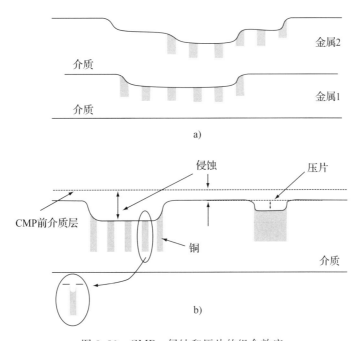

图 3.30　CMP、侵蚀和压片的组合效应

CMP 引起的材料厚度偏差可能是由以下因素引起的：抛光垫和晶圆支架速度设置错误、抛光垫状况不佳、研磨液成分不正确等。任何一种因素都可能导致不适当的磨损。研磨液的作用不仅是使晶圆平面化，还通过对流传热，作为晶圆和抛光垫之间的冷却剂[44]。研磨液成分的任何偏差都可能削弱冷却性能，导致抛光垫升温。抛光垫的温度超过特定温度时就会变软，增加它与晶圆片的接触面积。这种偏差在本质上是随机的，通常随着制造工艺的成熟而得到更好的控制。相邻结构会影响 CMP 平面度，平面化长度又会对这个区域产生影响。

因此，对氧化物或金属化的 CMP 建模归结为估算抛光垫压力和图形密度[45]。目前，已有几种估算 CMP 后氧化物厚度的方法。Stine 等人提出了一种可计算的 CMP 模型，如图 3.31 所示[42]。该模型使用式（3.8）估算晶圆上某一点的夹层介质厚度 z：

$$z = \begin{cases} z_0 - \left(\dfrac{Kt}{\rho_0(x,y)} \right), & \dfrac{t < \rho_0 z_1}{K} \\[4mm] z_0 - z_1 - Kt + \rho_0(x,y)z_1, & \dfrac{t > \rho_0 z_1}{K} \end{cases} \tag{3.8}$$

式中，K 为毯式抛光速率，z_0 和 z_1 分别为图 3.31 中"上"和"下"区域的厚度，t 为抛光时间，$\rho_0(x,y)$ 为初始图形密度。因为 t 几乎总是大于 $\rho_0 z_1 / K$，所以厚度等于式(3.8)中的第二个表达式。对于给定的工艺，观察到参数 z_0、z_1、t 和 K 是固定值，这使得最终的氧化层厚度依赖于底层的图形密度。

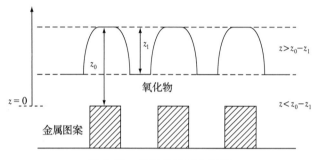

图 3.31　对铜的平面化建模

Ouma 等人提出了一个综合模型[46]，其中包括了平面化过程中抛光垫变形产生的影响。ILD 厚度不再仅是局部的图形密度的函数，而是与布局中的位置相关的加权函数。加权函数为 $w(x,y) \approx \exp\{x^2 + y^2\}$，这是一个椭圆函数，通过将弹性材料垂直放置于抛光垫表面得到[44,47]。金属层与其下的氧化物层的平面程度会对整体的平面程度产生综合的影响。多级氧化层的厚度通过考虑下层的图形密度获得：

$$\rho(x,y:m) = \begin{cases} \left[\rho_0(x,y:m) + \dfrac{z_{m-1}}{z_m}\rho(x,y:m-1) \right] w(x,y), & m > 1 \\[4mm] \rho_0(x,y:m) \cdot w(x,y), & m = 1 \end{cases} \tag{3.9}$$

式中，z_m 和 z_{m-1} 分别表示当前层和下层金属层的氧化物厚度，对于给定的工艺，这些值是恒定的；$\rho_0(x,y:m)$ 表示当前金属层的局部图形密度；$\rho(x,y:m-1)$ 表示下层金属层的图形密度。式(3.9)通过考虑下层堆叠的图形密度的加权值 $w(x,y)$ 获得有效的图形密度。

制作一层金属图案层的聚焦和曝光剂量取决于下层金属和氧化物的厚度。由于金属或氧化物的厚度有偏差，它会成为光刻过程中焦点和剂量改变的一个因素。如前文所述，我们将焦点的改变称为失焦，这会导致线宽偏差。

有几种方法可以估算芯片上布局的图形密度，它们的主要目标是找到布局中的最大或最小密度区域，广泛认可的做法是在计算图形密度时考虑选取一个固定尺寸的窗口[43-49]。这种做法将布局划分为网格，并且仅检查边界上的窗口的最大或最小密度。这种技术在计算不在边界的网格的图形密度时结果不够准确，因此通常采用多窗口和滑动窗口的方法解决[43-49]。这些算法的细节不在本书的讨论范围内，更多详细信息请参阅 Kahng 和 Samadi 的文献[44]。

3.6　应力引起的偏差

器件的有源区由填充了二氧化硅的 STI 隔开。STI 在硅上引起应力，从而改变载流子迁移率。因此，在一定程度上，MOSFET 的特性是与 STI 引起的应力相关的函数。通常认为，具有相同栅极长度和宽度的晶体管的特性相似。然而，由于 STI 的应力随扩散长度 (Length Of Diffusion，LOD)以及有源区与多晶硅栅线之间的距离而变化(见图 3.32)，尺寸类似的晶体管的特性往往会出现分歧。在有源区，由于硅和氧化物之间的热膨胀系数差异，STI 引起的应力在沟道生成过程中逐渐增大[50]。在工艺的其他阶段，STI 侧壁的氧化也会增加材料中的应力。

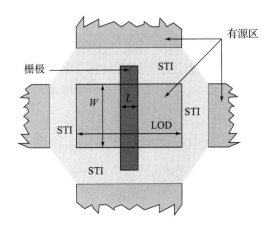

图 3.32　显示 MOSFET 有源区和 STI 的布局图案

随着对更快加工能力需求的增加，芯片加工厂采用了新的工艺技术，以提高硅中多数载流子的迁移率。加工厂在器件的不同区域采用了基于应力工程的应力记忆技术，通过改变晶体管的迁移率来增大驱动电流[51-54]。接触刻蚀停止层(Contact Etch Stop Layer，CESL)和源-漏凹槽中的硅锗外延生长(epitaxial-growth of Silicon Germanium，eSiGe)结合张力与压缩应力，以提高器件的迁移率。不同类型的应力(包括 STI 应力)对 NMOS 和 PMOS 器件的影响，如图 3.33 所示[55]。应力也会随着作用方向改变。PMOS 器件的应力在纵向和横向上都是拉伸的，但 N 沟道 MOSFET 的情况并非如此。

图 3.34 显示了施加应力的位置以及应力在器件内的传播方式。为了提高晶体管沟道的迁移率，在源区和漏区的空腔中引入了硅锗外延生长(eSiGe)。源区和漏区外延硅锗的腔深直接影响迁移率。标准单元内的栅极线通常放置在布局紧凑的最小间距中。在这样的间距下，由于 eSiGe 空腔引起的应力诱导的迁移率随栅极多边形间距的微小变化而

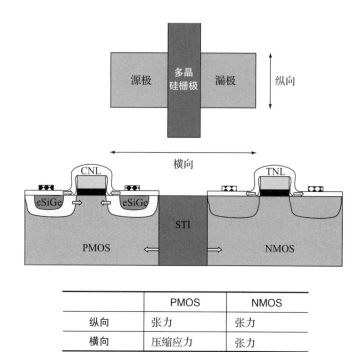

	PMOS	NMOS
纵向	张力	张力
横向	压缩应力	张力

图 3.33   纵向和横向应力对 NMOS 和 PMOS 器件的影响

迅速变化。栅极线宽之间距离的变化可归因于邻近效应和其他适印性问题。除了影响应力诱导迁移率外，栅极线宽的变化还会引起其他一阶效应，包括沟道长度、宽度和器件阈值电压的变化。

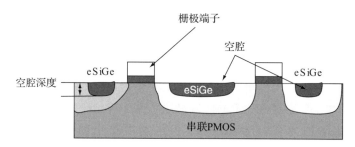

图 3.34   在 PMOS 器件源区和漏区内的空腔中引入硅锗外延生长层

接触刻蚀停止层（CESL）用于在金属触点放置刻蚀期间，防止栅极及其氧化物被侵蚀。CESL 膜施加的应力取决于膜与沟道区域的接近程度及其体积。在 NMOS 和 PMOS 器件中引入纵向应力的一种技术是在栅极氧化层顶部沉积氮化物内衬。纵向应力在 NMOS 器件中为拉伸应力，在 PMOS 器件中为压缩应力。NMOS 中的拉伸氮化物内衬（Tensile Nitride Liner，TNL）增加了电子迁移率，减少了器件从高到低的转换时间。PMOS 中的压缩氮化物层（Compressive Nitride Layer，CNL）增加了空穴迁移率，减少了输入从低到高的转换时间。当前的工艺技术使用双线方法，即在晶圆上沉积高强度 Si_3N_4 层的同时，在 PMOS 上刻蚀所需区域，然后在 NMOS 区域沉积并刻蚀 Si_3N_4 压缩内衬。应力的大小由栅极氧化层和氮化物层的重叠区域控制。这两个参数由布局图形的各个方面控制，如接触间距、接触面积和与栅极接触的面积。由于应力在制造过程中逐渐增大，因此对两个尺寸和驱动强度相同的标准单元，这种方法对各自的迁移率的影响也不同。

　　所有这些应力技术中的迁移率的偏差由布局尺寸和标准单元之间的间距控制：有源区、接触点和栅极多边形。这些影响是系统性的，可以通过简化的设计规则进行建模，以提高迁移率。而制造过程中的应力增大无法严格控制，因此不具有系统性。两个尺寸相似的标准单元布局可能会产生完全不同的迁移率。如今的设计不仅必须处理迁移率的一部分随机性，还必须处理应力引起的泄漏，这可能会对器件造成破坏。不正确的设计规则和不良的引入应力工艺都可能导致迁移率降低和泄漏增加。

3.7　本章小结

　　在当今和未来，CMOS 器件工艺参数的偏差是一个关键问题。在本章中，我们讨论了偏差的重要来源及其影响。一个关键的观察结果是，即使制造过程引入了偏差，但偏差与布局属性也紧密相关，例如图案尺寸、方向、密度和隔离。我们还展示了偏差的许多组成部分，并可以根据布局属性建模。这些组成部分被认为是系统性的，而未建模的组成部分被认为是随机的。因此，布局要充分考虑可制造性设计，其目的是提高制造和参数的良率，使得偏差和不可预测性最小化。

参考文献

1. S. Nassif, "Delay Variability: Sources, Impacts and Trends," in *Proceedings of International Solid-State Circuits Conference*, IEEE, San Francisco, 2000, pp. 368–369.
2. M. Chudzik et al., "High-Performance High-k/Metal Gates for 45nm CMOS and Beyond with Gate-First Processing," in *Proceedings of VLSI Technology Conference*, IEEE, Kyoto, 2007, pp. 197–198.
3. S. B. Samaan, "The Impact of Device Parameter Variations on the Frequency and Performance of VLSI Chips," in *Proceedings of International Conference on Computer-Aided Design*, IEEE, San Jose, CA, 2004, pp. 343–346.
4. S. Reda and S. Nassif, "Analyzing the Impact of Process Variations on Parametric Measurements: Novel Models and Applications," in *Proceedings of Design Automation and Test in Europe*, IEEE, San Francisco, 2009, pp. 373–379.
5. International Business Strategies (IBS) Report 2006, http://www.ibs.net/
6. S. Nassif, "Within-Chip Variability Analysis," in *Proceedings of IEEE Electron Devices Meeting*, IEEE, San Francisco, 1998.

7. S. Borkar, T. Karnik, S. Narendra, J. Tschanz, A. Keshavarzi, and V. De, "Parameter Variations and Impact on Circuits and Microarchitecture," in *Proceedings of Design Automation Conference*, IEEE, Anahiem, CA, 2003, pp. 338–342.

8. C. A. Mack, *Fundamental Principles of Optical Lithography*, Wiley, New York, 2008.

9. R. Socha, M. Dusa, L. Capodieci, J. Finders, F. Chen, D. Flagello, and K. Cummings, "Forbidden Pitches for 130nm Lithograph and Below," *Proceedings of SPIE* **4000**: 1140–1155, 2000.

10. S. Kundu, A. Sreedhar, and A. Sanyal, "Forbidden Pitches in Sub-Wavelength Lithography and Their Implications on Design," *Journal of Computer-Aided Materials Design* **14**: 79–89, 2007.

11. D. G. Flagello, H. Laan, J. B. Schoot, I. Bouchoms, and B. Geh, "Understanding Systematic and Random CD Variations Using Predictive Modeling," *Proceedings of SPIE* **3679**: 162–176, 1999.

12. J. W. Bossung, "Projection Printing Characterization," *Proceedings of SPIE* **100**: 80–84, 1977.

13. A. B. Kahng, S. Mamidi, and P. Gupta, "Defocus-Aware Leakage Estimation and Control," in *Proceedings of International Symposium on Low Power Electronics and Design*, IEEE, San Diego, CA, 2005, pp. 263–268.

14. E. Hecht, *Optics*, Addison-Wesley, Reading, MA, 2001.

15. K. Lai, I. Lalovic, B. Fair, A. Kroyan, C. Progler, N. Farrar, D. Ames, and K. Ahmed, "Understanding Chromatic Aberration Impacts on Lithographic Imaging," *Journal of Microlithography, Microfabrication, and Microsystems* **2**: 105–111, 2003.

16. A. B. Kahng, C.-H. Park, P. Sharma, and Q. Wang, "Lens Aberration Aware Placement for Timing Yield," *Proeedings of ACM Transactions on Design Automation of Electronic Systems* **14**(16): 16–26, 2009.

17. M. Born and E. Wolf, *Principles of Optics*, Pergamon Press, Oxford, U.K., 1980.

18. H. Fukutome, T. Aoyama, Y. Momiyama, T. Kubo, Y. Tagawa, and H. Arimoto, "Direct Evaluation of Gate Line Edge Roughness Impact on Extension Profiles in Sub-50nm N-MOSFETs," paper presented at IEEE Electronic Devices Meeting, San Francisco, 2002.

19. A. Sreedhar and S. Kundu, "Modeling and Analysis of Non-Rectangular Transistors Caused by Lithographic Distortions," in *Proceedings of International Conference on Computer Design*, IEEE, Lake Tahoe, NV, 2008, pp. 444–449.

20. Artur Balasinki, "A Methodology to Analyze Circuit Impact of Process Related MOSFET Geometry," *Proceedings of SPIE* 5738: 85–92, 2004.

21. Ke. Cao, Sorin Dobre, and Jiang Hu, "Standard Cell Characterization Considering Lithography Induced Variations," in *Proceedings of Design Automation Conference*, IEEE, San Diego, CA, 2006, pp. 801–804.

22. Seong-Dong Kim, H. Wada, and J. C. S Woo, "TCAD-Based Statistical Analysis and Modeling of Gate Line-Edge Roughness Effect on Nanoscale MOS Transistor Performance and Scaling," *Transactions on Semiconductor Manufacturing* **17**: 192–200, 2004.

23. W. J. Poppe, L. Capodieci, J. Wu, and A. Neureuther, "From Poly Line to Transistor: Building BSIM Models for Non-Rectangular Transistors," *Proceedings of SPIE* 6156: 61560P1–61560P9, 2006.

24. Sean X. Shi, Peng Yu, and David Z. Pan, "A Unified Non-Rectangular Device and Circuit Simulation Model for Timing and Power," in *Proceedings of International Conference on Computer Aided Design*, IEEE, San Jose, CA, 2006.

25. A. Sreedhar and S. Kundu, "On Modeling Impact of Sub-Wavelength Lithography on Transistors," in *Proceedings of International Conference on Computer Design*, IEEE, Lake Tahoe, NV, 2007, pp. 84–90.
26. Ritu Singhal et al., "Modeling and Analysis of Non-Rectangular Gate for Post-Lithography Circuit Simulation," in *Proceedings of Design Automation Conference*, IEEE, Anaheim, CA, 2007, pp. 823–828.
27. Puneet Gupta, Andrew Kahng, Youngmin Kim, Saumil Shah, and Dennis Sylvester, "Modeling of Non-Uniform Device Geometries for Post-Lithography Circuit Analysis," *Proceedings of SPIE* **6156**: 61560U1–61560U10, 2006.
28. Puneet Gupta, Andrew B. Kahng, Youngmin Kim, Saumil Shah, and Dennis Sylvester, "Investigation of Diffusion Rounding for Post-Lithography Analysis," in *Proceedings of Asia-South Pacific Design Automation Conference*, IEEE, Seoul, 2008, pp. 480–485.
29. J. Nakamura et al., "Resist Surface Roughness Calculation Using Theoretical Percolation Model," *Journal of Photopolymer Science and Technology* **1**: 571–576, 1998.
30. J. A. Croon et al., "Line Edge Roughness: Characterization, Modeling and Impact on Device Behavior," paper presented at IEEE Electronic Devices Meeting, San Francisco, 2002.
31. Shiying Xiong, J. Bokor, et al., "Is Gate Line Edge Roughness a First Order Issue in Affecting the Performance of Deep Sub-Micro Bulk MOSFET Devices?" *IEEE Transactions on Semiconductor Manufacturing* **17**(3): 357–361, 2004.
32. M. Yoshizawa and S. Moriya, "Study of the Acid-Diffusion on Line Edge Roughness Using the Edge Roughness Evaluation Method," *Journal of Vacuum Science and Technology B* **20**(4): 1342–1347, 2002.
33. G. W. Reynolds and J. W. Taylor, "Factor Contributing to Sidewall Roughness in a Positive-Tone, Chemically Amplified Resist Exposed by x-Ray Lithography," *Journal of Vacuum Science and Technology B* **17**(2): 334–344, 1999.
34. D. R. McKean, R. D. Allen, P. H. Kasai, U. P. Schaedeli, and S. A. MacDonald, "Acid Generation and Acid Diffusion in Photoresist Films," *Proceedings of SPIE* **1672**: pp. 94–103, 1992.
35. S. C. Palmateer, S. G. Cann, J. E. Curtin, S. P. Doran, L. M. Eriksen, A. R. Forte, R. R. Kunz, et al., "Line Edge Roughness in Sub-0.18-μm Resist Patterns," *Proceedings of SPIE* **3333**: 634–642, 1998.
36. J. P. Cain and C. J. Spanos, "Electrical Linewidth Metrology for Systematic CD Variation Characterization and Causal Analysis," in *Proceedings of SPIE Optical Microlithography*, San Jose, CA, 2003, pp. 35–361.
37. K. Shibata, N. Izumi, and K. Tsujita, "Influence of Line Edge Roughness on MOSFET Devices with Sub-50nm Gates," *Proceedings of SPIE* **5375**: 865–873, 2004.
38. "ITRS 2007," in *International Technology Roadmap for Semiconductors Report*, http://www.itrs.net (2007).
39. R. W. Keyes, "Effect of Randomness in the Distribution of Impurity Ion on FET Thresholds in Integrated Electronics," *Journal of Solid-State Circuits* 10: 245–247, 1975.
40. K. Bernstein, A. E. Gattiker, S. R. Nassif et al., "High-Performance CMOS Variability in the 65-nm Regime and Beyond," *IBM Journal of Research & Development* **50**(4/5): 433–449, 2006.
41. Hamid Mahmoodi, S. Mukhopadhyay, and Kaushik Roy, "Estimation of Delay Variations Due to Random-Dopant Fluctuations in Nanoscale CMOS Circuits," *Journal of Solid-State Circuits* **40**(9): 1787–1796, 2005.

42. B. Stine et al., "A Closed-Form Analytic Model for ILD Thickness Variation in CMP Processes," in *Proceedings of Chemical Mechanical Polishing for VLSI/ULSI Multilevel Iinterconnection Conference*, IMIC, Santa Clara, CA, 1997, pp. 266–273.

43. T. Tugbawa, "Chip-Scale Modeling of Ptern Dependencies in Copper Chemical Mechanical Polishing Processes," Ph.D. dissertation, MIT, Cambridge, MA, 2002.

44. A. B. Kahng and K. Samadi, "CMP Fill Synthesis: A Survey of Recent Studies," *IEEE Transactions of Computer-Aided Design of Integrated Circuits and Systems* **27**(1): 3–19, 2008.

45. R. B. Lin, "Comments on Filling Algorithms and Analyses for Layout Density Control," *IEEE Transactions on Computer-Aided Design of Integrated Circuits Sytems* **21**(10): 1209–1211, 2002.

46. D. Ouma, D. Boning, J. Chung, G. Shinn, L. Olsen, and J. Clark, "An Integrated Characterization and Modeling Methodology for CMP Dielectric Planarization," in *Proceedings of IEEE-IITC*, IEEE, San Francisco, 1998, pp. 67–69.

47. A. B. Kahng, G. Robins, A. Singh, H. Wang, and A. Zelikovsky, "Filling and Slotting: Analysis and Algorithms," in *Proceedings of ACM/IEEE International. Symposium on Physical Design*, Monterey, CA, 1998, pp. 95–102.

48. A. B. Kahng, G. Robins, A. Singh, and A. Zelikovsky, "New Multilevel and Hierarchical Algorithms for Layout Density Control," in *Proceedings Asia South Pacific Design Automation Conference*, IEEE, Wanchai, 1999, pp. 221–224.

49. H. Xiang, K.Y. Chao, R. Puri, and M. D. F. Wong, "Is Your Lay-Out Density Verification Exact?—A Fast Exact Algorithm for Density Calculation," in *Proceedings of ACM/IEEE International Symposium on Physical Design*, Austin, TX, 2007, pp. 19–26.

50. S. M. Hu, "Stress from Isolation Trenches in Silicon Substrates," *Journal of Applied Physics* **67**(2): 1092–1101, 1990.

51. C. Ortolland et al., "Stress Memorization Technique (SMT) Optimization for 45nm," in *Proceedings of Symposium on VLSI Technology*, IEEE, Honolulu, HI, pp. 78–79, 2006.

52. L. Smith et al., "Exploring the Limits of Stress Enhanced Hole Mobility," *IEEE Electron Devices Letters* **26**(9): 652–654, 2005.

53. R. Arghavani et al., "Strain Engineering in Non-Volatile Memories," http://www.semiconductor.net/article/208246-Strain_Engineering_in_Non_Volatile_Memories.php (2006).

54. V. Moroz and I. Martin-Bragado, "Physical Modeling of Defects, Dopant Activation and Diffusion in Aggressively Scaled Si, SiGe and SOI Devices: Atomistic and Continuum Approaches," *Proceedings of Material Research Society Symposium* **912**: 179–190, 2006.

55. V. Chan et al., "Strain for CMOS Performance Improvement," in *Proceedings of IEEE Custom Integrated Circuits Conference*, IEEE, San Jose, CA, 2005, pp. 667–674.

可制造性设计理念

4.1 引言

印刷在晶圆上的图形的质量可归因于诸如工艺窗口控制、图形保真度、覆盖性能和计量学等因素。这些因素中的每一个都发挥着重要作用，通过确保某些设计和工艺特定参数保持在可接受的变化范围内，工艺可以更加有效、可靠。从掩膜到硅的图形传输质量不仅与制造工艺参数有关，也与设计质量有关。因此，这就是可制造性设计（Design For Manufacturability，DFM）发挥积极作用的地方，其中涉及对物理设计质量的改进。而这一设计是通过设计规则、DFM 准则和仿真来完成的。其中，设计规则和 DFM 准则是通过使用控制结构的仿真实验获得的，如图 4.1 所示。

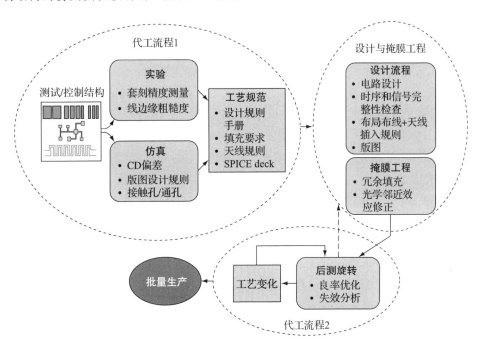

图 4.1 物理设计与代工厂制造之间的流程规范

代工厂会向设计者提供一套被称为限制性设计规则（Restricted Design Rule，RDR）的物理设计规则。同时，作为替代，代工厂也可能会发布一套设计准则：在设计规则检验过程中，这些准则通常不会被检验，尽管如此，但它们往往被认为具有良好的工程设计指导性。限制性设计规则是通过仿真或者对实际的硅观测获得的。仿真对于建立禁止节距、控制互连和栅极线宽以及通孔和接触点的放置很有指导帮助。实际的工艺实验过程开销很高，但其在评估刻蚀、线边缘粗糙度、覆盖结构等影响因素方面更为综合。

利用新的工艺技术制造集成电路需要使用控制结构来测量设计规则的有效性和工艺偏差性。许多关键的测量方式是通过实验观察进行的。光刻胶和覆盖层的线边缘粗糙度就是通过精细的实验测量得到的。控制结构有助于建立一个测量数据库，用于制定工艺设计中的工艺规范。如图 4.1 所示，工艺规范包括：①设计规则手册（Design Rule Manual，DRM）——包含所有要使用的版图布局规则；②填充要求——布线过程中的最小和最大允许区域；③天线规则——齐纳保护二极管插入规则；④SPICE deck——电路仿真（SPICE）模型、参数和工艺角信息。在设计阶段，一个满足性能目标、面积和功率限制以及所有布局设计规则的实际工程设计是需要建立在这四个工艺规范基础上的。DRM 包含在布局生成过程中必须满足的几何设计规则。布局生成过程有多种实现方案，包括"门海"、基于标准单元、半定制和完全定制设计。这些实现方案的自动化工具的使用也存在相应的差异，但无论使用哪种设计方案，最终的布局都必须符合 RDR。

在一个完整的 CMOS 电路中，一个晶体管的栅极由源-漏极驱动。然而，在中间制造步骤中，连接栅极终端的金属线可能还没有连接到源-漏极。这是因为刻蚀过程会引入电场，此时金属线可能等效于天线，产生的电压会超过栅极最大允许电压，最终导致栅极氧化物击穿。工艺代工厂公布的天线规则也是为了防止这种现象的产生，通常的解决方案分为三类：①插入齐纳保护二极管以限制线路电压；②插入跳线；③将线路分成多层或多段。

传统的设计流程以工程设计的实际生产为结束节点。在传统的设计流程中，掩膜工程通常包含冗余填充和光学邻近效应修正（Optical Proximity Correction，OPC），前提是假设冗余填充和 OPC 可以在一个步骤中完成。然而，随着深亚波长光刻技术的出现，以及相邻特征图形之间的光学相互作用范围的增加，如果 OPC 过程包括冗余填充和互连线，那么 OPC 可能会失败。这时，改变原始布局可能成为唯一可用的解决方案，使得布局-填充-OPC 收敛成为一个迭代过程。在一个迭代设计中，版图设计者也需要考虑冗余填充和 OPC 过程的细节。因此，这个传统的 DFM 步骤现在必须由设计师使用设计工具来完成（见图 4.1）。

良率优化和失效分析是在制造芯片上进行的。在这个过程中，可以观察到由多重图形化工艺操作引入的工艺制造偏差问题。许多情况下，这些问题可以通过改变制造工艺参数来解决。对工艺进行连续调整是为了提高良率和减少故障。但是，由掩膜操作引入的制造缺陷问题是不能通过工艺调整来解决的。在这种情况下，改变一两个掩膜可能会解决这个问题。然而，这一方案的前提是需要准确地诊断缺陷出现的原因，并将其与掩膜联系起来。除此之外，如果存在工艺调整和改变掩膜都不能解决问题的情况，那么此时就必须重新评估物理设计并实施布局修改。这样的步骤也可能引入新的设计规则，如图 4.1 中的虚线连接线所示，这将导致芯片上市时间的增加，并对代工厂造成不良影响。

　　除了物理设计规则外，代工厂还负责发布电路仿真模型和参数。许多代工厂已经拥有了公开的晶体管模型，如 BSIM、BSIM-SOI 等。在这种情况下，代工厂只需要提供方程参数。当提供方程参数后，代工厂还必须指定各种工艺角的参数；这将确保电路可以在考虑制造工艺变化范围的多个工艺角下进行仿真，这种工艺变化的范围包括工艺的 ±3 个标准偏差（±3σ）。然而，随着整体工艺变化水平的提高，如此宽的工艺变化范围会导致在慢速和快速工艺角下门延迟的巨大差异。同时，大范围的工艺变化对于 CMOS 晶体管尺寸（电路性能优化过程）来说也存在问题。在电路性能优化过程中，它无一例外地导致了晶体管规模的扩大和迭代步骤的增加。±3 个标准偏差的工艺速度变化会对优化步骤产生时间上的限制，即收敛到一个解决方案。由于这个原因，如今的工艺规范在电路仿真中只提供 ±1.5σ，这样设计者就可以在规定的流片时间内得到一个有效的设计方案。随着基于 DFM 设计流程的出现（见图 4.2），完整的工艺变化信息可以提供给进行 OPC 和其他布局修改的版图设计工程师。然而，这会使电路仿真参数的提取变得复杂。如果电路仿真角来源的单一性可以保持一致性，但像晶体管长度这样的参数存在多个来源（例如，由代工厂提供或从版图中提取），那么在整个设计过程中可能会出现不一致的情况。

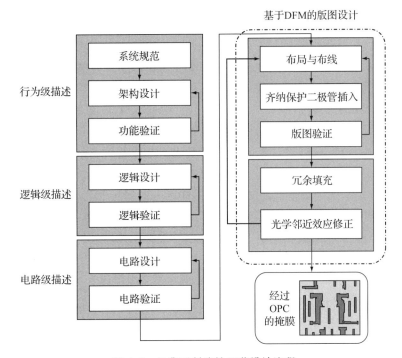

图 4.2　经典可制造性工艺设计流程

在本章开始时提到，从掩膜到硅的图形转移质量与制造工艺和设计质量有关。在设计过程中发生的一个重要变化是进行了基于模型的设计规则检查（Model-Based Design Rules Check，MB-DRC）。在这种方法中，一个近似但快速的模型被用来预测硅上掩膜图形化的质量，然后据此做出设计决策。随着时间的推移，这些模型已经变得更加全面，甚至可能包括与制造工艺偏差变化相对应的统计范围。这些信息对于生产可制造性高的版图是相当有帮助的。但对于可制造性较差的版图布局，版图的后道工艺可能需要根据线边缘范围的统计预测来快速估计良率。

制造中的误差可能是由不恰当的晶圆处理以及光刻工艺中的不平整性引起的，这些不平整性来自掩膜位置和排列、扫描仪振动、光刻胶涂层的厚度以及 PEB 温度的变化。这些不平整性可能是系统性的，也可能是随机性的，而且可能存在批次与批次之间、晶圆与晶圆之间以及芯片内部的变化。为了有效地控制线宽和工艺允许偏差，必须通过对工艺中每个因果关系的描述和建模来严格控制当前的所有误差。当考虑到工艺中的误差和它们之间复杂的关联可能性时，线宽控制对整个工艺和设计的改进是最重要的。前面提到的所有参数都可以与光刻系统的两个基本组成部分联系起来：聚焦和曝光能量。为了简化对工艺允许偏差的控制，每个工艺都定义了一个聚焦和剂量偏差的窗口。这个所谓的焦距能量矩阵，简称为工艺窗口（process window），被用来作为控制特定工艺线误差的指标，详细见4.2 节。

为了让工程设计适应于实际制造工艺的限制，提供有关工艺偏差的复杂细节信息是必不可少的。对于早期的技术（即 250nm 以上的技术节点）来说，工艺偏差的影响不是很严重，因此使用几何设计规则进行版图布局绘制被认为是当时的重要选择方案。这些布局进行硅后验证后的结果被用来进行设计调整，以改善电路时序和功率，并减少噪声。

在目前纳米级设计中观察到的大量偏差变化，以及布局中的图形密度程度，均导致了当今 DRM 设计规则的爆炸性增加。平板适印性问题导致在掩膜上的图形化和晶圆上的特征图形之间产生了分歧。这是由于对设计进行的所有分析和优化都取决于印刷在晶圆上的图形，而简单的基于 DRM 的设计规则不足以量化工艺中的所有偏差变化。此外，仅仅提供有关晶圆上的形状信息是不够的。对于使用计算机辅助设计（Computer-Aided Design，CAD）工具的工程师来说，最好能提供晶圆上的图形轮廓特征和它们内部的工艺偏差范围。因此，为了帮助设计者在光刻后分析他们的设计，工艺偏差变化会被基于 CAD 的模型所复制作为副本。一些辅助工具需要引入更多的光刻相关原理以进一步推断仿真结果，但对于版图设计者来说，他们往往不需要了解这些光刻原理。为了使版图设计者不再受困于复杂的光刻工艺，当今的许多 DRC 工具都可以实现在没有电路设计者的情况下对设计进行修改。分辨率增强技术（Resolution Enhancement Technique，RET）就是如此，关于此技术的详细介绍见4.3 节。这些工具不要求设计者了解光刻工艺及其偏差变化，仍能针对时序和功耗优化提供有关参数变化的信息。为了提供可制造性高的版图布局设计，新的分析和布局修改工具也已应用于设计流程。

利用从代工厂获得的信息来创建有效的、可制造的设计的方法被称为可制造性设计。如今使用的各种 DFM 技术有助于减少设计时序、功耗、漏电流和其他电气参数的偏差性，从而使得整体良率提高。正如第 1 章中所提及的，DFM 与经济收益相关，因为良率高度依赖可制造性设计。公司会密切关注 DFM 的变化，因为每一个额外的步骤或修改的技术都会影响掩膜步骤的数量和整体良率。如前所述，CAD 工具已经将基于 DFM 的分析和布局修改技术纳入现有的设计规则检查工具中。

尽管光刻技术与设计中所有电气参数的偏差无关，但许多参数可以通过有效的光刻技术来控制。本章将简要介绍工艺窗口控制、分辨率增强技术以及传统和现代的规则检查；此外，还将对一些先进加工技术进行阐释，这些技术可以帮助减少光刻技术引起的工艺偏差。

4.2 光刻工艺窗口控制

工艺偏差几乎与所有的制造步骤有关。设计界更关心的是整体效果，而不是减少与偏差相关的来源，尽管这一部分可能是工艺工程师感兴趣的。

在光刻工艺误差的众多来源中，最重要的是由于聚焦变化和曝光能量变化造成的误差。剂量和聚焦误差决定了工艺的偏差性。工艺窗口以聚焦深度和曝光宽容度来描述聚焦和剂量的偏差。聚焦深度（Depth Of Focus，DOF）可以定义为工艺所能容忍的聚焦误差范围。第 3 章描述了光刻中的聚焦误差是怎么由晶圆错位、化学机械抛光引起的表面调制以及透镜像差引起的垂直或水平位移造成的。聚焦误差通常会引起光刻胶图形轮廓的变化，以及其他二阶效应。光刻胶的图形轮廓是通过将光刻胶建模为一个梯形来估计的，这个梯形取决于三个参数：底宽、侧壁角和光刻胶厚度（用于测量特征图形整体线宽的光刻胶轮廓图如图 3.5 所示）。可以确定这些参数随聚焦的变化，相关信息被用于工艺窗口分析。此外，还可以考虑由于焦点偏差引起的其他二阶效应（例如，光刻胶显影偏差和刻蚀问题）。

曝光宽容度是指光学曝光系统可以形成符合版图设计要求的曝光能量范围。曝光宽容度有助于有效的刻蚀过程，因为光刻胶的正确显影取决于入射光的强度。落在晶圆上的光能量随着扫描仪的每个步骤而变化，并且晶圆与晶圆之间也有差异。引起剂量偏差的其他因素有：光刻胶显影时间、PEB 温度和光刻胶溶解性。为了简化工艺偏差的特征参数（同时也减少独立变化源的数量），上述偏差因素均被建模为剂量误差带来的影响。简而言之，只需要使用两个参数——剂量和聚焦，就可以得到光刻胶剖面和成像工艺允许偏差的良好估计。

因为曝光能量是失焦的二阶效应，所以在对工艺进行建模时，通常将聚焦和剂量的变化放在一起考虑。通过同时改变曝光能量和焦距来获得工艺偏差（即光刻胶剖面图），以获得所谓的焦距-曝光能量矩阵[1]（Focus-Exposure Matrix，FEM）。如图 4.3 所示的泊松图，它显示了不同曝光量和失焦量的光刻胶线宽变化。对于失焦量的各种曝光能量值也可以得到类似的图[2]（泊松图也给出了不同节距下的线宽变化，如图 3.10 所示）。特征图形节距的变化会引起密集和孤立特征图形的线宽变化，这种现象被称为疏密偏差（isodense bias）。对于较大的失焦值，密集的特征图形倾向于增加线宽，在泊松图中形成一个"微笑"；而稀疏的特征图形倾向于减小线宽，形成一个"皱眉"（见图 4.3）。

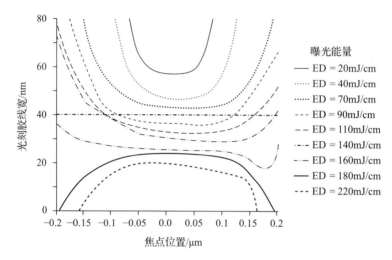

图 4.3　泊松图：光刻胶线宽随曝光能量和焦点位置的变化曲线[2]

　　如图 4.4 所示，泊松图也可以画成等值线，描述固定线宽下的聚焦值和曝光能量变化。类似地，可以得到光刻胶剖面的其他两个参数：侧壁角和光刻胶厚度[2]。将光刻胶剖面的三个参数逐个设为固定值，工艺窗口图记录出相应的曝光能量与聚焦值的偏差。对于一个给定±10%的线宽允许偏差，首先绘制出使线宽保持在规格范围内的聚焦值和曝光能量值，这两条曲线（一条为＋10%，一条为−10%）定义了临界尺寸（Critical Dimension，CD）的边界。接下来，规定光刻胶的厚度和侧壁角的偏差值，并绘制出规格范围内的曝光能量和聚焦值变化的相应曲线。如图 4.5 所示，将这些等高线曲线重叠在一张图上，可以得到当前工艺的焦距-曝光能量工艺窗口[1]。曝光宽容度和聚焦深度是从共同（重叠）区域的工艺窗口图中得到的。

　　单个工艺参数变化会引起整体系统性的偏差。当独立过程参数的变化是系统性的时，可以在重叠区域内绘制一个矩形得到工艺允许偏差。矩形的高度定义了所有聚焦值的曝光宽容度，而矩形的宽度定义了不同离散曝光的聚焦深度（见图 4.6）。在这种情况下，矩形中的每一个点都可以作为一个工艺角，以获得规格范围内的光刻曲线。如果聚焦值和曝光量的变化是随机的，那么这种偏差会以一定的概率发生；最终，相关的数值落在一个重叠区域的椭圆内。这个区域定义了工艺允许偏差，在这个允许偏差上使用的工艺角不会观察到所产生的光刻胶剖面的任何极端情况。在制造过程中，当工艺窗口分别使用矩形与椭圆匹配时，可使用的工艺角范围如图 4.7 所示[1]。在如前文所述的等密度偏差下，密集线和

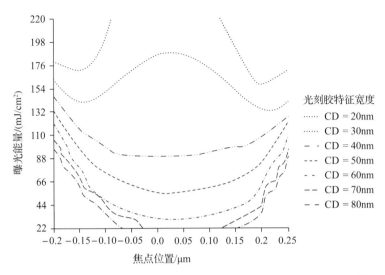

图 4.4　光刻胶特征宽度表现为焦点位置和曝光能量变化的轮廓线[2]

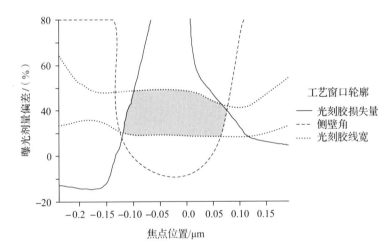

图 4.5　在规格范围内，由线宽、侧壁角及光刻胶损失量构成的焦距-曝光能量工艺窗口；重叠的阴影区域为整体工艺窗口

孤立线的工艺窗口的重叠部分非常少[1]。这是一个值得关注的问题，为了解决这个问题，需要引入其他的方案来增加工艺窗口的重叠部分。

从工艺窗口分析中可以确定，控制工艺的聚焦值和曝光能量是在晶圆上获得无畸变光刻胶剖面的一个关键方面。DOF 与曝光宽容度的关系图上可以得到聚焦值和曝光能量的"最佳点"。将工艺集中在这个"最佳点"上，可以最大限度地提高产品工艺允许偏差。这个"最佳点"的选择是由计量技术确定的，详见第 5 章。

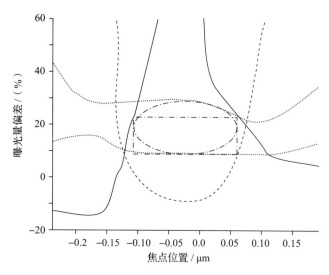

图 4.6　分别基于矩形拟合和椭圆拟合的工艺窗口

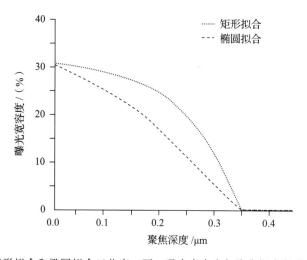

图 4.7　基于矩形拟合和椭圆拟合工艺窗口下，曝光宽容度与聚焦深度的关系(参照图 4.6)

4.3　分辨率增强技术

　　一个简单的原理机制如图 2.7 所示。波长为 λ 的照明源入射到一组刻蚀在玻璃铬合金掩膜上的图形上，然后光波被衍射并投射到一个涂有光刻胶的晶圆上。如今，最常用的照明系统是波长为 193nm 的准分子激光，投影系统由一系列透镜组成，将掩膜上的图像投射到晶圆上的同时将其缩小 4 或 5 倍(见图 2.21)。在目前的工艺技术节点上，最小特征宽度(即 45nm，也被称为系统分辨率)远远小于所用光源的波长。正如 3.2.1 节所述，由于光学衍射的限制，对于宽度小于光源波长的一半(在这种情况下，小于 90nm)的情况来说，特征图形在刻蚀中会产生问题。这是因为还没有找到更短波长的无耀斑光源，所以在掩膜图案转移中仍然存在问题。为了提高投射到晶圆上的图形特征的保真度，分辨率增强技术被提出。

电磁波有四个关键特性：波长(λ)——对成像系统来说是恒定的；振幅；传播方向和相位(ω)。分辨率增强技术主要针对衍射电磁波的后三个特性来提高系统的整体分辨率。分辨率的提高将提高越来越小的特征图形的适印性。

分辨率的提高有四个主要方面：

- 光学邻近效应修正(Optical Proximity Correction，OPC)；
- 亚分辨率辅助图形(Sub-Resolution Assist Feature，SRAF)；
- 相移掩膜(Phase Shift Masking，PSM)；
- 离轴照明(Off-Axis Illumination，OAI)。

光学邻近效应修正通过对掩膜上存在的特征图形进行改变，从而修改电磁波的振幅。OPC 通过增加或减少某些掩膜特征来控制衍射波的振幅。但是，由于 OPC 引起的变化是对布局图形而不是对掩膜本身进行的，因此这被归类为"软 RET"技术。亚分辨率辅助图形通过增加额外的图形特征来改善衍射图形，从而扩大工艺窗口。相移掩膜，顾名思义，是通过改变衍射波的相位来提高分辨率和对比度的。相邻的图形被分配到交替的相位，这样可以提高每个图形的分辨率。这一技术被归类为"掩膜"RET，因为它需要改变掩膜的属性。最后，离轴照明是对掩膜上特定方向的图形进行曝光。由于 OAI 规定了特定特征方向图形上使用的特定透镜类型，因此这种技术也被归类为"透镜"RET。分辨率增强技术的使用有利于实现技术迭代下的特征图形持续缩放。

4.3.1 光学邻近效应修正

相邻特征图形之间的邻近效应会影响晶圆上光刻胶的图形轮廓。正如在 3.2.1.1 节中所阐述的，邻近效应会引起不必要的衍射图形的干扰，从而导致特征宽度的变化，这种影响在特征宽度小于光源波长的一半时尤其严重。光学邻近效应修正包括改变掩膜特征，以改善邻近效应存在下的光刻性能。从本质上讲，OPC 将每个目标图形划分为若干段，然后从掩膜图形的每个段中删除图形特征(或增加图形特征)，以尽量减少不均匀性，并确保印刷在晶圆上的图形与掩膜的图形密切匹配。硅上有/无 OPC 的光刻胶图像分别如图 4.8 所示。显然，在 OPC 之后，掩膜图形的再现更加准确。在目标图像上使用反变换是获得理想掩膜预校正的一种方法。但是，使用反演光刻技术来创建掩膜是一个复杂的过程，因为它需要对波的衍射和三维光刻胶的溶解进行精确的建模。OPC 的主要目的是强化在晶圆上成像的图形，并减少流片后的参数偏差。

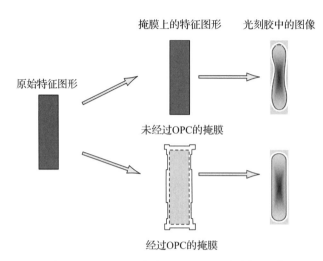

图 4.8　经过 OPC 与未经过 OPC 的光刻胶图像

　　光学邻近效应修正有两种方法来改变掩膜上的图形，即基于规则和基于模型的方法。在基于规则的方法中，将几何规则应用于版图布局之中，从而识别容易受到邻近效应影响的区域，这种方法类似于版图设计规则检查；然而，OPC 算法不仅需要标出问题区域，而且还需要对该坏区域的图形进行修改，直到它符合规范标准。为了得到用于 OPC 操作的几何规则，需要对各种掩膜图形进行仿真。实际实验数据也会被用来作为规则集的扩充[3]。自 250nm 技术节点出现之后，基于规则的 OPC 技术就一直在被使用。这种几何 OPC 规则通常基于相邻特征图形之间的相互作用。一个图形对其他图形的影响区域被称为光学直径。随着元器件尺寸的缩小，版图布局变得更加密集，此时仅仅考虑最近的邻近效应已经不够了。一个特征光学直径涵盖的范围不再仅限于最近的邻近单元，因此设计者必须考虑，在这个光学影响范围内的所有邻近图形对主要特征掩膜图形的所需修正，这一现实因素推进了基于模型的 OPC 的发展。

　　基于模型的 OPC 方法是一种复杂的算法，为了发现和纠正掩膜中的可疑特征图形，该技术涉及对电磁波传播和各种工艺步骤的仿真。仿真通常是通过计算工艺和光学参数的加权和来实现的，相关参数是基于先前计算的查找表来获取的（有关光刻建模的详细内容见第 2 章）。基于模型的 OPC 将目标图形划分为小段，这些小段的单个光刻胶图形轮廓是由查找表获得的。这些 OPC 技术背后的基本数学原理是将预先计算好的衍射核与掩膜图形进行卷积运算。衍射核的构建基于光刻成像系统和工艺的模型。这些内核考虑以下参数：照明源的类型（见图 2.11）、成像系统的透镜和光瞳函数、光刻胶对比度，以及光刻胶聚合物溶解率。对于一个给定的制造工艺来说，这些参数是恒定的，因此相关的参数核被预先计算并存储在查找表中，以便在 OPC 过程中使用。

　　图 4.9 为一个基于模型的 OPC 操作流程，在该流程图中，一个给定的版图布局被反复

迭代地修改；这涉及基于特征图形的快速仿真来添加或删除目标图形，然后比较仿真结果与所需图像的匹配程度。这个过程会一直持续到版图布局内的所有区域达到与所需理想图像匹配。因此，基于模型的 OPC 使用重复仿真的方式来辅助修改小范围内的掩膜特征区域，最后根据成本指标来选择最佳解决方案。由于这种技术属于计算密集型，因此不会在整个布局掩膜上执行。在进行基于布局选择，以及对版图布局区域进行平行的、不相关的修改时，基于模型的 OPC 是高度可并行的。由于没有层间的光学相互作用，光学邻近效应修正是对每个金属层单独进行的。为了抵消与节距相关的线宽偏差带来的影响，OPC 会增加或减少掩膜中的一维和二维几何形状的线宽，这也被称为通节距偏差(见图 3.10)。光刻技术建模可以预测二维特征图形中由于邻近效应而产生的问题，包括线端缩短和边角圆化。这些问题会导致良率下降，并造成金属层的缺陷，因此必须通过 OPC 进行修改。线端缩短是通过增加锤头状结构来修正的，这增加了线端的适印性。边角圆化现象发生在线端和线改变方向的地方；为了对邻近效应进行补偿，可以在这些区域里加入衬线结构。如图 4.10 所示，衬线结构在线端的拐角处形成一个突起(添加了多边图形)，但在其他位置的拐角处形成一个凹陷(删除了多边图形)来补偿拐角。

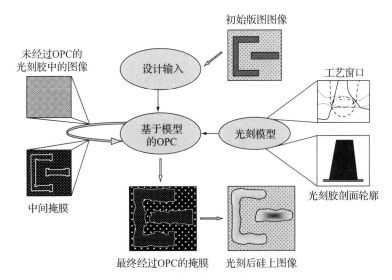

图 4.9　基于模型的 OPC 操作流程

　　光学邻近效应修正通常是在掩膜被移交给掩膜制造车间之前在布局上进行的。这意味着设计者需要 OPC 来辅助生成硅上近乎理想的图像。经过 OPC 后的掩膜最终由掩膜制造商进行进一步加工。掩膜是通过电子束装置将版图布局图形写入玻璃铬合金掩膜来制造的，OPC 引起的掩膜特征的改变会增加掩膜的写入时间。与基于规则的 OPC 方法不同，基于模型的 OPC 包含了图形特征的许多小型变化；因此，写入掩膜的时间和相应的费用均增加了掩膜的制造成本。掩膜图形特征的任何一个变化都被称为一个曝光区域。因此，曝

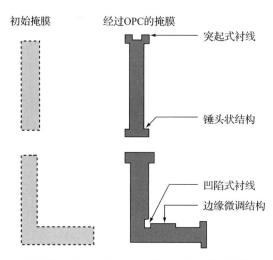

图 4.10　在初始掩膜上增加衬线、锤头状结构和边缘微调结构(经过 OPC)

光区域的数量(见图 4.11)与制造过程中掩膜写入阶段的成本直接相关。对于一个设计专用集成电路(Application-Specific Integrated Circuit，ASIC)的公司来说，通常需要为一个工程设计进行两到三个掩膜试产周期，因此掩膜成本会随着基于模型的 OPC 所带来的曝光区域数量的增加而急剧上升。为了控制掩膜制造成本，需要在基于规则的 OPC 和基于模型的 OPC 的方案之间进行均衡。

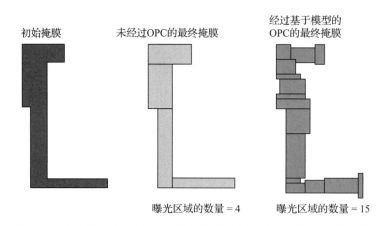

图 4.11　有/无基于模型的 OPC 的版图掩膜写入阶段的曝光区域的数量

4.3.2　亚分辨率辅助图形

　　光学邻近效应修正修改了掩膜特征衍射图形的振幅，导致线宽减少、线端缩短和边角圆化现象的产生，因此，为了对邻近效应进行补偿，会在初始掩膜特征图形中添加或减少衬线、锤头状结构和边缘微调结构等特殊的特征图形。在这个过程中，OPC 增加了孤立特征图形和密集特征图形之间的重叠工艺窗口。然而，对 CD 偏差的严格控制和增加孤立特征图形的工艺允许偏差仍然是 OPC 技术无法解决的问题。亚分辨率辅助图形作为一种新的分辨率增强技术，旨在通过增加额外的特征图形来提高孤立特征图形的工艺窗口，从而改善主要特征图形的衍射图形。SRAF 是辅助特征图形或散射条，与掩膜多晶硅层相邻，以增强衍射图形。这些辅助特征图形的分辨率较低（见图 4.12），并且没有印刷在晶圆上，但它们却有助于主特征衍射图形的修改。SRAF 会因相位差而引入破坏性干扰，而这可以改善晶圆上形成的图像的对比度（见图 4.13）。该相位取决于主特征图形和 SRAF 之间的节距。

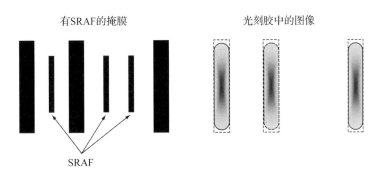

图 4.12　亚分辨率辅助图形（SRAF）：未印刷在晶圆上的低分辨率特征图形，可以增强衍射图形

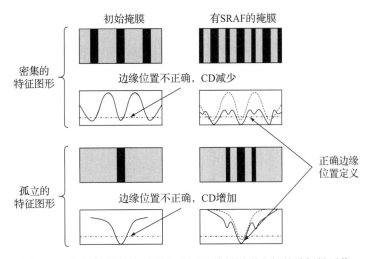

图 4.13　初始掩膜特征图形与 SRAF 特征图形之间的破坏性干扰

　　增加 SRAF 的数量可以进一步改善图形，但这种关系并不是单调的，因为这些效应会由于 SRAF 的相互作用而饱和。工艺允许偏差的改善依赖于原始布局下为 SRAF 提供的最佳无障碍放置区域。与掩膜图形相邻放置的 SRAF 的大小和数量都不是连续的，因此，当用于改善特征图形的 SRAF 尺寸出现量化的跳跃变化时，工艺允许偏差具有不连续性[4]（见图 4.14）。除了受到原始版图布局的空间限制外，现代制造中的 SRAF 放置位置也会受

到 SRAF 设计规则的约束。SRAF 通常会被优化为一个二维的特征图形。与如图 4.13 所示的 SRAF 不同，实际版图布局中涉及的二维 SRAF 特征图形的结构和放置位置更加复杂，必须根据良率结果来设计和优化用于提高边角和线端适印性的二维 SRAF（见图 4.15）。设计师还可以根据芯片时序、漏电控制和密度提升的参数优化，来对 SRAF 的放置进行相应的排序选择。

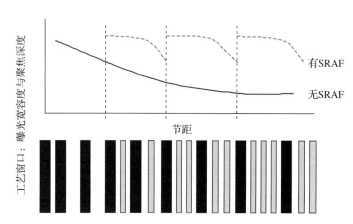

图 4.14　有/无 SRAF 下的芯片工艺允许偏差，这里不能增加理想 SRAF 的数量，因为会导致工艺允许偏差降低

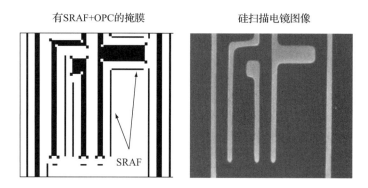

图 4.15　二维 SRAF 特征图形

4.3.3　相移掩膜

　　光刻技术中通用的掩膜结构是玻璃镀铬（Chrome-On-Glass，COG）技术。玻璃镀铬掩膜主要由刻蚀在玻璃基底材料上的铬图形组成。最基本的 COG 掩膜类型是二元图像掩膜（Binary Image Mask，BIM）。填充铬的区域形成透射率为 0 的掩膜图形，而非铬区域具有高透射率。BIM 产生狭缝，导致在图像平面上形成衍射图形。使用玻璃作为背景材料的掩膜被称为光场掩膜；反之，暗场掩膜整个用铬填充，而图形是通过去除铬而形成的。

观察通过 BIM 的光线中形成的衍射图形,如图 4.13 所示。根据所使用的光刻胶的类型,某些区域对光有反应,而某些区域则不会。光刻胶的可溶性区域通过显影和刻蚀过程被去除。图像的清晰度取决于光刻胶的特性和衍射图形的形状。可以看到,对于宽度小于光源波长的图形,线宽受到了严重的限制。此外,根据瑞利准则(即 $R = k/A/NA$),最小可分辨分辨率($k = 0.5$)是关于该过程的两个固定参数的函数:光源波长和数值孔径。在照明部分没有可预见的变化的情况下,使用 193nm 的氟化氩光源对小于 45nm 的特征图形进行成像,必然会对图形的形成造成影响。以最小节距放置的图形会造成干扰,从而导致如图 4.16a所示的强度分布不当曲线。

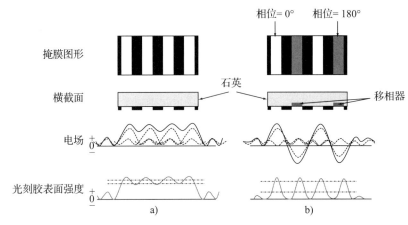

图 4.16 光波通过不同相位会产生衍射图形的破坏性干扰,改善图像传输:a)同相位图形之间没有破坏性干扰,导致图形对比度差;b)使用相移掩膜(PSM)产生的掩膜产生更好的图形对比度

克服这种基本限制的一种方法是使用 RET 来操纵入射波的相位,在晶圆上形成有利的衍射图形。相移掩膜可以用于增强亚波长范围内特征图形的衍射图形,这种分辨率增强技术在入射波通过掩膜中的图形时对其相位进行调制。特殊的移相器被用来进行波的调制,从而在相邻的掩膜特征图形之间产生相位差。具有相反相位的特征图形会发生破坏性干扰,从而改善晶圆上的图像强度和对比度。图 4.16b 所示为在掩膜的某些区域添加移相器,从而造成与相邻特征图形 180°相位差的原理及步骤。

用于掩膜制造的两种 PSM 技术分别是交替型 PSM(Alternating PSM,AltPSM)和衰减型 PSM(Attenuating PSM,AttPSM),类似的技术也可用于暗场掩膜。为了增加图形的对比度,交替型 PSM 在一个暗场区域的两侧产生了一个相位差。交替的光特征图形的相位分别为 0°和 180°。由于通过相邻的高透射率区域的光是反相的,因此它们产生的破坏性干扰在这些位置形成了零强度曲线。交替相位区域被选择性地刻蚀到掩膜上,产生了一个 $\lambda/4$ 的光路差,从而为入射光线产生一个适当的 180°相位变化。每个暗场特征图形的两侧都有相位相反的光场特征图形。PSM 技术使工艺能够创造出分辨率较小的特征图形,同时增加了工艺允许偏差和图像对比度[5]（见图 4.17）。

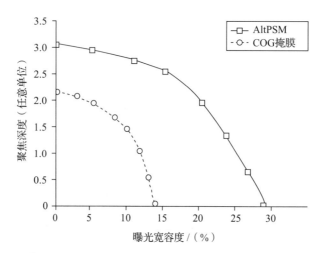

图 4.17　与二元 COG 掩膜相比，交替型 PSM 具有更高的工艺允许偏差

　　PSM 的一个重要问题是版图布局中的相位分配问题。相位分配要求任何一个光场特征图形都不能被分配到一个以上的相位，如果一个版图布局满足了这个条件，就被认为是可相位分配的；否则，该版图布局就不能进行相位分配，因此有必要对现有的版图布局进行修改。导致相位冲突的两种常见模式如图 4.18 所示。所需的版图布局改变通常涉及通过增加特征图形宽度或图形之间的间距，从而将特征图形转化为非关键特征图形，其结果是全面降低图形设计的密度。

　　衰减型 PSM 技术应用了交替型 PSM 的概念，通过产生一个相位差而引入破坏性干扰，从而提高图像对比度。与 AltPSM 的不同之处在于，AttPSM 是通过改变暗场图形的透射率和利用同相的光场图形的方式实现的。二元掩膜中暗场图形的透射率为 0，阻止了任何光线的通过。在 AttPSM 技术下，这些特征图形可以透过入射在它们身上的 7%～15% 的光能。由于通过透射的暗场特征图形的光能非常小，因此可以防止光刻胶曝光。然而，随着暗场特征图形透射率的增加，最终会导致通过它的光产生 180° 的相位变化。由于所有的光场特征图形都具有相同的 0° 相位，因此，相位变化会导致对完全透射光的破坏性干扰，从而提高图形边缘的对比度[5]。图 4.19 所示为图像对比度增加的结果。透射系数是增强高密度特征图形的一个关键参数，它有利于降低掩膜成本和简化设计规则。衰减型 PSM 在对孤立的接触点和沟槽进行成像时最为有效，此时要求低 k_1 值以及高 NA 值[6]。

　　由于更高的性能和更好的偏差控制与低分辨率和高对比度的特征图形需求直接相关，因此 PSM 已经成为掩膜制造过程中不可缺少的工具。同理，用于创建版图特征图形布局的 CAD 工具必须能够支持可相位分配的设计。具有相位冲突的版图布局会降低版图中的图形分布密度，从而导致面积增加的问题。因此，相移掩膜 RET 不可避免地要求设计者在适刷性与图形密度之间进行权衡。

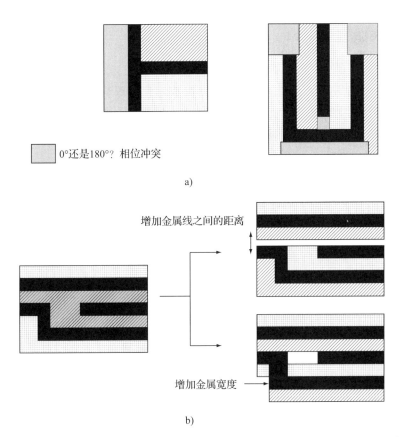

0°还是180°? 相位冲突

a)

增加金属线之间的距离

增加金属宽度

b)

图 4.18 a)两种常见的版图布局特征图形与相位分配冲突；b)相位分配问题的解决方案

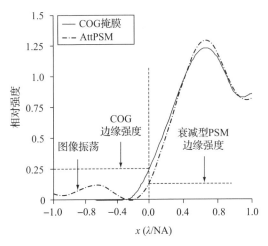

图 4.19 衰减型 PSM 产生的强度影响曲线

4.3.4　离轴照明

到目前为止讨论的 RET 涉及掩膜上入射波振幅（OPC、SRAF）和相位（PSM）的改变。而这些技术也会增强如线宽、工艺允许偏差和图像对比度等掩膜特征属性。离轴照明则是对入射光在掩膜平面上的角度和方向进行调控。顾名思义，这种分辨率增强技术基于减少（或消除）照明轴上分量的影响。离轴照明通过使用交替透镜来增加成像系统的聚焦深度[7]（见图 4.20）。

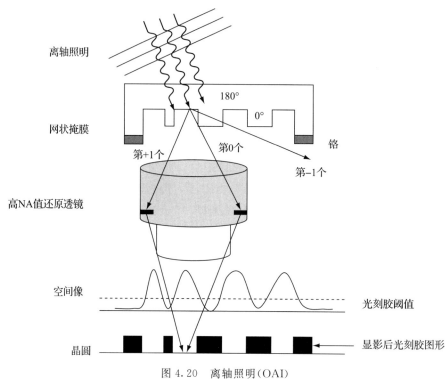

图 4.20　离轴照明（OAI）

如图 4.21 所示，通过倾斜照明系统，以一定角度入射的光线会导致衍射图形从光轴上发生空间偏移[2]。这种空间移动会在投影透镜系统上形成高阶衍射图形，从而改善掩膜特征图形的焦点深度，相反方向的倾斜也会引起类似的效果。透镜可以用来产生所需的照明角度和方向。图 4.22 所示为几种类型透镜滤波器的结构。单极透镜可以捕捉单独的效果，而双极透镜可以用来产生综合效果。可以通过改变透镜的方向来增加特定方向的景深。如图 4.23 所示[8]，偏移 90°的双极类星形透镜分别捕捉 X 方向和 Y 方向的变化，用来增加水平和垂直的景深[9]。其他透镜（如四极和类星形）通常用于 65nm 技术以下的基于 OAI 的景深增强[10]。可以通过为即将印刷的图形集选择最佳的 OAI 透镜来获得基于节距的 DOF 优化。

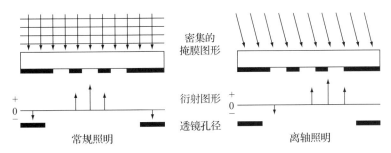

图 4.21　离轴照明引起衍射图形的空间变化，更高阶的图形会通过孔径

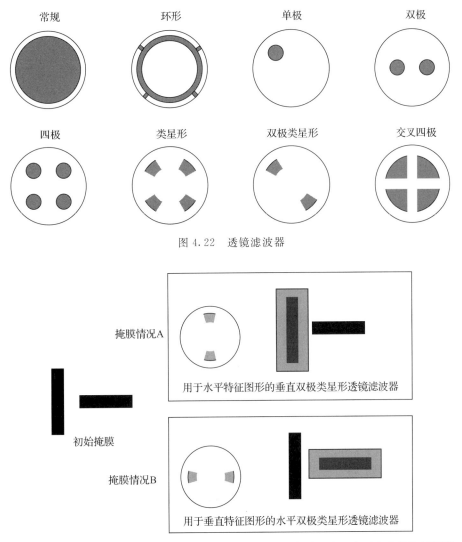

图 4.23　离轴照明：交替使用双极类星形透镜滤波器来印刷垂直和水平方向的特征图形

4.4　基于 DFM 的物理设计

物理设计方案已经被用于版图布局绘制、标准单元放置、互连布线、寄生参数提取和其他各种需求。物理版图布局设计形成了代表电路的高级逻辑电路图与代表硅上金属线的抽象几何图形之间的连接[11]。对于超过 65nm 的技术节点而言，参数偏差控制已成为物理版图设计中最重要的挑战。

利用代工厂提供的信息，对参数偏差进行分析和仿真也是 DFM 方法的一部分。由于半导体工业的经济收益与有效的掩膜制造和高良率的工艺相关，因此基于 DFM 的物理设计已经成为不可或缺的设计方法。在本节中，我们将进一步阐释物理设计工具是如何结合技术手段来帮助缓解当今可制造性设计中出现的问题的。

4.4.1　几何设计规则

物理设计工具的经典应用是执行设计规则检查以确保设计的物理和电气可制造性。设计规则规定了一维和二维布局特征图形之间的几何距离，这些距离是为了确保成像设计符合规格要求范围。设计规则手册(DRM)中包含所有的设计规则，该手册会基于制造工艺的失效分析反馈不断更新。DRM 由 2 个通用的规则子集组成，一个用于同一层的多晶硅层，另一个用于不同层之间的多晶硅层。为了方便同一掩膜层中多晶硅之间的比较，诸如形状的节距、间距、线宽和最小边界框等规则均会被列出。此外，为了避免光刻过程中不同层之间的错位，DRM 中的覆盖规则还会规定接触点和扩散边缘之间的距离、接触点周围的金属厚度以及栅极到接触点的距离。这些设计规则也反映了实际的电气规范，因为接触点厚度和到栅极层的距离定义了设计中的有效电流路径和应力水平。

所有的几何规则只考虑与当前多晶硅层最临近单元的影响。但随着技术的发展，这些规则远远不足以估计多晶硅层之间的实际相互作用。除最临近单元以外的其他单元产生的影响不再是局部的，必须在衍射图形的影响区域内考虑。随着当前技术节点布局密度的增加，每个多晶硅层影响范围内的形状数量也越来越多。几何设计规则不能准确地将轮廓图形之间的所有相互作用都描述为它们之间与距离相关的简单函数。尽管 DRM 为这种轮廓图形提出了各种规则，但这些工具并不能做到将设计中的偏差进行量化，甚至阻止设计中误差的产生。因此，在亚波长领域，即使符合几何 DRC 规则也并不能保证其工艺的可制造性。符合 DRC 规则的版图布局仍然可能面临适印性问题，而这会导致电气参数的偏差，甚至产生缺陷。

4.4.2　限制性设计规则

几何设计规则(Geometric Design Rule，GDR)不是二元的，也就是说，一个设计的部分单元不一定会因为违反规则而失效。尽管如此，基于保守型设计，针对执行几何 DRC 设计的工具来说，良率参数可以简化为一个阶跃函数。但是对于亚波长系统的布局来说，这种简化的良率函数不能很好地代表实际光刻后的电路行为，如图 4.24 所示[12]。实际的良率函数要复杂得多，即使是符合 DRC 的布局也会由于光刻成像和处理的后续误差而导致良率的降级。

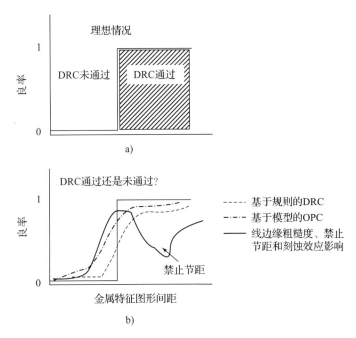

图 4.24　a)良率是几何设计规则(GDR)的阶跃函数；b)在亚波长区域，良率不再是 GDR 的阶跃函数

　　许多制造和设计规范都被写进 DRM。这些要求中的大部分都被转换为具体的几何规则设计。技术的持续提升要求更为密集的版图布局，这增加了特征图形和层间相互作用的数量，因此需要更多的设计规则来验证布局是否符合规范。这也意味着依赖于 DRM 的 CAD 工具复杂性的增加，最终导致用于验证设计的规则集存在模糊性与不足。为了减少 DRM 规范的庞大数量，一套新的规则——限制性设计规则(Restricted Design Rule，RDR)被提出。RDR 增加了一些具体的标准，如单个单元或线条的标准方向、允许的线节距数量有限、统一的布局规则和关键特征图形的有限窄线宽度。这些新的规范减少了 DRM 对布局的影响，同时还能减少互连线宽的 3σ 偏差[13]。通过使用 RDR 获得的布局规律性可以减少整个芯片的线宽偏差。RDR 的主要缺点是不能对二维器件特征图形进行预测，因为其所有的校准都是在一维特征图形上进行的。

4.4.3 基于模型的规则检查和适印性验证

DRM 和 RDR 中体现的规则检查程序被归类为基于规则的 DRC 技术，因为它们使用规则表来标记可能导致制造问题的错误。随着多晶硅层和层间轮廓图形相互作用数量的增加，基于规则的 DRC 被基于模型的 DRC 工具所取代，后者使用复杂的预测模型来识别 90nm 以下密集排列的版图布局中的光刻"热点"缺陷。

当今，设计者最普遍使用的技术是利用复杂的光刻建模工具来预测设计热点缺陷。所提供的设计通过一个"黑箱"进行，该过程对工艺进行模拟并估计热点位置和电路敏感区域的偏差。该过程的光刻仿真通常在应用 OPC 和其他分辨率增强技术后进行。该过程准确地预测了可能存在的工艺不稳定性，但它属于计算密集型技术。另一种技术（由 Gelmari 和 Neureuther 提出[14]）通过二维结构的图形匹配检测热点缺陷。这种技术使用位图图像来识别二维特征，同时可以基于图像快速进行匹配。位图图像不仅包括规则的多晶硅层（如 L 形和 T 形），还包括通过对扫描电子显微镜图像进行边缘提取而得到的非矩形多晶硅层。位图图像表和版图布局作为热点缺陷检测的输入，其输出为一个精确或者接近精确匹配的工艺制造误差排序表，这个列表能够快速识别可能产生低良率或边缘良率的二维配置。其他类型的热点缺陷检测机制会结合代工厂发布的工艺不规范信息[15-16]。这些工具会在失效分析阶段将已经确定的特定布局区域标记为工艺热点。双通孔插入检查器就是这种方法的一个很好的例子。人们已经观察到，通孔电阻会随着技术的提升而增加，这导致需要在关键位置使用双通孔。通过使用基于模型的阻抗预测，可以检测到这些双通孔引起的热点缺陷。

光刻技术中热点检测的存在使得热点缺陷去除技术成为必要的需求补充。基于对多晶硅层和间距的简单修改，目前已提出了各种技术来检测和去除热点缺陷。其中一种方法是光刻可行性检查器（Lithography Compliance Checker，LCC），该方法旨在利用光刻仿真来验证布局的可行性[17]。一般来说，LCC 工具从原始标准单元大小的区域开始验证，然后上升到版图中更高的区域，在考虑了所有邻域多晶硅层的相互作用后，在全芯片层级上识别出热点缺陷。LCC 的三个主要组成部分分别是 OPC、通过光刻仿真验证边缘条件和热点判断。光学邻近效应修正是 LCC 过程中的第一个阶段。接下来是光刻仿真来验证版图布局并找到边缘条件，其中一个子集会被排序并被标记为光刻热点。最后阶段是修改布局，并根据设计者的输入，重新分析这些区域是否是实际的物理或电气热点。通过简单的 CAD 工具进行版图修改和再分析，其中任何进一步的分析都基于用户的输入。在 ASIC 设计中，热点检测是在标准单元级别上执行的，当热点出现在更高的版图层次结构时，在修改期间也会允许版图的灵活性设计修改。如果一个布局可以通过 LCC，这就意味着设计者对设计参数的电气特性是满意的。它也保证了设计可以符合所有光刻成像和其他工艺的允许偏差。不同设计公司的热点检查都已经取得了不错的结果：在可接受的运行时间内，实现热点消除率超过 80%。

版图适印性验证（Layout Printability Verification，LPV）作为一个完整的芯片工艺，通过在 OPC 后的布局上进行仿真实现。这个操作通常将所有剩余的 OPC 错误归入适印性类，并根据其严重程度进行排序。该排序基于掩膜 CD 分布、工艺窗口和良率等指标。在流片阶段前，整个芯片级的模拟是很少见的，因为这涉及高计算量和高存储量的密集计算。LPV 以 OPC 工具为基础，将设计分割成必须进行仿真的点，以检查适印性。典型的适印性错误包括通过 OPC 后的颈缩错误和桥接错误。由于标称工艺角下的仿真不足以进行准确的验证，因此要在多个工艺角进行工艺参数的仿真。光刻仿真需要在考虑诸如曝光能量、聚焦值、覆盖率、光刻胶厚度和临界尺寸等工艺参数（及其偏差性）的同时，再结合光刻仿真。

如图 4.25 所示，该图说明了适印性检查使用工艺参数分布来提供热点缺陷分析。图 4.26 所示为不同工艺角下的热点。可以看出，在正常条件下（工艺角 C）不会发生颈缩和桥接，但在更极端的工艺角下会发生。适印性验证的最大好处之一是在整个芯片级上获得各种工艺角的良率值。这为设计者和工艺工程师提供了产生最佳良率和性能的工艺角信息。

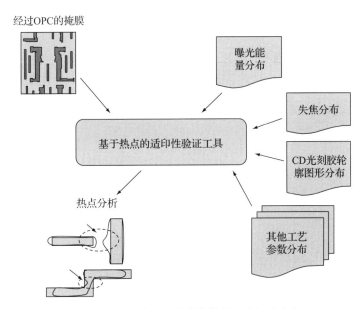

图 4.25　通过检查工艺参数偏差来验证适印性

4.4.4　可制造性感知的标准单元设计

分辨率增强技术（如 OPC、PSM 和 OAI）已被应用于芯片级分析和布局修改来提高适印性。传统的 OPC 包括在平面布局上进行光刻仿真，已被证明是版图布局修改方案中最正

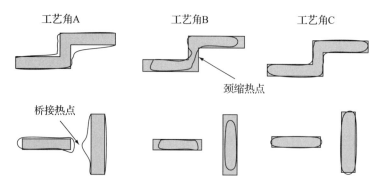

图 4.26　在不同工艺角下可能出现的颈缩和桥接缺陷，基于输入参数偏差的仿真

确和最有可制造性意识的技术，但它非常耗时，而且由于密集的 OPC 操作没有在整个布局中进行，因此在标准单元中可能不会产生最好的结果。在标准单元布局中，由于尺寸缩放而造成的可制造性工艺影响是最明显的。常见的影响（例如线宽的变化、不恰当的接触点连接、多晶硅栅极长度变化和扩散圆角）被量化为门延迟或泄漏，这些都会影响整体电路的性能。人们普遍认为，标准单元是集成电路设计工艺的核心。对于设计来说，制造偏差对单元性能的影响至关重要，因此必须对版图布局进行分析并给予适当的补偿操作。其中一种方法是支持单元级的 RET，以减轻整个芯片级的 OPC 负载[8]。图 4.27 所示为支持 RET 的 DFM 的物理设计流程[8]。

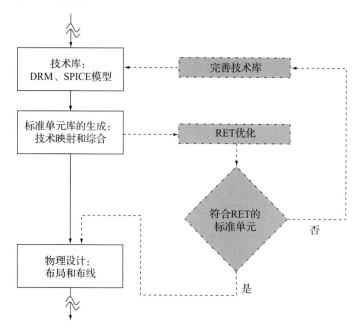

图 4.27　支持 RET 的 DFM 的物理设计流程，虚线表示新的设计流程

　　标准单元是根据 DRM 绘制的，DRM 规定了金属线、多晶硅区域、有源区、接触点和通孔的属性。使用前文所描述的基于模型的规则检查器(包括 LCC 和 LPV)来分析在规定制造规范下的热点的标准单元布局。为了建立一个拥有完整特性的技术库，需要在多个工艺角和条件下对标准单元进行评估。这个过程类似于根据 V_T 和栅极的尺寸来表征工艺角，以用于整体电路的时序和功率分析。在执行分辨率增强技术(如 OPC 和 PSM)后，热点缺陷会被修复。修改后的版图布局会被存储为一个特征化的标准单元，用于电路布局设计和设计流程的其他阶段。

　　图 4.28 所示为一个良率损失机制，其中一条多晶硅线延伸到扩散区[20]。通过增加折线的延伸，可以提高良率。关于错位和边缘放置误差(Edge Placement Error，EPE)的统计显示，随着宽度减少，接触点上的金属重叠会导致良率误差，具体如图 4.29 所示[20]。因此，金属重叠的增加会改善接触点同时减少电阻。离轴照明提高了在一定节距范围内的图形的分辨率("接触"节距)，但对其他节距内的图形的分辨率("禁止"节距)则没有改善。在扩散区域内，可以对多晶硅线进行修改，使其处于接触节距范围内。对于不在接触节距范围内但与活动区域相邻的多晶硅线，可以插入冗余特征图形以抵消衍射的影响，具体如图 4.30所示[21]。

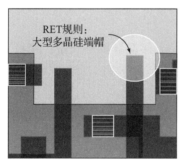
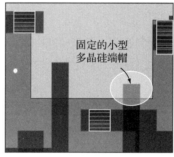

图 4.28　多晶硅区域延伸规则：延展靠近扩散区附近的栅极

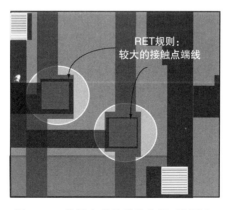

图 4.29　接触点重叠部分金属面积增加

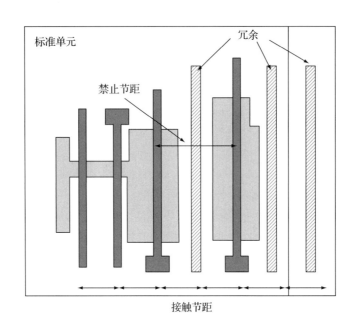

图 4.30　在标准单元内的接触点和禁止节距放置多晶硅特征图形，在有源区和单元边界周围
　　　　 添加冗余特征图形

标准单元的性能和良率与三个关键指标有关：多晶硅栅极长度、栅极宽度和接触点覆盖率[20]。光刻热点可以引发这些指标的变化，接下来将继续阐述部分可以导致这种热点的情况。

假定标准单元独立于环境，此时单元级和整个芯片级 OPC 之间的差异往往很大。为了减少这种差异，会在单元边界添加冗余特征图形（又称 SRAF，见 4.3.2 节）。如图 4.31 所示，这些冗余特征图形会被添加在顶部和底部以及多晶硅末端接触范围附近。0°和 180°区域的移相要求相邻的几何图形在相位上是相反的。由于在目前技术下的标准单元是高度紧凑的，因此很难分配交替的相位。通过移动特征图形或增加扩散区和金属线以外的栅极区域宽度可以解决这种相位冲突问题（见图 4.18）。接触点区域的扩散圆角会引入良率问题。对于一个标准单元版图布局，其在不同可制造性工艺支持的情况下，相应的栅极长度变化如图 4.32 所示[21]。

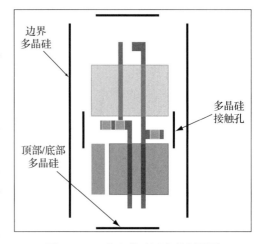

图 4.31　3 种多晶硅冗余特征图形

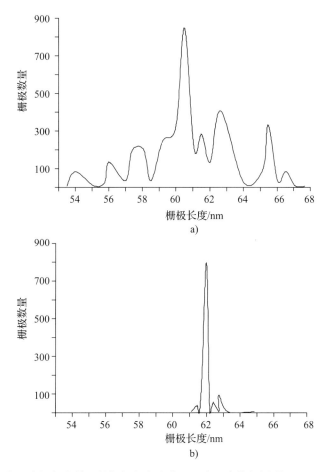

图 4.32　整个芯片级标准单元的栅极长度变化：a)有冗余特征图形；b)无冗余特征图形

典型的 DFM 流程是根据代工厂提供的信息对标准单元设计进行修改。这些标准单元的布局被用于简化芯片级的 OPC 过程。此外，它们还可以提高针对流片后电路性能和可靠性故障的预测能力。

4.4.5　缓解天线效应

天线效应由版图结构产生，它可能导致 CMOS 制造过程中的良率和可靠性问题。天线效应也被称为等离子导致的栅极氧化物损伤。顾名思义，当电荷积聚在金属线上时就会出现这种问题；其结果是晶体管的栅极电压增加，导致栅极氧化物击穿。

如图 4.33a 所示，栅极与最底层金属线连接，然后通过其他层连接到扩散区[23]。图 4.33b所示为第一层金属层图形化后的晶圆状态。从扩散区到栅极的连接不是闭合的：栅极连接到一条累积电荷的浮空线，导致栅极氧化物击穿。这种积累可能发生在反应性离子刻蚀过程中。这种效应与器件制造过程中的中间步骤有关。当芯片被完全制造出来后，栅极连接到扩散区作为保护二极管，从而限制了电压水平。减少连接到栅极的浮空线的长度，可以减少栅极受损的可能性；这是天线规则之一。

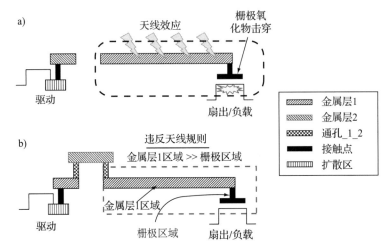

图 4.33　天线效应：a)栅极氧化物击穿；b)违反天线规则

DRM 文件中提供了天线规则以避免天线效应。天线的尺寸会影响器件的可靠性。因此，这些规则通常提供了每个互连层中金属面积与栅极面积的允许比率。布线工具利用天线规则来对金属层与连接线进行分配。布线工具中，可以用于缓解天线效应的方法包括改变布线顺序[24]、插入齐纳保护二极管[23]和插入跳线[25]。由于天线效应主要源于连接到栅极的较低金属层的存在，因此布线技术可以通过只允许较高的金属层连接到栅极来防止这种情况的产生，如图 4.34a 所示[26-27]。

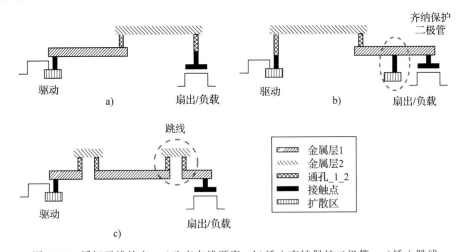

图 4.34　缓解天线效应：a)改变布线顺序；b)插入齐纳保护二极管；c)插入跳线

插入齐纳保护二极管技术在靠近栅极的地方产生了一个扩散区域，形成一个二极管，从而阻止了栅极氧化物的击穿(见图 4.34b)。这种二极管插入技术可以作为标准单元方法实现，以完全消除整个布局中的所有天线违规，从而使布线不必再考虑天线效应。这种方法的主要缺点是，二极管的额外电容会增加单元的延迟。受限于此，只有在容易受到天线效应影响的关键线路上才会插入齐纳保护二极管。

插入跳线可以最大限度地减少栅极附近的低层金属面积。如图 4.34c 所示，这种方法将节点受影响的部分转移到上层互连层，这样做可以降低底层金属互连面积与栅极面积的比率。

4.4.6　基于 DFM 的布局和布线

除了 DRC 之外，布局和布线构成了当今物理设计工具的主要任务。支持光刻技术的布局和布线已经成为 ASIC 设计流程的组成部分，因为它们优化了特定光刻可变性下的设计约束。

布局工具对版图中标准单元位置和方向的工艺参数进行建模。对于给定的工艺参数偏差数据，布局算法可以得到新的关于成本的函数，以便在获得最佳布局的同时将成本最小化。正如在 2.3.3 节中所描述的(见图 2.20)，现代光刻系统使用步进式扫描方法来单独曝光晶圆上的区域[22]。这些区域会从一侧到另一侧连续进行曝光。透镜像差参数由 Zernike 系数量化(见 3.2.1.3 节)，它捕获了扫描过程中标称轴上光行为的发散度变化。这导致了与扫描方向相同的线的 CD 误差(本例中为水平方向)。不同类型的标准单元的平均 CD 变化如图 4.35 所示[28]。标准单元的线宽变化导致了输入到输出的延迟，这种延迟的变化如图 4.36 所示[28]。由像差引起的线宽变化，进而导致的延迟变化信息，可以用来优化标准单元的布局，从而最大限度地提高设计时序的良率。图 4.37 所示为这一技术的工艺流程[28]。

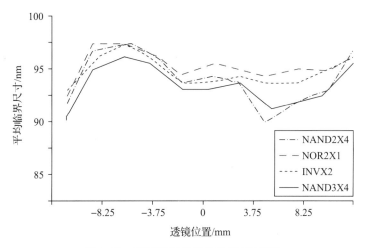

图 4.35　不同透镜位置的平均 CD 变化

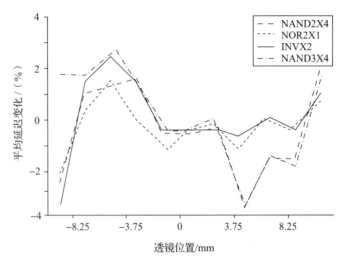

图 4.36   平均延迟变化随透镜位置的变化

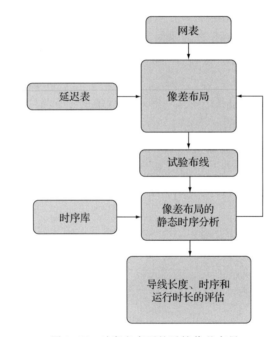

图 4.37   时序良率下的透镜像差布局

布线工具已经越来越多地采用新的设计流程，其中包含了基于工艺知识的设计规则。这些设计流程使用了改进的工艺窗口，为优化设计约束创造了更好的设计规则。这些新的布线策略包括限制每个金属层的节距，以消除禁止节距；限制金属宽度相关间距，以减少增加的电容效应；限制金属线方向来规范布局；在脆弱的颈缩和桥接区域增加间距来防止灾难性的缺陷(见图 4.38)。有一种光刻友好型布线方法是利用边缘放置误差来识别热点[29]。边缘放置误差被定义为掩膜中的边缘位置与俯视图像上的边缘位置之间的差异,它是通过使用基于边缘查找表的光刻仿真得到的。这种方法被称为支持 RET 的详细布线(RET-Aware Detailed Routing,RADAR),是一个非迭代过程,需要在生成热点区域的阻塞数据后重新进行布线。再次评估新路线的 EPE,以决定是保留新路线还是旧路线。这种方法的流程图如图 4.39 所示[29]。

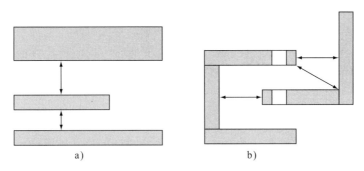

图 4.38 支持有效可制造性布线的新规则:a)线宽相关的间距规则;b)增加了线端间距和边角间距

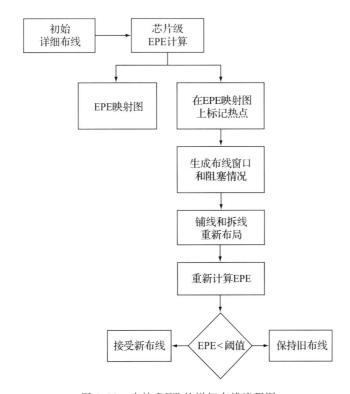

图 4.39 支持 RET 的详细布线流程图

4.5 先进光刻技术

前面几节所描述的技术已被纳入各设计公司所采用的 CAD 流程。然而，即使采用了基于工艺信息的适印性增强技术，当今的设计中仍然存在可制造性问题。这些问题涉及性能下降、良率和其他经济因素。通过 OPC 和其他分辨率增强技术调整的掩膜图形几乎总是能满足适印性优化的整体约束。然而，设计者现在需要的是基于电路性能的局部约束的适印性方法。特别是，使用非矩形器件和互连特征图形会导致性能下降和可靠性问题，因此始终需要改进用于预测晶圆形状的 CAD 工具，以便能够产出质量更好的设计方案。接下来将介绍一种先进的光刻技术——双重图形技术。

4.5.1 双重图形技术

自从 45nm 技术问世以来，一直使用 193nm 的光源将图像从掩膜转移到晶圆上。随着设计密度的增长，需要生产的图形可以突破分辨率极限。同时，这种增加的分辨率也需要能在存储器制造中被观察到。在瑞利方程中，$R = k_1(\lambda/\mathrm{NA})$，$k_1$ 系数与曝光在晶圆上图像的分辨率有关。在相同的曝光步骤下，只有两种选择可以提高分辨率。第一种为浸入式光刻，它在投影光学器件和具有相同光源的晶圆之间使用高折射率流体。第二种为极紫外线（Extreme Ultra-Violet，EUV）光刻技术，它使用 13.5nm 波长的照明源[30]。这两种工艺技术的特点是 k_1 值等于或小于 0.5；然而，k_1 的实际极限是 0.25，这是这些方法无法达到的。另外，在制造无耀斑的 EUV 光源时存在技术障碍，唯一的选择是将掩膜分解成多层。这种双重图形技术（Dual-Pattern Lithography，DPL）目前正在被商用。在这种方法中，一个掩膜被分割成两个独立的掩膜，在两个独立的步骤中进行曝光。因此，节距大小加倍，这使得分辨率在 30nm 以下，没有任何技术障碍[31]（见图 4.40）。与所有其他方法不同的是，双重图形技术使其有可能低于"限制值" $k_1 = 0.25$，因为关于最小节距的约束放宽了[31]。结合使用双重图形技术和浸入式光刻技术，目前已经获得了低至 18nm 的半节距分辨率。这些技术的出现给掩膜设计和加工流程带来了新的挑战，掩膜误差预算也日益严格（由于覆盖要求）。

对于正性和负性工艺，双重图形技术的版图分解方法是不同的。正性工艺使用光场掩膜，其中暗区表示需要曝光在晶圆上的图形。这种情况下的分解与交替型 PSM 技术中的相位分配问题类似。以最小节距隔开的多晶硅层被赋予不同的颜色，这表明需要将其中一个多晶硅层移动到另一个掩膜层[32]（见图 4.40）。对于负性工艺，金属线之间的空间被交替地着色。然后将掩膜分解分为两个阶段进行曝光。分解技术类似于正性工艺，但分配交替的颜色有多种方案，因为空间没有一个规则的边界。此外，当线条两边的空间使用不同的掩膜进行曝光时，因为线宽变化过大而带来的重叠问题会对工艺造成技术瓶颈。图 4.41 说明了正性和负性工艺中的版图分解差异。

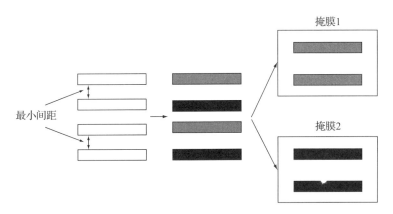

图 4.40 双重图形技术（DPL）：单一掩膜被分解成两个掩膜，其中最小间距的特征图形被放置在不同的掩膜上；DPL 增加了每个产生的掩膜的节距大小

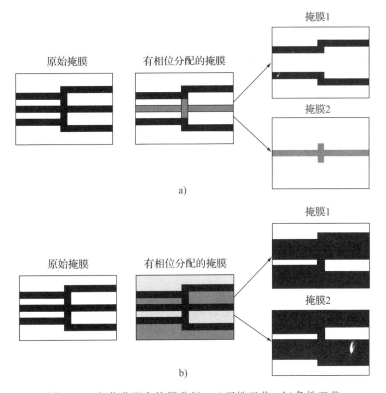

图 4.41 相位分配和掩膜分解：a)正性工艺；b)负性工艺

对于正性工艺，多晶硅层着色可能会导致不完整的双色解决方案，如图 4.42 所示[33]。这个问题的出现是因为如今设计中的图形密度高，而且图形方向与特定方向不一致。这种着色冲突是通过将多晶硅层分成两部分，通过产生缝线（stitch）来解决的，如图 4.43 所示[33]。然而，分割多晶硅层会将它的一半移到另一层，这可能会产生叠加和良率问题。因

此，必须添加额外的金属或段差(jog)，以保持缝线位置的连接性。分割后可能存在一些未解决的区域，只有通过重新设计版图来纠正。因此，通过同时减少冲突的数量和所需的缝线数量来解决这个问题是很重要的。上述因素已被多篇文献描述为与成本相关的函数。

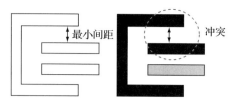

图 4.42　DPL 分解：相位分配冲突的案例

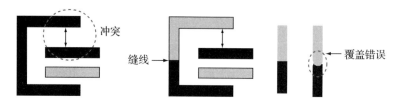

图 4.43　为了解决冲突问题而对特征图形进行分解，缝线导致覆盖错误

有几种不同的工艺技术都被归类为双重图形技术：双重曝光、双重曝光-双重刻蚀和自对准间隔技术。双重曝光包括两个独立的曝光步骤，有两个不同的掩膜，但它们都在同一个光刻胶层上。这种技术涉及两个掩膜、两个曝光步骤、一个光刻胶层，以及一个显影、刻蚀和清洗阶段。双重曝光适用于同一层上不同节距和/或不规则密度的图形。为了提高分辨率，这种技术中的每个阶段的特征图形都是相互垂直的。如图 4.44 所示，两个曝光阶段只使用一个光刻涂胶层。在不离开曝光台的情况下，晶圆在经过光刻胶涂层后，需要再经过两个曝光阶段。每个晶圆的照明和投影系统都进行了修改。显影、刻蚀和光刻胶去除这一系列阶段后最终产生特征图形。图像强度是第一次和第二次曝光阶段的总和。基本分辨率不会低于 $k_1 = 0.25$，因为光刻胶响应是各个阶段的强度之和。

双重曝光-双重刻蚀技术(或光刻-刻蚀-光刻-刻蚀)包括两层光刻胶涂层、两次曝光、两次显影周期，以及两次刻蚀和光刻胶剥离步骤(见图 4.45)。与双重曝光技术不同的是，这里的两次曝光与中间的其他阶段相结合，使光刻胶响应成为照明强度的非线性函数。因此，可

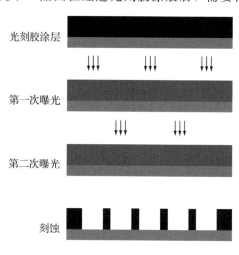

图 4.44　双重曝光技术

以实现低于 $k_1 = 0.25$ 的分辨率限制。图 4.45 所示为正性工艺步骤，其中线条被图形化；图 4.46 所示为负性工艺步骤，其中空间被图形化。对于这两种类型的成像，同一颜色的交替图形/空间在两个阶段进行曝光。在这种技术中，在曝光阶段之前要涂上两层硬掩膜。在光刻胶涂层之后，第一次曝光将一组图形转移到第一层硬掩膜。接下来，在此图形上涂上另一层光刻胶，接着进行第二次曝光，将下一组图形（在已经存在的图形之间）转移到第二层硬掩膜上。曝光后用适当的刻蚀剂去除每一层涂层，以形成所需的图形。由于在第一层硬掩膜涂层和第二层光刻胶涂层之间有一个延迟，因此会引入图形偏差。为了防止第一层硬掩膜被腐蚀，需要将光刻胶表面硬化以控制线宽偏差。

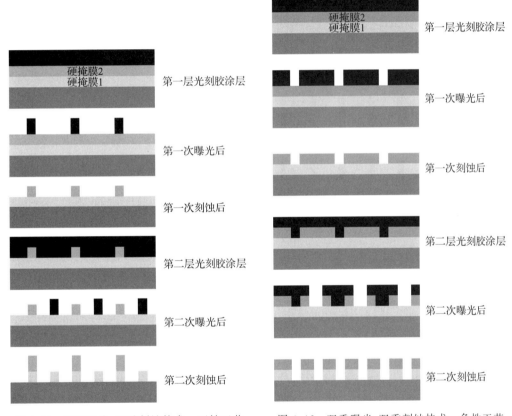

图 4.45　双重曝光-双重刻蚀技术：正性工艺　　图 4.46　双重曝光-双重刻蚀技术：负性工艺

在自对准间隔技术（Self-Aligned spacer DPL，SADP）工艺中，在特征图形的侧壁上形成的特殊薄膜层（间隔）被用来增加曝光在晶圆上的特征图形密度。在晶圆上转移出第一个图形后，通过沉积或与预图形层反应形成一层间隔材料。这一阶段之后是刻蚀步骤，将材料从所有水平表面去除，但留下侧壁上的材料，如图 4.47 所示。原有的图形层被去除，为第一步中图形化的每条线型图形留下两个间隔层。这种技术使图形密度增加一倍，其主要应用于较小技术节点的栅极图形。自对准间隔技术避免了重叠引起的线宽误差，因此窄栅极长度的 FinFET 和三栅极晶体管是其应用的理想对象[34]。间隔的形成、间隔图形的倒线缺陷和刻蚀结果是这种技术值得关注的问题。

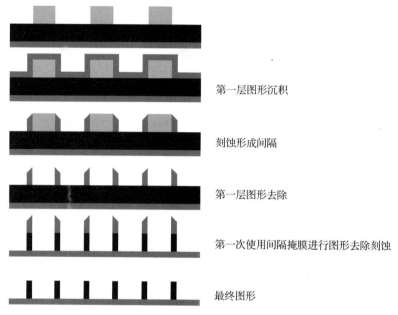

第一层图形沉积

刻蚀形成间隔

第一层图形去除

第一次使用间隔掩膜进行图形去除刻蚀

最终图形

图 4.47　自对准间隔技术工艺流程

双重图形设计的重大挑战是线宽变化和由于重叠误差而形成的缺陷。有规律的图形可以很容易地被分解成 2 个掩膜，如存储单元。然而，对于逻辑电路来说，这项任务要复杂得多，因为逻辑电路在距离和方向上没有表现出规律性。由于在工业逻辑设计中无法获得直接的双色解决方案，唯一的选择是通过增加不同颜色图形之间的距离来修改布局。这导致了芯片面积的增加，从而增加了芯片的成本。因额外的掩膜和工艺阶段而增加的成本则是另一个明显的问题。正如我们所看到的，在光刻工艺的每个阶段都可能发生工艺误差。随着双重图形技术所需工艺阶段数量的增加，工艺误差的概率也会增加，因此良率也会降低。另一个值得关注的问题是代工产的产量，因为双重曝光可能会导致每小时制造的晶圆数量减少。然而，尽管存在这些限制，双重图形技术仍然被许多人看作提高分辨率的"救星"技术(通过减小最小节距约束)。研究人员正在尝试三重和四重图形技术，试图进一步推动分辨率的极限[35]。

4.5.2　反演光刻技术

基于模型的 OPC 与 SRAF 是当今首选的分辨率增强技术，用于提高适印性和掩膜特征图形保真度。由于 193nm 的激光光源仍被用于 32nm 技术节点的设计，进一步用于改进图像传输过程的其他新技术被提出。反演光刻技术，顾名思义，试图获得所需晶圆图像的逆图像，以减少理想图形和实际图形之间的偏差。这个概念类似于图像检索和重建的策略，即使用模糊的图像（通过摄影传感器）来重建原始图像[36-37]。

　　与 OPC 不同的是，OPC 的修正算法以掩膜图形为目标，反演光刻技术试图通过使用晶圆上所需的图像信息和工艺信息来重建掩膜。考虑光刻工艺的下列变量：α——掩膜图形，ξ——晶圆上的目标图形，f——复合图像和抗蚀层的函数，ω——最终的晶圆图像。就正常的光刻工艺而言，最终的晶圆图像可以描述为

$$\omega = f(\alpha) \tag{4.1}$$

通过理想的反演光刻技术（流程图见图 4.48），所需的掩膜图形可以写成晶圆上目标图形的逆图像[38]：

$$\alpha^* = f^{-1}(\xi) \tag{4.2}$$

式中，α^* 为掩膜上所需的最佳图形，在晶圆上形成。当然，式（4.2）并不能准确地描述复杂光刻工艺的实际情况。由于光刻胶的溶解过程是非线性的，而且光刻胶的对比度很高，几个不同的掩膜图形可以在晶圆上产生相同的图像；换句话说，不存在函数 f 的直接逆运算，而且鉴于掩膜制造所需的矩形几何形状，$\xi = f(\alpha)$ 的关系实际上并不成立。因此，为了更真实地模拟反演光刻技术，我们设计了一个迭代优化程序，该程序需要使用曝光系统和其他处理参数的信息[39]。

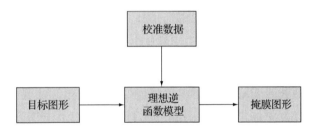

图 4.48　反演光刻技术流程图

　　在第 2 章中，我们了解到光刻系统的关键因素是其曝光过程和光刻胶的显影操作。曝光过程通过一个光学系统将掩膜图形转移到晶圆上。晶圆上的图像根据图像轮廓的强度和光刻胶的对比度进行光刻胶的显影操作。假设掩膜函数（在空间域）由 $M(x,y)$ 给出，图像转移函数由 $Tf(x,y)$ 给出，那么掩膜上图形的空间像 $AI(x,y)$ 为 $M(x,y)$ 和 $Tf(x,y)$ 之间卷积大小的平方：$AI(x,y) = |Tf * M(x,y)|^2$。光线照射在晶圆上会导致光刻胶产生与光强相关的变化。这个过程取决于光刻胶的溶解阈值，所以它可以被假定为一个 sigmoid 函数来产生最终的光刻胶图像 $I(x,y)$，其中 sigmoid 函数的表达式为 $\mathrm{sig}(z) = 1/\{1 + \exp[-a(z - \tau)]\}$。如果最终的目标图像为 $\hat{I}(x,y)$，那么可以进一步写为[40]

$$I(x,y) = \{1 + \exp[-a(|Tf * M(x,y)|^2 - \tau)]\}^{-1} \tag{4.3}$$

当前的目标是最小化晶圆上的当前图像与掩膜上所需图像之间的误差：

$$最小化 \qquad \eta = \sum_{x,y} (I(x,y) - \hat{I}(x,y))^2$$

$$使得 \qquad M(x,y) \in \begin{cases} (0,1), & 对于 BIM \\ (-1,0,1), & 对于 PSM \end{cases} \qquad (4.4)$$

式中，η 表示均方误差值。因为所需的掩膜函数可以是二元的，也可以是移相的，所以也列出了相应的约束条件。解决这样一个逆向问题的实际方法中包含了迭代扰动算法，该算法从对最终图像进行适当猜测开始。对于初始图像的每一次扰动，该算法将计算出一个空间像，并与目标图形进行比较，且记录其误差。这种方法的总体目标是使两个空间像之间的差异尽量减少到最小。可以在此方法中添加其他优化标准，以形成一个可以在迭代过程中使用的全局成本函数。此过程的简化流程图如图 4.49 所示[39]。过程中的校准数据提供了关于成像系统参数、投影光学和光刻胶相关过程的信息，这有助于建立一个良好的前向成像模型。

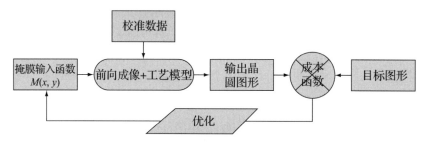

图 4.49　反演光刻求解的实际优化简化流程图

目前，业界提出了许多不同的反演光刻技术（Inverse Lithography Technology，ILT）的解决方案。所有这些技术都试图基于刚才描述的迭代优化方法找到理想的所需掩膜图形。其中一种技术是将掩膜像素化，使其成为远低于系统分辨率极限的同等大小的区域。每个离散的像素被随机分配一个特定的相位以产生所需的掩膜图形[41-42]（见图 4.50）。基于梯度的优化算法已被纳入随机像素翻转技术，以进一步改善解决方案[38]。遗传算法和模拟退火技术也被认为是可能的解决方案[43]。

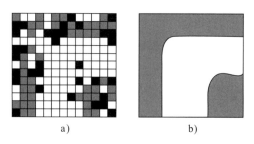

a)　　　　　　　　　　b)

图 4.50　a)使用相位为−1、0 和 1 的像素图形；b)计算得到的晶圆轮廓

　　另一类技术将版图划分为具有多种传输特性的不同区域。一种与 OPC 非常相似的技术也被提出来用来解决反演光刻问题[44]。这种新技术不是运行脚本来进行图形分割，而是根据拓扑结构将图形分割成不同的区域：图形边缘、图形角落或图形末端（见图 4.51）。在某些约束条件下，迭代运算是在图像的特定区域定向移动进行的。由图像重建技术新创建的掩膜图形已经根据目标图形进行了优化，因此它提供了一种基于模型的 OPC 的替代方案。这种技术与 OPC 的另一个区别在于图形中存在非矩形部分，如图 4.52 所示[44]。为了产生 90°和 45°的边角，这种轮廓会被重新处理。

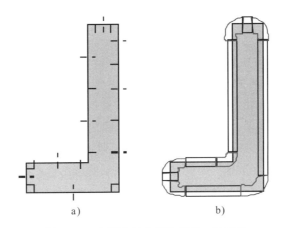

图 4.51　a)OPC 的分割和采样；b)ILT

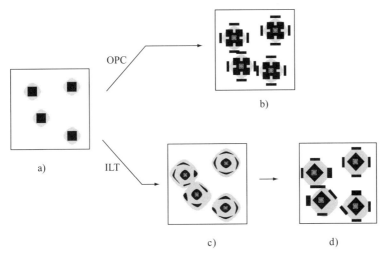

图 4.52　OPC 和 ILT 比较：a)由四个半隔离通孔组成的未校正掩膜；b)基于传统分割 OPC
和基于规则 SRAF 校正的掩膜；c)基于像素反演的 ILT 单次迭代校正的掩膜；d)最
终简化后的掩膜——90°和 45°的边缘线段对齐

ILT 的主要缺点是它会引起微小的特征变化，使掩膜编写过程复杂化[44]。正如前面所讨论的(见 4.3.1 节)，增加"热点"的数量会使广泛基于模型的 OPC 的方案变得复杂。同样，对于使用反演光刻技术获得的掩膜也是如此。这对像素化掩膜来说是一个严重的问题。在掩膜上重新创建具有圆形边缘和圆角的图像，会成倍地增加掩膜制造的成本和时间。改善这个问题的一个方法是修改最终的 ILT 掩膜，使其元素中只包括水平、垂直和其他直角特征(见图 4.52d)。反演光刻技术作为 OPC 的补充，可以减少缺陷和制造成本，提高光刻可控性。

4.5.3　其他先进技术

为了优化现有的光刻仿真设置，改善曝光能力，同时保持低的掩膜成本，目前还使用其他的先进技术进行辅助。其中一个例子是光源-掩膜协同优化(Source-Mask Optimization，SMO)技术，该技术拥有自由形式的光源形状。典型的照明形状包括常规、环形、类星形和其他形状，如图 4.22 所示。众所周知，光源形状的任何不规则性都会导致 CD 偏差增加。而在 SMO 技术中，光源形状不再局限于常规照明形状，这可以提高光刻的适印性。先进的照明系统可以用来创造这种与特定工艺相联系的自由形式的光源形状[45]。研究人员已经表明，基于特定工艺节点的掩膜来优化照明光源的形状，可以观察到 CD 能被有效控制。光刻系统制造厂和 CAD 工具开发公司都在对 SMO 进行各种优化，本书不对相关技术进行详细解释。

4.6　本章小结

在本章中，我们描述了设计规则手册以及它是如何创建的，然后探讨了使用基于规则和基于模型的技术来进行设计规则检查的问题。据观察，限制性的设计规则通常用基于规则的技术方法来检查，而其余的光刻问题则用基于模型的方法来检查。我们详细讨论了分辨率增强技术，以及它们在当今设计中的使用。可制造性设计已经成为版图生成中的一个普遍过程，因此本章也讨论了几种采用 DFM 的方法。最后，我们描述了双重图形技术并阐释了它是如何提高分辨率的。我们还探讨了现有 DFM 工具的一般功能以及它们在当前设计和方法中的应用情况。

参考文献

1. Chris. A. Mack, *Field Guide to Optical Lithography*, SPIE Press, Bellingham, WA, 2006.
2. Chris. A. Mack, *Fundamental Principles of Optical Lithography*, Wiley, New York, 2007.

3. N. B. Cobb, "Fast Optical and Process Proximity Correction Algorithms for Integrated Circuit Manufacturing," Ph.D. thesis, University of California, Berkeley, 1998.
4. L. W. Leibmann, S. M. Mansfield, A. K. Wong, M. A. Lavin, W. C. Leipold, and T. G. Dunham, "TCAD Development for Lithography Resolution Enhancement," *IBM Journal of Research and Development* **45**(5): 651–666, 2001.
5. A. K. Wong, *Resolution Enhancement Techniques in Optical Lithography,* SPIE Press, Bellingham, WA, 2001.
6. V. Wiaux, P. K. Montgomery, G. Vandenberghe, P.Monnoyer, K. G. Ronse, W. Conley, L. C. Litt, et al., "ArF Solution for Low-k$_1$ Back-End Imaging," *Proceedings of SPIE Optical Microlithography* **5040**: 270–281, 2003.
7. ASML, "CPL Technology," http://www.asml.com (2010).
8. J. A. Torres and D. Chow, "RET Compliant Cell Generation for Sub-130nm Processes," *Proceedings of SPIE* **4692**: 529–539, 2002.
9. C. Mack, "The Lithography Expert: Off-Axis Illumination," in *Micro-Lithography World,* PennWell, Farmington Hills, MI, 2003.
10. T. Matsuo, A. Misaka, and M. Sasago, "Novel Strong Resolution Enhancement Technology with Phase-Shifting Mask for Logic Gate Pattern Fabrication," *Proceedings of SPIE Optical Microlithography* **5040**: 383–391, 2003.
11. Jie Yang, Luigi Capodieci, and Dennis Sylvester, "Layout Verification and Optimization Based on Flexible Design Rules," *Proceedings of SPIE* **6156**: A1–A9, 2006.
12. K. Lucas, S. Baron, J. Belledent, R. Boone, A. E. Borjon, C. Couderc, K. Patterson, et al., "Investigation of Model-Based Physical Design Restrictions," *Proceedings of SPIE* **5756**: 85–96, 2005.
13. L. Liebmann, A. Barish, Z. Baum, H. Bonges, S. Bukofsky, C. Fonseca, S. Hale, et al., "High-Performance Circuit Design for the RET-Enable 65-nm Technology Node," *Proceedings of SPIE* **5379**: 20–29, 2004.
14. Frank E. Gennari and Andrew R. Neureuther, "A Pattern Matching System for Linking TCAD and EDA," in *Proceedings of ISQED*, IEEE, San Jose, CA, 2004, pp. 165–170.
15. D. Perry, M. Nakamoto, N. Verghese, P. Hurat, and R. Rouse, "Model-Based Approach for Design Verification and Co-Optimization of Catastrophic and Parametric-Related Defects due to Systematic Manufacturing Variations," *Proceedings of SPIE* **6521**: E1–E10, 2007.
16. J. Andres Torres, "Layout Verification in the Era of Process Uncertainty: Target Process Variability Bands vs Actual Process Variability Bands," *Proceedings of SPIE* **6925**: 692508.1–692509.8, 2008.
17. M. Miyairi, S. Nojima, S. Maeda, K. Kodera, R. Ogawa, and S. Tanaka, "Lithography Compliance Check Considering Neighboring Cell Structures for Robust Cell Design," *Proceedings of SPIE* **7379**: 737911.1–737911.9, 2009.
18. J. A. Bruce, E. W. Conrad, G. J. Dick, D. J. Nickel, and J. G. Smolinski, "Model-Based Verification for First Time Right Manufacturing," *Proceedings of SPIE* **5756**: 198–207, 2005.
19. Luigi Capodieci, "From Optical Proximity Correction to Lithography-Driven Physical Design (1996–2006): 10 Years of Resolution Enhancement Technology and the Roadmap Enablers for the Next Decade," *Proceedings of SPIE* **6154**: 615401.1–615401.12, 2006.
20. Paul de Dood, "Impact of DFM and RET on Standard-Cell Design Methodology," in *Proceedings of Electronic Design Processes Workshop*, IEEE, Monterey, CA, 2003, pp. 62–69.

21. H. Muta and H. Onodera, "Manufacturability-Aware Design of Standard Cells," *Transactions of IEICE* **E90-A**(12): 2682–2690, 2007.

22. P. Gupta, F. L. Heng, and M. Lavin, "Merits of Cellwise Model-Based OPC," *Proceedings of SPIE* **5379**: 182–189, 2004.

23. P. H. Chen, S. Malkani, C.-M. Peng, and J. Lin, "Fixing Antenna Problem by Dynamic Diode Dropping and Jumper Insertion," in *Proceedings of ISQED*, IEEE, San Jose, CA, 2000, pp. 275–282.

24. Z. Chen and I. Koren, "Layer Reassignment for Antenna Effect Minimization for 3-Layer Channel Assignment," in *Proceedings of International Symposium on Defect and Fault Tolerance in VLSI Systems*, IEEE, Boston, 2000, pp. 77–85.

25. L.-D. Huang, X. Tang, H. Xiang, D. F. Wong, and I-Min Liu, "A Polynomial Time-Optimal Diode Insertion/Routing Algorithm for Fixing Antenna Problem [IC Layout]," *Transactions on Computer-Aided Design of Integrated Circuits and Systems* **23**: 141–147, 2004.

26. T.-Y. Ho, Y.-W. Chang, and S.-J. Chen, "Multilevel Routing with Antenna Avoidance," in *Proceedings of International Symposium on Physical Design*, ACM, Phoenix, AZ, 2004, pp. 34–40.

27. Di Wu, Jiang Hu, and Rabi Mahapatra, "Coupling Aware Timing Optimization and Antenna Avoidance in Layer Assignment," *Proceedings of ISPD*, ACM, San Francisco, 2005, pp. 20–27.

28. A. B. Kahng, C. H. Park, P. Sharma, and Q. Wang, "Lens Aberration Aware Placement for Timing Yield," *Proceedings of ACM Transactions on Design Automation of Electronic Systems* **14**(1): 1–26, 2009.

29. Joydeep Mitra, Peng Yu, and David Z. Pan, "RADAR: RET-Aware Detailed Routing Using Fast Lithography Simulations," in *Proceedings of Design Automation Conference*, ACM, New York, 2005, pp. 369–372.

30. ASML, Martin van den Brink, "Shrink, an Expanding (Litho) Market," presentation at Industry Strategy Symposium, Halfmoon Bay, CA, 2007.

31. Mircea Dusa, Jo Finders, and Stephen Hsu, "Double Patterning Lithography: The Bridge between Low k_1 ArF and EUV," in *Microlithography World*, PennWell, Farmington Hills, MI, 2008.

32. Mircea Dusa, John Quaedackers, Olaf F. A. Larsen, Jeroen Meessen, Eddy van der Heijden, Gerald Dicker, Onno Wismans, et al., "Pitch Doubling through Dual Patterning Lithography: Challenges in Integration and Litho Budgets," in *Proceedings of SPIE* **6520**: 65200G.1–65200G.10, 2007.

33. K. Yuan, K.-S. Yang, and D. Pan, "Double Patterning Layout Decomposition for Simultaneous Conflict and Stitch Minimization," in *Proceedings of International Symposium on Physical Design*, ACM, New York, 2009, pp. 107–114.

34. Yang-Kyu Choi, Ji Zhu, Jeff Grunes, Jeffrey Bokor, and Gabor. A. Somorjai, "Fabrication of Sub-100nm Silicon Nanowire Array by Size Reduction Lithography," *Journal of Physical Chemistry B* **107**: 3340–3343, 2003.

35. Christopher Cork, Jean-Christophe Madre, and Levi Barnes, "Comparison of Triple-Patterning Decomposition Algorithms Using Aperiodic Tiling Patterns," *Proceedings of SPIE* **7028**: 702839.1–702839.7, 2008.

36. H. M. Sheih, C. L. Byrne, and M. A. Fiddy, "Image Reconstruction: A Unifying Model for Resolution Enhancement and Data Extrapolation—Tutorial," *Journal of Optical Society of America A* **23**(2): 258–266, 2006.

37. K. M. Nashold and B. E. A. Saleh, "Image Construction through Diffraction-Limited High-Contrast Imaging Systems: An Iterative Approach," *Journal of Optical Society of America A* **2**(5): 635–643, 1985.

38. A. Poonawala and P. Milanfar, "OPC and PSM Design Using Inverse Lithography: A Nonlinear Optimization Approach," *Proceedings of SPIE* **6154**: **3**: 61543H.1–61543H.14, 2006.

39. S. H. Chan, A. K. Wong, and E. Y. Lam, "Inverse Synthesis of Phase-Shifting Mask for Optical Lithography," in *Proceedings of OSA Topic Meeting on Signal Recovery and Synthesis*, Optical Society of America, Washington, DC, 2007, pp. 1–3.

40. L. Pang, Y. Liu, and D. Abrams, "Inverse Lithography Technology (ILT): What Is the Impact to Photomask Industry?" *Proceedings of SPIE* **6283**: 62830X. 1–62830X.11, 2006.

41. J. Zhang, W. Xiong, Y. Wang, Z. Yu, and M. Tsai, "A Highly Efficient Optimization Algorithm for Pixel Manipulation in Inverse Lithography Technique," in *Proceedings of ICCAD*, IEEE, New York, 2008, pp. 480–487.

42. Yuri Granik, "Fast Pixel-Based Mask Optimization for Inverse Lithography," *Journal of Microlithography, Microfabrication, and Microsystems* **5**(4): 61543H.1–61543H.14, 2006.

43. A. Erdmann, R. Farkas, T. Fuhner, B. Tollkuhn, and G. Kokai, "Towards Automatic Mask and Source Optimization for Optical Lithography," *Proceedings of SPIE* **5377**: 646–657, 2004.

44. Jue-Chin Yu, Peichen Yu, and Hsueh-Yung Chao, "Model-Based Sub-Resolution Assist Features Using an Inverse Lithography Method," *Proceedings of SPIE* **7140**: 714014.1–714014.11, 2008.

45. David O. S. Melville *et.al.*, "Demonstrating the benefits of source-mask optimization and enabling technologies through experimentation and simulation," in Proceedings of SPIE, Vol. **7640**, 764006-1- 764006-18, 2010.

产业界的计量方法、缺陷及弥补

5.1 引言

半导体制造是一个涉及各种科学和工程概念的复杂过程。从 20 世纪 40 年代后期发展至今，半导体制造已经成为一个具有相当大影响范围的产业，涉及生活的方方面面。从空间技术到手持设备，基于半导体组件的应用数量不断增加。仅仅因为晶体管的尺寸每两年缩小一次，半导体产品就可以实现以前不敢想象的计算和应用。半导体制造是制造系统级半导体器件的过程。它包括三个基本阶段：

- 晶圆生产；
- 晶圆加工/将设计在晶圆上实现；
- 晶圆分析、测试和封装。

晶圆生产是指在硅锭中生产圆形薄晶切片的过程。裸片（die）就是晶圆上的芯片原型。随着技术的进步，晶圆尺寸不断增加，目的是增加每个晶圆生产的裸片数量，处理后，一个晶圆可能包含数百个裸片。随着单位晶圆上裸片数量的增加，每个裸片的成本会降低，而晶圆厚度也随着技术的发展而增加，以改善机械处理。标准晶圆直径和相应的厚度见表 5.1。

表 5.1 标准晶圆直径和相应的厚度

直径/mm	厚度/μm
150	675
200	725
300	775
450	925（目标）

材料成本和散热问题对晶圆厚度的影响较大，减少晶圆厚度可以降低材料成本，同时能够解决热密度问题。过薄的晶圆会使晶圆处理和对准工艺复杂化，从而降低产品的良

率。表 5.1 中的晶圆厚度标准是综合考量以上因素的结果。

半导体制造涉及多个晶圆加工步骤。第 2 章描述了晶圆加工中的氧化、光刻和金属沉积等步骤。完成晶圆加工步骤后，通常使用晶圆分类测试来筛选不良芯片，以此对制造过程进行反馈。完成晶圆分类测试后，将晶圆切割成裸片，测试良好的裸片被封装起来。根据芯片尺寸、热性能和成本，目前有多种封装可供选择，包括塑料球栅阵列（Plastic Ball Grid Array，PBGA）和陶瓷球栅阵列（Ceramic Ball Grid Array，CBGA）。封装裸片涉及将管芯焊盘连接或键合到外部封装引脚。封装时除了需要考虑气密和光学密封，还需要考虑降低封装的热阻，以促进散热，如今的台式微处理器功率高达 100W，封装后需要实现芯片温度升高到 100℃ 之前便能散热。

为确保裸片的高良率，在半导体制造时需要满足制造清洁和无悬浮颗粒的要求。在 20 世纪 50 年代，半导体特征尺寸仅为毫米级，可以轻松达到清洁和无悬浮颗粒的要求。但随着芯片尺寸的微缩，清洁度成为确保高良率日益重要的问题。如今，一块芯片中通常有超过 10 亿个尺寸接近 22nm 的晶体管，因此，制造时的洁净室已成为重中之重，洁净室的要求与晶体管的具体尺寸相关（有关洁净室要求的统计数据见 5.2 节）。

制造阶段的缺陷可能由工艺、颗粒和污染物、设备不规范、不恰当的化学反应和图案问题引起。成形工艺中引起的缺陷称为特征或设计缺陷，其余的缺陷称为工艺诱导缺陷。其中，悬浮颗粒和化学-机械抛光工艺中的微粒是半导体制造中最常见的缺陷来源。

尽管污染物并不一定会导致器件运行错误，但器件出错率会随着特征尺寸的缩放而急剧增加。在制造过程中，影响晶圆的微粒可能导致开路和短路，从而导致设计失败。在互连、通孔或栅极结构中的 V 形线和斑点会导致层内缺陷或层间缺陷。在层间缺陷中，颗粒可能导致连续层之间的短路或在多层中产生空隙。光刻工艺包括光刻胶涂覆、曝光、烘焙和显影等步骤。每个阶段都对设备有精度要求，因此需要对工艺参数进行适当的控制。缺陷可能是由不规则的抗蚀涂层、不适当的烘焙工艺、不对齐的掩膜和晶圆以及不规则的抗蚀剂造成的。

控制曝光工艺的成像系统可能产生适印性错误。这些问题可能涉及焦点、剂量、透镜像差、抗蚀剂厚度变化、光斑和其他与投影系统有关的问题。适印性错误的根源往往是掩膜上的图案，由于刻蚀剂的特性和保护层的形成，刻蚀阶段可能导致不规则表面，同时还会导致图案在某些区域缩小或放大。典型的光刻胶是一种不均匀的材料，刻蚀这样的材料往往会产生沿刻蚀线的粗糙度，或线边缘粗糙度（Line Edge Roughness，LER）。当与其他光学效应共同作用时，过多的 LER 可能会导致缺陷。随着互连金属层数的增加，与互连形成相关的光刻步骤数也随之增加。通过对铝或铜的溅射工艺沉积，溅射组合沉积衬垫，再通过电镀工艺沉积，可生成互连线。因为衬垫溅射，以及铜通过氧化物扩散工艺中会产生空隙，所以铜在加工过程中容易氧化。

制造过程中的校准通常用各种计量方法来实现，计量方法是对裸片进行一系列参数测量的方法，包括原位计量、线上计量与线下计量。原位计量是在分析室内利用传感器进行测量和工艺控制，线上计量即在无尘室内测量，线下计量则在无尘室外进行。

缺陷零件的失效分析是线下计量的主要组成部分，在微调工艺中，材料的描述通常是利用线下计量完成的。计量在制造工艺中至关重要，因为它涉及基于数据分析的定期校准。在计量和校准工艺中，测量的准确性、精度、分辨率、灵敏度和稳定性是关键因素。对生产工艺的每个阶段进行计量可以帮助更好地控制误差。在本章中，我们将研究当今用于工艺控制的各种计量技术。

计量用于分析整个工艺，并定期测量工艺中的参数。半导体制造的另一个关键部分是分析晶圆本身缺陷的原因，分析缺陷的原因和表现称为失效分析（Failure Analysis，FA）。失效分析主要针对器件中不符合规范的物理、化学和电气因素所导致的器件故障，此类故障一般有两种，即功能故障和参数故障。功能故障使器件无法执行其预期功能，而参数故障则是器件参数的变化超出设计规格，即使它们在大多数条件下仍能正常工作。失效分析的目的是弄清导致故障发生的电路运行方式（即电路运行条件）、故障机理和缺陷产生的根本原因。通过失效分析，工艺控制和缺陷缓解技术能够持续改进，用于失效分析的技术将在 5.4 节中讨论。

失效分析有助于找到故障的根本原因，根本原因分析可能指向掩膜缺陷或版图问题，确定原因有助于从整体上改进流程。产品良率取决于各种工艺参数和器件是否达到预期规格，这些条件中的微小变化都可能对良率产生重大影响。产品良率，与产品失败一样，也被分为功能性或参数性两类。良率通常是用达到产品要求的裸片与所生产的总裸片数的比率来衡量的。因此，功能良率是功能裸片与生产总裸片的比率；类似地，参数良率是在某些条件下，所有具有功能但其参数超出规格的裸片的比例。产品良率直接关系到产品成本，反映了当前制造工艺控制的有效性。功能良率较低需要大量的失效分析并改变工艺步骤，而参数良率的下降可能不需要这样的改变。良率模型是基于失效分析设计的，以预测高工艺变化下设计的有效性，与失效分析技术一致，良率模型会随着功能良率或参数良率降低的缺陷类型而变化。缺陷的形成原理可以用于精确模拟某个设计的良率。5.5 节总结了颗粒缺陷影响和图形缺陷影响的良率模型领域的研究。

本章的目的是向读者介绍工艺控制的重要性，并详细介绍了缺陷形成理论、计量、失效分析和良率建模技术。

5.2 工艺缺陷

在接近或超过波长的光刻工艺中（见图 1.5），半导体制造中的大多数缺陷是由于颗粒或洁净室设施中的其他污染。不过，改进的洁净室技术已经使得颗粒引起的不良率下降。随着大规模半导体制造的出现，洁净室标准得到了显著提高。洁净室是根据正方形区域内特定大小的颗粒数量来分类的，见表 5.2[2]。如今，生产高端芯片的大型制造设施使用 ISO 4 或更高的标准，以最大限度地减少颗粒引起的缺陷，并确保高功能良率。

表 5.2 国际标准化组织(ISO)的洁净室分类

分级	最大颗粒数/mm³				
	≥0.1μm	≥0.2μm	≥0.3μm	≥0.5μm	≥1μm
ISO 1	10	2			
ISO 2	100	24	10	4	
ISO 3	1000	237	102	35	8
ISO 4	10 000	2370	1020	352	83
ISO 5	100 000	23 700	10 200	3520	832
ISO 6	1 000 000	237 000	102 000	35 200	8320

鉴于半导体制造的近真空环境,工艺缺陷在如今主要是由设备和工艺本身造成的。由于制作晶圆时步骤繁多,因此存在大量的缺陷源头。从晶圆切片到最终封装,大部分的工艺步骤都是由计算机控制的,因此,找出哪些步骤降低了整体良率至关重要。制造步骤中可能造成的缺陷数量与工艺中自动化设备控制和执行的精度密切相关。众所周知,某些工艺步骤会引起相对更多的颗粒缺陷,比如,化学气相沉积、氧化和抛光会由于大颗粒的剥落和散射而产生大量的颗粒缺陷,因此必须在工艺控制、计量和失效分析中进行一系列的迭代步骤,才能最有效地确保产品性能在规定范围内,以降低由颗粒污染引起的缺陷率。

5.2.1 误差来源分类

失效分析中,实验室可能有几种不同类型的设备来确定和判断相应类型的缺陷。例如,一个 FA 实验室可能有微探测站、激光切割机、显微切片设备、高分辨率 X 射线系统、自动解封装系统、条带层反应离子刻蚀机、扫描电子显微镜、光发射显微镜和光谱仪。由于购买设备需要大量资金,因此并非所有实验室都拥有全部类型的设备;此外,实验室人员在使用设备方面的专业知识可能相差很大。所以,缺陷的根本原因可能因以上两方面的限制而无法找出,这意味着故障排除的结果可能也不够准确。综上所述,在制造工艺中,为不同的步骤建立精确的不良率是极其困难的。

除此之外,调试设备本身可能是违反规定的,这会对良率造成噪声影响。设备是否出错通常取决于设计和制造日期。先进的设备对工艺控制更精确,而老式设备会产生无法避免的颗粒缺陷。为了满足当前晶圆技术的要求,设备制造商在不断升级它们的系统,适应技术更替所带来的如供应链、材料特性、工艺执行时间等的变化。

计算机程序误处理是晶圆颗粒缺陷的主要来源。经济因素推动着晶圆厚度的变化和晶圆尺寸的增加,所以现在大多数晶圆的处理都是由机械臂完成的。晶圆非常薄,所以结构上即使受到微小的干扰也会损坏。加工过程中,不良的动态振动会对晶圆造成结构损伤[1]。在转移过程中,晶圆储存在倒角槽轨上。设备基座在特定频率下会导致晶圆振动,使得晶圆与导轨碰撞,降低晶圆在进一步加工中的稳定性。

　　工艺参数引起的误差可以细分为材料状态（即固体、液体或气体）引起的误差和个别制造阶段所采用的工艺机理引起的误差。硅是半导体器件制造中应用最广泛的材料，其他常用于半导体器件制造的材料包括锗、磷化铟、砷化镓和砷化镓铟，不同半导体类型的缺陷率不同。缺陷率最高的两个制作步骤是晶圆清洗和刻蚀，刻蚀和清洗溶液的化学性质会对此产生影响。晶圆清洗是晶圆制造过程的中间步骤，若用于清洁晶圆的液体中带有杂质，则会导致晶圆上的颗粒缺陷。刻蚀和光刻工艺中的杂质颗粒数量见表 5.3[3]，从表中可知，铝刻蚀工艺会带来最多的杂质数量。在基于等离子体的各向异性刻蚀中，清晰度越高，污染物就越少。不过，等离子体产生的聚合物副产物会引起颗粒缺陷，氧化物刻蚀产生大量的缺陷，因其疏水性，从而创造了一个有利于聚合物副产物沉降的环境。

表 5.3　刻蚀和光刻工艺中的杂质颗粒数量（>0.5μm）

阶段	工艺	杂质颗粒数量/5 平方英寸
刻蚀	氮化硅刻蚀	50～2000
	去胶	10～1000
	预溅射清洁	50～3000
	氢氟酸氧化物刻蚀	25～3000
	氧化物刻蚀	100～2000
	多晶刻蚀	50～1000
	铝刻蚀	100～3000
光刻	涂层旋转	20～500
	曝光	5～2000
	薄膜生长	10～200

　　在确定颗粒缺陷的密度时，氧化和沉积氮化物及金属的气体的化学性质也起着关键作用。化学气相沉积是一种众所周知的工艺，它使用气体材料沉积在晶圆上，一般在温度和压力都受到严格控制的室内进行。任何气体或环境的化学性质变化都可能导致在晶圆的表面位置形成不当的化学键，从而引发缺陷。气相沉积工艺中的杂质颗粒数量见表 5.4[3]。

表 5.4　气相沉积工艺中的杂质颗粒数量（>0.5μm）

工艺	杂质颗粒数量/5 平方英寸
LTO 沉积	200～3000
聚沉积	100～1500
氮化硅沉积	100～2000
等离子体增强化学气相沉积	300～5000
铝溅射	20～1500

5.2.2　缺陷相互作用和电效应

在集成电路中，工艺引发的颗粒缺陷通常会导致灾难性故障，如图 5.1 所示。改变电路功能的缺陷被称为故障。如果在电路功能上不产生错误，仅仅在某个裸片中出现缺陷，则该缺陷是无害的。

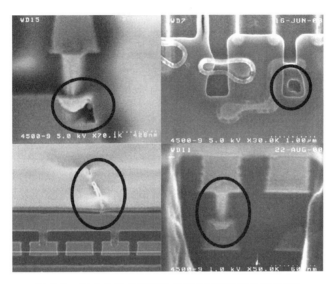

图 5.1　集成电路的灾难性故障（由英特尔公司提供）

因此，不是每个缺陷都会导致故障。如图 5.2 所示，电路故障是由线路上的开路缺陷或桥接缺陷（不恰当地连接了两条分开的线路）引起的。当桥接电阻较小时，桥接缺陷就为桥接故障。在较大的桥接电阻下，缺陷可能不会立即引起故障，但随着时间的推移，桥接电阻的变化会产生电迁移等可靠性影响，仍然存在潜在故障。同样，开路缺陷在电阻处引起大阻值故障，导致良率降低。

物理或化学因素也会引起颗粒缺陷。例如，在图形工艺之前，晶圆会被涂上一层保护材料，以防止较低的层受到影响。涂层工艺可能会永久地留下颗粒缺陷，如果保护涂层被去除，颗粒可能会被曝光，这可能使颗粒具有电活性。类似地，晶圆的裸露区域在紫外光下会被曝光并刻蚀掉。缺陷会导致晶圆上某一区域掩蔽，影响该区域曝光，导致图形不规则。图形不规则会导致开路和短路，使得设计的功能失效。

缺陷除了造成物理影响，也会产生化学影响，从而改变电路的运行。比如，氧化缺陷是电路故障的一个主要来源。氧化层作为晶体管的介电材料，主要用于纳米级 CMOS 制造，也可用于分离金属层。氧化物的化学性质造成的缺陷在前文已经进行了讨论。晶体管栅极氧化物中的缺陷会产生介电击穿，随着时间的推移，影响会逐渐增大，最终导致器件故障。氧化缺陷还会助长界面陷阱的形成，因为强电场下高能电子/空穴对会引发晶体的

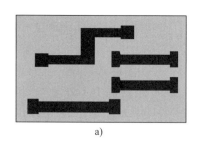

a)

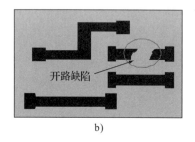

b)

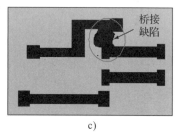

c)

图 5.2   导致电路故障的缺陷：a)原始版图；b)有开路缺陷的版图；c)有桥接缺陷的版图

相互作用。有缺陷的氧化层会增加界面陷阱的数量，这些陷阱在栅极和沟道区域之间建立不必要的连接，并导致器件的灾难性故障。由于化学气相沉积工艺应用于整个晶圆，沉积物质中的任何污染都会导致器件失效。第 7 章将讨论由氧化缺陷导致的长期器件故障。

缺陷对晶圆造成的物理损伤程度取决于缺陷的物理尺寸，而晶圆其他类型的损伤则取决于缺陷的化学性质。因此，对单个工艺及其环境进行周期性的物理、机械和化学分析是工艺控制的组成部分。

5.2.3   颗粒缺陷的模型化

如前所述，颗粒缺陷会导致器件运行中产生各种变化。颗粒缺陷的模型化是提高工艺控制和良率的必要手段。对缺陷有效建模所需的重要参数有：①缺陷尺寸；②缺陷面积或区域；③缺陷密度；④缺陷的化学性质。在这四个参数中，缺陷尺寸和缺陷密度是最常用于缺陷建模的参数。

量化缺陷模型的目的是更好的工艺控制，更深入地理解缺陷对电路的影响，最重要的是对工艺良率的准确估计。良率是评估生产工艺整体有效性的主要指标。由于良率是单个工艺步骤的函数，因此通过分析其缺陷机制来改进工艺是很有价值的。基于颗粒的缺陷可能导致灾难性的故障，根据颗粒缺陷比率和尺寸，可以计算工艺的功能良率。根据它们是处理点颗粒缺陷或处理严重缺陷，良率模型可分为两类。点颗粒缺陷是由工艺的物理、机械或化学性质引起的。严重缺陷影响很大的区域，是由工艺错误、掩膜对齐使用不当或严重操作错误引起的，这种性质的缺陷不是随机的，所以它们可以通过工艺成熟度和有效控制操作来解决。相比之下，点颗粒缺陷的建模是面向随机缺陷的，这是在工艺中不容易控制的。

5.2.3.1 关键区域和故障概率的定义

在估计随机颗粒缺陷对工艺良率的影响时，关键点在于确定最可能受此类颗粒影响的版图位置，又称关键区域（Critical Area，CA）。因此，关键区域的面积是设计灵敏度的衡量标准。关键区域 A_c 是导致缺陷的颗粒中心位于的区域，在这个区域的缺陷会导致诸如开路和短路等功能故障。

与桥接缺陷相关的关键区域如图 5.3a 所示。在图 5.3a 中，假设有直径为 d 的缺陷，d 大于线与线之间的距离 s。如果缺陷的中心靠近线间距的中心，那么结果可能是桥接缺陷；但如果它的中心远离线间距的中心，那么缺陷可能不会引起故障。

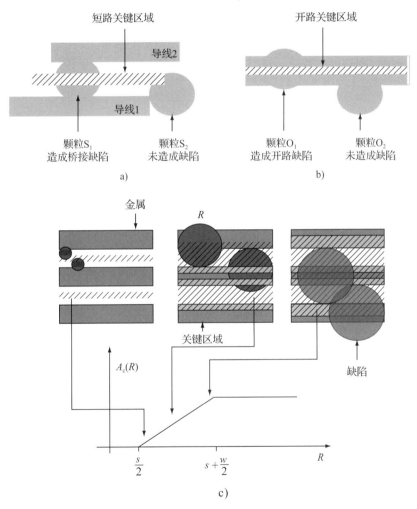

图 5.3　版图中的关键区域：a)短路关键区域；b)开路关键区域；c)关键区域面积与缺陷半径 R 的关系

如图 5.3a 所示，S_1 中心靠近线间距的中心，因此导致桥接缺陷，而 S_2 中心远离线间距的中心，故未导致桥接缺陷，其中阴影线表示关键区域。开路缺陷的关键区域可以用类似的方法来定义，在这种情况下，缺陷的中心必须沿着直线的中心。因此，如图 5.3b 所示，O_1 中心靠近线间距中心而导致开路缺陷，而偏离中心的 O_2 则不会导致开路缺陷。关键区域的面积是线间距 s、金属线宽度 w 和缺陷直径 d 的函数，同时，关键区域的面积的大小也取决于缺陷的大小。如图 5.3c 所示，尺寸小于间距 s 或宽度 w 的缺陷不会造成良率损失。

故障概率(Probability Of Failure，POF)定义为导致故障的缺陷的比例。POF 与缺陷类型、缺陷大小和电路几何形状有关。给定一个尺寸为 d 的缺陷，POF 与故障发生时缺陷中心所在的区域有关。这个区域(图中由阴影线显示)是开路缺陷和桥接缺陷的关键区域 (CA)。为了定义直径为 x 的圆形缺陷的 POF，令 $\theta_i(x)$ 为 i 型缺陷和直径为 x 的 POF，其中 θ_i 为变直径 i 型缺陷的 POF。通过对 $\theta_i(x)$ 和 x 在缺陷直径最大值($x_{\max}$)和最小值($x_{\min}$)之间的概率密度的乘积进行积分，可以得到 POF θ_i。因此，

$$\theta_i = \int_{x_{\min}}^{x_{\max}} \theta_i(x) f_d(x) \mathrm{d}x \tag{5.1}$$

通过实验可得，概率密度 $f_d(x)$ 可以写为[2]

$$f_d(x) = \begin{cases} \dfrac{u}{x^p}, & x_{\min} \leqslant x \leqslant x_{\max} \\ 0, & \text{其他} \end{cases} \tag{5.2}$$

式中，

$$u = \frac{(p-1) x_{\min}^{p-1} x_{\max}^{p-1}}{x_{\max}^{p-1} - x_{\min}^{p-1}}$$

p 和 $x_{\max}$ 的值也是由经验得到的，而 $x_{\min}$ 则取决于光刻系统的分辨率极限。令 $A_i^{\mathrm{crit}}(x)$ 为 i 型和直径为 x 的缺陷关键区域的面积，A_i^{crit} 是所有缺陷直径 x 的平均值，由下式得到：

$$A_i^{\mathrm{crit}} = \int_{x_{\min}}^{x_{\max}} A_i^{\mathrm{crit}}(x) f_d(x) \mathrm{d}x \tag{5.3}$$

因此，POF 可以定义为关键区域面积与芯片总面积之比：

$$\theta_i = \frac{A_i^{\mathrm{crit}}}{\text{芯片总面积}} \tag{5.4}$$

5.2.3.2　关键区域的估计

如果缺陷是圆形的，那么可以用芯片的关键区域面积来定义缺陷的故障概率。关键区域分析(Critical Area Analysis，CAA)涉及计算直径为 x 的缺陷在芯片上的关键面积。这种技术使用许多因素来预测 POF，包括缺陷的直径、金属互连的宽度、间距、芯片面积和随机过程缺陷的统计。CAA 方法是估计随机缺陷的设计良率应用最广泛的方法，包括以下几种方式：①基于几何；②蒙特卡罗；③基于网格；④随机。

基于几何的 CAA 技术使用形状展开、形状重叠和形状相交技术来计算区域的临界面

积。对于任意大小的缺陷(见图 5.4),在每条导通线周围画一个长度等于缺陷半径的区域,这些区域的重叠部分形成了设计中多条导线之间的桥接关键区域。

如图 5.4 所示,假设有一个圆形缺陷。有些形状扩展技术并不仅限于圆形缺陷,还可以扩展到任意形状的缺陷。

如图 5.5 所示,缺陷的各个顶点的扩展区域被标出,连接与每个顶点扩展区域相切的线段,在多边形周围形成一个区域,这些不导电的多边形扩展区域的交叉区域形成桥接缺陷的关键区域。对于开路缺陷,执行相同的步骤,但不连接多边形外的切线段,而是连接多边形内的线段(和缺陷的切线)形成关键区域,同时,可以通过缩放和旋转缺陷来估计关键区域中缺陷的方向和尺寸范围。

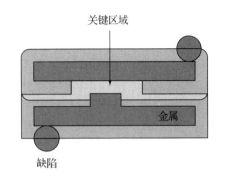

图 5.4 按缺陷半径的长度展开导电多边形
估计公共区域的关键区域面积

这种形状扩展技术可以对特定缺陷尺寸进行关键区域分析,但若缺陷尺寸变化,则需要重新进行关键区域的估计。

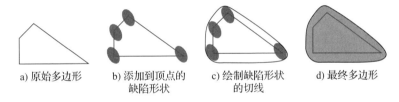

a) 原始多边形　　b) 添加到顶点的　　c) 绘制缺陷形状　　d) 最终多边形
　　　　　　　　　缺陷形状　　　　　的切线

图 5.5 非圆形缺陷的形状扩展技术

相比之下,蒙特卡罗技术并不局限于特定的缺陷大小。它根据缺陷分布产生随机的缺陷尺寸,以估计芯片的整体关键区域,如图 5.6 所示。对于尺寸为 x 的缺陷,芯片的关键区域等于所有导线的关键区域的几何并集:

$$A_{\text{total-CA}}(x) = \int_{x_{\min}}^{x_{\max}} A_{\text{c}}(x) d(x) \mathrm{d}x \tag{5.5}$$

式中,$A_{\text{total-CA}}$ 为所有缺陷尺寸下的芯片关键区域面积,$x_{\max}$ 和 $x_{\min}$ 分别为最大和最小缺陷尺寸,$d(x)$ 为缺陷尺寸分布函数。若 x_0 是设计规则手册中规定的最小允许间距,则典型缺陷分布为

$$d(x) = \begin{cases} \dfrac{x}{x_0^2}, & \text{如果 } 0 < x \leqslant x_0 \\[2mm] \dfrac{x_0^2}{x^3}, & \text{如果 } x_0 < x \leqslant x_{\max} \end{cases} \tag{5.6}$$

在版图中随机放置不同半径的缺陷,其分布见式(5.6)。每个缺陷都会导致故障,由此得到的 POF 可以用来估计良率。但当样本量较小时,这种方法并不准确。由于能较好地

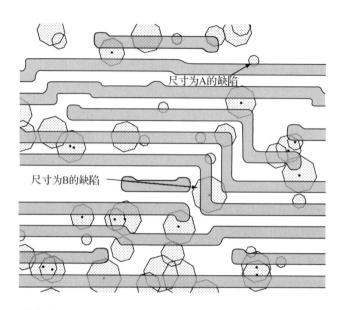

图 5.6 基于蒙特卡罗的不同缺陷尺寸估计关键区域，标记表示导致电路故障的缺陷

估计关键区域面积，基于几何的方法和基于蒙特卡罗的方法被广泛应用，但这些技术的缺点是所需计算时间太长。

在基于网格的关键区域面积估计方法中，版图被划分为有限大小的网格；然后根据缺陷网格占用率来估计关键区域面积，该网格占用率随缺陷半径的变化而变化。尽管技术方法简单，但较小的网格往往会使算法复杂化。随机和其他近似方法在尝试减少 CAA 算法的计算时间。为了推导出近似解，假定缺陷是矩形的，并定义简单的公式来表示短路缺陷和开路缺陷。利用这些公式，结合版图中的具体参数，可以计算出任意尺寸缺陷的关键区域面积。随机方法将已知的版图参数与缺陷的尺寸和密度分布相结合，得出版图对开路缺陷和短路缺陷的敏感性。特征的存在概率用于估计总版图的敏感性，从而估计良率。

5.2.3.3 颗粒良率模型

集成电路制造中最早的良率模型是基于颗粒缺陷的，因为良率主要由颗粒缺陷影响[5-12]。随机颗粒缺陷("点状"缺陷)是由工艺差异引起的缺陷，其分布影响着工艺良率，而概率良率模型描述了芯片上的故障分布。假定单位面积的故障率是恒定的，那么芯片的面积和它的良率之间就具备固定关系。设 X 为特定芯片上的故障数，λ 为芯片上的平均故障数，则 λ 是 X 的理想值。最简单的良率模型用 λ 和芯片发生 k 次故障的概率来定义芯片的良率。k 次故障发生的概率由泊松分布给出：

$$\mathrm{Prob}(X = k) = \frac{\mathrm{e}^{-\lambda}\lambda^{k}}{k\,!} \tag{5.7}$$

芯片上的平均故障数是该芯片的关键区域 A_c 和缺陷密度 d 的函数。对于没有任何相关冗余的芯片，假设其缺陷为零，即可得到良率。如果芯片不存在缺陷（即 $k=0$），则芯片

的良率可以简化为

$$\Upsilon_{\text{chip}}(k=0) = \mathrm{e}^{-\lambda} = \mathrm{e}^{-A_c D} \tag{5.8}$$

现将芯片区域划分为 n 个独立的子区域，每个子区域出现故障的概率为 λ/n，那么可以用二项分布来描述 k 次故障发生的概率：

$$\mathrm{Prob}(X=k) = \binom{n}{k}\left(\frac{\lambda}{n}\right)^k \left(1-\frac{\lambda}{n}\right)^{n-k} \tag{5.9}$$

当子区域变得非常小，n 趋于无穷时，式 (5.9) 变为

$$\mathrm{Prob}(X=k) = \binom{n}{k}\left(\frac{\lambda}{n}\right)^k \left(1-\frac{\lambda}{n}\right)^{n-k} \Rightarrow \frac{\mathrm{e}^{-\lambda}\lambda^k}{k!} \tag{5.10}$$

这一结果促使利用泊松模型来估计颗粒缺陷良率，墨菲第一个给出采用复杂泊松分布的芯片良率模型[13]。良率也是缺陷密度的函数，缺陷密度在芯片的不同区域可能不同：

$$\Upsilon = \int \mathrm{e}^{-A_c D} f(D)\,\mathrm{d}D \tag{5.11}$$

因为缺陷通常不是随机分布在芯片上的，所以基于泊松分布的模型在预测良率时会比实际数据差。缺陷通常在芯片上某区域集中出现，在估计良率时必须考虑这一情况。设 α 为聚类参数，那么缺陷聚类可以建模为 gamma 分布[9-10,12]：

$$\mathrm{Prob}(X=k) = \frac{\Gamma(\alpha+k)}{k!\,\Gamma(\alpha)}\frac{(\lambda/\alpha)^k}{(1+\lambda/\alpha)^{\alpha+k}} \tag{5.12}$$

因此，芯片良率成为一个受缺陷密度影响的负二项分布：

$$\Upsilon_{\text{chip}} \approx \left(1+\frac{A*D}{\alpha}\right)^{-\alpha} \tag{5.13}$$

缺陷聚类本身可能在晶圆中分布不均匀，从而影响良率模型。考虑到这一点，式 (5.13) 变为

$$\Upsilon = \prod_{i=1}^{W}\left(1+\frac{(D*A)_i}{\alpha_i}\right)^{-\alpha_i} \tag{5.14}$$

最新的缺陷模型在预测芯片的良率时也考虑缺陷大小。图 5.7 总结了不同类型的基于随机颗粒的良率模型[14]，第一列是模拟故障概率的分布函数，第二列给出当前良率与平均缺陷密度 D_0 的良率之比，其中 σ 为 D_0 归一化分布的标准差，第三列列出每种情况下的缺陷数量。

5.2.4　改善关键区域的版图方法

最小化关键区域面积是减少颗粒缺陷对设计影响的基本方法，因为良率受金属宽度和间距这两个设计参数影响。改善 CA 的技术包括增加线间距、线宽等。增加线间距是改进基于 CA 的良率指标的一种简单方法，第 4 章中提出的在标准单元中更好地分配相位的例子也适用于此，放置在最小间距的多边形线被进一步分开，从而减小短路的可能性。同

样，标准单元内金属线的加宽提高了良率，因为缺陷导致开路的概率降低了。以上两种方法被纳入标准单元设计中。

D 的分布	Y/Y_0	$\lambda=$
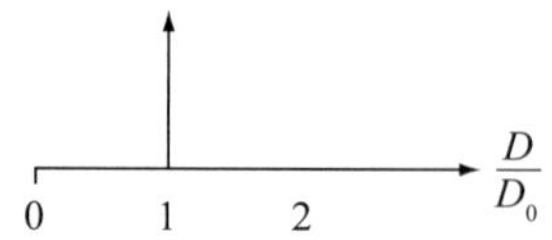	$e^{D_0 A_c}$	0
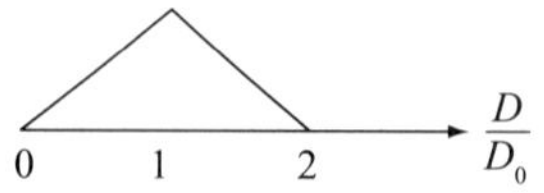	$\left(\dfrac{1-e^{-D_0 A_c}}{D_0 A}\right)^2$	$0.22(\pm 0.02)$
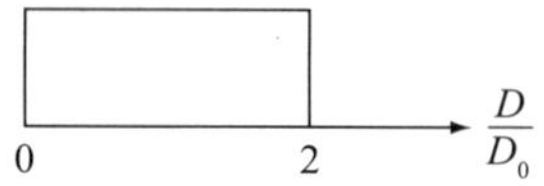	$\dfrac{1-e^{-2D_0 A_c}}{2D_0 A}$	$0.5(\pm 0.1)$
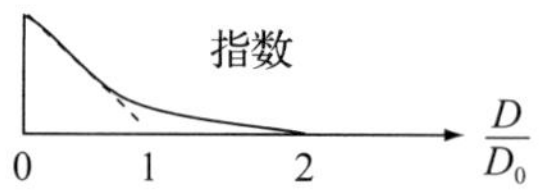 指数	$\dfrac{1}{1+D_0 A}$	1
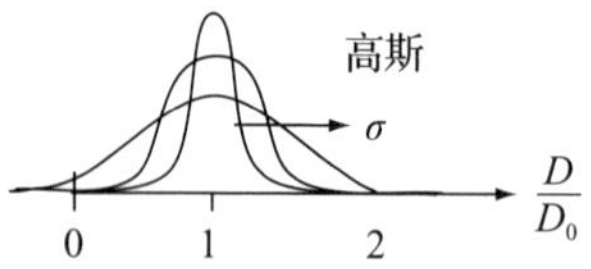 高斯 $\dfrac{1}{\sqrt{2\pi}\sigma}\exp\left[-\dfrac{1}{2}\left(\dfrac{\frac{D}{D_0}-1}{\sigma}\right)^2\right]$	$\dfrac{1}{2}\exp\left(-A_c D_0+\dfrac{\sigma^2 A_c D_0}{2}\right)$ $1+\mathrm{erf}\left[\dfrac{1}{\sqrt{2}}\left(\dfrac{1}{\sigma}-\sigma D_0 A_c\right)\right]$	$\approx \sigma^2$ (对于小的 σ)
γ $\alpha\equiv\dfrac{1}{\sigma^2}$ $\dfrac{\alpha}{\Gamma(\alpha)}\left(\alpha\dfrac{D}{D_0}\right)^{\alpha-1}\exp\left(-\alpha\dfrac{D}{D_0}\right)$	$\dfrac{1}{(1+\sigma^2 D_0 A_c)^{1/\sigma^2}}\equiv\dfrac{1}{(1+\lambda D_0 A_c)^{1/\lambda}}$	σ^2

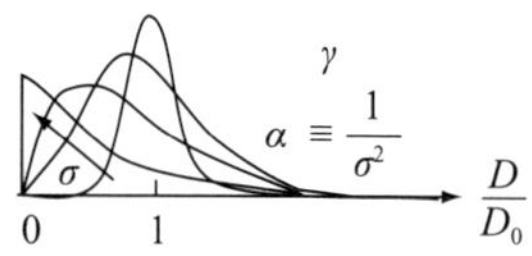

图 5.7　随机颗粒良率模型

　　CA 感知的布线算法也被提出。间距余量技术扫描版图，计算所有可移动导线的间距余量，然后在布线时将其作为一种方法。间距余量的相关信息可以帮助布线算法实现线的加宽和引线或摊线(见图 5.8)，从而减小线之间的关键区域面积。在布线工艺中，引线涉及寻找最佳布线，以减少布局的整体关键区域面积[15]。布线工艺中的灵敏度估计也有助于减小关键区域面积。这些摊线和估算间距余量的技术都来自天际线算法[16]。

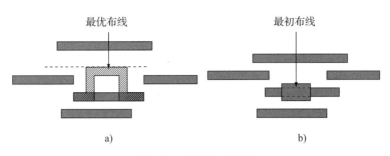

图 5.8　a)引线；b)摊线

可以看出，改善关键区域面积的主要方法是增加线宽和线间距，但这会增加芯片的面积。随着芯片面积的增加，影响芯片的缺陷平均数量也会增加。因此，减小关键区域面积的正面影响会与增加缺陷数量的负面影响相抵消。此外，增加芯片面积会减少每片晶圆的裸片数量。这意味着，即使故障率降低，由于芯片面积增大，裸片良率也可能不会提高。在实施基于 CA 的版图改进技术时，这些因素必须被仔细权衡。

5.3　图形缺陷

光刻是将玻璃掩膜上的图案转移到硅片上的工艺。由于摩尔定律的影响，如今的设计变得庞大且高度复杂，有严格的时序和功率限制。随着技术扩展到 32nm 器件，控制设计版图的规则数量呈指数级增长，此外，为了满足适印性，烦琐的设计规则和指导原则也在激增。图形缺陷是印刷在硅上的实际图案的函数，这些缺陷不同于颗粒缺陷。颗粒缺陷会随着工艺的逐渐成熟而减少，但许多图形缺陷无法通过工艺优化而单独处理。

5.3.1　图形缺陷类型

图形化相关问题可能发生在通孔和互连以及有源器件中。由于器件和互连密度的增加，如今的电路中往往会有大量的通孔，其问题尤为严重。

晶体管是通过有源区和栅极掩膜的图形化形成的。栅极下的扩散量决定了器件的长度和宽度。实验中可以观察到邻近效应导致的扩散区圆化(见图 3.24)。扩散区圆化导致器件宽度减小，器件栅极长度不均匀，影响沟道电流流量和电路整体性能。

在集成电路版图中，通孔会导致连续金属层中导线的连接，通孔密度随器件和互连密度的增加而增加，通孔制版过程中的掩膜对齐错误会导致部分或全部通孔故障，这些故障取决于通孔在模块中的位置。通孔的局部失效会增加其接触电阻，通孔参数的任何变化都会影响电路的时序，通孔完全故障会导致开路，从而损害设计的功能。同样，在 45nm 技术中，通孔间距不足导致的不当印刷也会降低良率，不恰当的通孔形成甚至会导致灾难性开路，部分通孔也会导致器件的长期可靠性问题。

除了目前为止讨论的问题，在印刷互连线时也观察到了图形化问题。OPC 和 PSM 这样的分辨率增强技术可以缓解适印性问题。但是，经过 OPC 后的版图有时仍然出现无法产生所需晶圆图像的区域，原因是 OPC 算法不能保证图像精确再现，导致次优解。如果过程在版图的某些位置过早终止，则也会生成次优解，这种终止可能是由迭代约束条件、小段移动区域或减小的步长引起的。对于每个模拟点，为达到最小 EPE，在修改后的掩膜和所需图像之间找到最大迭代计数，并被设为一个全局常数。如果工具在一段时间内没有产生合适的解决方案，那么在这点上的优化会提前终止。高密度的版图图形化意味着两个相邻特征之间的允许空间是很小的，因此，这种间距约束会阻碍某些工具进行 OPC 修改。掩膜的成本限制了 OPC 可能的步进数，这反过来会限制可添加到量化维度的特征尺寸。所有这些因素加上 OPC 的间距约束，导致了提前终止。

一些方案可能会错过添加到掩膜多边形的步进或特征，图 5.9 展示了此种情况产生缺陷的示例，OPC 算法中的这些错误可能会导致灾难性故障。

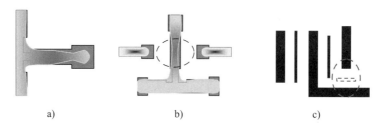

a)   b)   c)

图 5.9 图形缺陷：a)小锤头颈部；b)在非标称工艺角没有足够的 OPC；c)SRAF 位置错误

交替 PSM 技术会将两根最小间距金属线之间的距离设为不同的相位，以提高场的深度和主要特征的对比度。因此，无法将独特的相位分配到交互区域会导致 DOF 降低，导致开路或短路，掩膜的有些区域不是相位可分配的，如图 5.10 所示，但是可以使用工具检查所有布局区域是否符合相位。针对这一问题，如今的版图工程师的首要任务已成为创建相位可分配布局。Kahng[17] 提出了一种如图 4.18b 所示的技术，以产生符合相位的布局。其他基于 RET 的灾难性故障包括二维掩膜的 SRAF 放置失败等。不当的 SRAF 放置将导致单个图案印刷变形，导致灾难性缺陷。

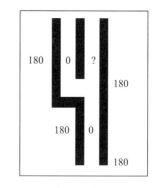

图 5.10 版图相位分配问题

5.3.2 图形密度问题

化学机械抛光(CMP)是一种用于晶圆平面化的技术，在点位上使用抛光垫和研磨液对晶圆进行抛光(见图 3.28 和图 3.29)，抛光的效果取决于抛光垫的物理参数和研磨液的化学性质。除此之外，实验发现晶圆上的图案也会影响晶圆表面的抛光。晶圆表面的波峰和波谷由下一层的图形密度决定，某一特定层的 CMP 变化会导致镀盘和侵蚀，如图 3.30 所示。CMP 的变化也可能由多层介质的厚度变化导致。简而言之，图形密度的变化会导致不当抛光，从而导致 DOF 问题。散焦不仅会导致参数性缺陷（如栅极 CD 变化），还会导致开路和短路等灾难性缺陷，金属去除不充分会导致短路和腐蚀，而镀盘会导致开路缺陷。由于 CMP 相关缺陷引起的失效会随图形密度而系统地变化，因此可以根据裸片的密度统计来估计良率。图形密度对刻蚀过程也有影响，当最小尺寸的图案靠近大图案放置时，若刻蚀剂不根据间距调整解决方案，最终将删除最小尺寸特征的某些部分。

CMP 工艺是为了保证铜和介质厚度的上下限，以确保电路运行和良率在规格范围内。上厚度级（Upper Thickness Level，UTL）和下厚度级（Lower Thickness Level，LTL）分别定义了抛光后晶圆上残留材料允许的最小和最大厚度，这些厚度级别是根据焦点规范确定的。Luo 和他的同事们[18]提出了一种技术，通过计算 CMP 后裸片上的材料厚度在 LTL 与 UTL 范围内的分布，获得基于 CMP 的良率。如果 n 表示材料厚度的位置个数，Φ 表示 n 个不同位置厚度变化的联合分布，那么良率可以表示为

$$Y_{\mathrm{CMP}} = \int_{\mathrm{LTL}}^{\mathrm{UTL}} \int_{\mathrm{LTL}}^{\mathrm{UTL}} \cdots \int_{\mathrm{LTL}}^{\mathrm{UTL}} \cdots \Phi(p)\,\mathrm{d}p_1\,\mathrm{d}p_2\cdots\mathrm{d}p_n \tag{5.15}$$

对于 p、一个 n 维概率密度向量和密度协方差矩阵的行列式 $|C_{\mathrm{d}}|$[19]，联合分布 Φ 如下所示：

$$\Phi(p) = \frac{\exp\{-(p-\mu)^{\mathrm{T}}\Sigma^{-1}(p-\mu)\}}{\sqrt{(2\pi)^n\,|C_{\mathrm{d}}|}} \tag{5.16}$$

如 3.5 节所述，Preston 方程用于估计平面化层的厚度。在估算当前层厚度时，还考虑了下垫层的厚度。为了更准确地估计良率，必须跟踪大量位置的厚度变化。采用 Genz 算法对多个位置的厚度进行数值积分[19]，位置数量通常是 10^6 个，根据不同测试结构的密度变化读数，用制造数据填充裸片的相关矩阵[20]。

5.3.3 图形缺陷建模的统计方法

制造参数的统计变化会影响版图的适印性。例如，线宽可能会随着焦点或曝光剂量的变化而显著变化。在极端情况下，当线宽或线间距趋于零时，就会产生缺陷，这种缺陷既与光刻参数有关，也与版图图案有关。根据这些制造参数的变化来预测良率是一项复杂但至关重要的任务。

本节介绍两种根据掩膜的临界尺寸（CD）获得金属层光刻良率的方法，用这两种方法估计的良率称为 CD 有限型良率或基于线宽的良率。

5.3.3.1 案例研究：光刻的良率建模与提高

Charrier 和 Mack 提出了一个基于不同输入参数组合下 CD 分布的良率模型[21]。该预测技术由四个步骤组成，如图 5.11 所示[21]。

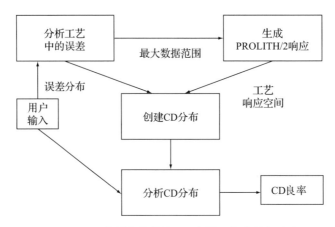

图 5.11　基于光刻变化估计 CD 有限型良率的方法流程

　　首先，得到每个输入变量的误差分布，用于描述光刻变化的输入变量，包括焦点、曝光剂量、抗蚀剂厚度以及显影参数。其次，利用光刻模拟器生成多变量工艺响应空间，以模拟输入变化下的 CD。再次，通过将输入参数分布映射到工艺响应空间上生成最终的 CD 分布。最后，利用输出 CD 分布，根据 CD 接受准则预测有限 CD 的良率。作为若干不相关输入误差的全导数，关键维数误差可以用下式计算：

$$\Delta \mathrm{CD} = \frac{\partial \mathrm{CD}}{\partial p_1}\Delta p_1 + \frac{\partial \mathrm{CD}}{\partial p_2}\Delta p_2 + \frac{\partial \mathrm{CD}}{\partial p_3}\Delta p_3 + \cdots \tag{5.17}$$

式中，偏导数表示 CD 对输入变量 p_i 的工艺响应。当参数不相关时，输入误差较小，则式 (5.17) 成立。在 Charrier 和 Mack 的文献中，假设一维输入参数误差的变化为高斯分布，如图 5.12 所示[21]，然后将参数变化的分布与工艺响应空间进行卷积。图 5.12 中曝光剂量的工艺响应曲线就是通过分析工艺窗口得到的曝光水平。

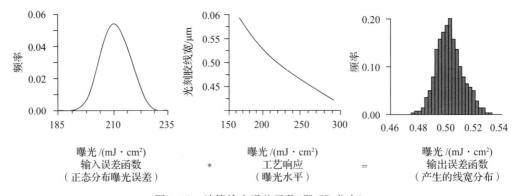

图 5.12　计算输出误差函数（即 CD 分布）

　　在得到完整工艺响应的多变量误差分布的 CD 分布后，计算 CD 有限型良率就变得相当简单了。给定一个 CD 规格，将该规格内所有 CD 的频率相加，并根据累积频率进行归一化，以预测良率。对于该模型，良率随着特征尺寸(如宽度和间距)的增加而增加，如图 5.13 所示。

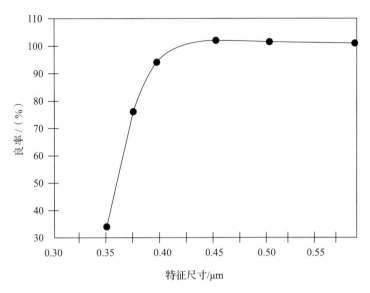

图 5.13 对于具有密集线条和空间的 $0.4\mu m$ i 线工艺，良率是特征尺寸的函数

5.3.3.2 案例研究：考虑光刻变化时基于线宽的良率

上述良率模型考虑了制造参数的变化，但没有考虑实际的版图图案。Sreedhar 和 Kundu 提出了一种基于掩膜布局的良率分析方法，如图 5.14 所示[22]。

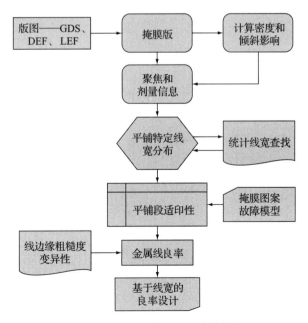

图 5.14 基于掩膜布局的良率分析方法

　　该良率建模方法基于光刻仿真，并利用掩膜图案来预测硅上的印刷形状。这种技术需要对光学衍射分析进行电磁场建模，对部分相干成像、偏振曝光、泽尼克像差、琼斯瞳孔、耀斑分析进行矢量建模，对光刻胶显影进行数值建模。许多工艺参数都会影响印刷后的形状，包括聚焦、曝光、烘焙、光刻胶显影和刻蚀速率[23]。这些参数中的任何一个微小的变化，即使在制造商规定的误差范围内，都可能使印刷形状发生改变，引起开路和短路，并降低良率。因此，虽然理论上可以根据统计光刻仿真来预测良率，但在实际中很难实施。首先，良率和线形概率之间没有确定的关系；其次，光刻工艺仿真的容量有限，因此比设计版图更适合库单元；再次，过程缓慢；最后，互连层不能独立仿真。尽管有这些限制，该技术的主要贡献是建立线形与良率之间的联系模型，并从光刻的统计仿真中获得线形概率。

　　线形良率　考虑如图 5.15 所示的金属线[22]，由于邻近效应，实际线宽 $LW_{postetch}$ 与预期线宽 LW_{ideal} 有所出入。如果 $LW_{postetch}$ 趋于零，则会导致开路；类似地，如果刻蚀后线间间距为零，则会导致短路。

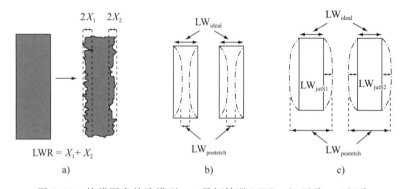

图 5.15　掩膜图案故障模型：a)最坏情况 LWR；b)开路；c)短路

　　与线边缘粗糙度相关的一个参数增加了开路和短路的概率。如果标称宽度大于零但小于 LER 振幅两倍的窄线，则会导致开路；如果标称刻蚀后线间距超过零，但小于 LER 振幅的两倍，则会导致短路。每种缺陷情况都可以用 LWR 表示调整 LER 的刻蚀后的最坏情况的线宽，那么缺陷的条件可以写为

$$LW_{postetch} - LW_{LWR} \leqslant 0.3LW_{ideal}$$
$$LW_{jutS1,S2} = 0.5(LW_{postetch} - LW_{ideal}) \tag{5.18}$$
$$LW_{jutS1} + LW_{jutS2} - LW_{LWR} \leqslant 间距$$

式中，LW_{ideal} 是目标光刻工艺的理想线宽，也称为掩膜 CD；$LW_{postetch}$ 是刻蚀工艺后获得的线宽；LW_{jutS1} 和 LW_{jutS2} 表示金属线两侧的突起。"间距"是相邻两条金属线边缘之间的距离。在本例中，"间距"表示相邻的线可以分开而不短路的极限。以上表达式可用于统计掩膜仿真得到线宽分布后，用这个分布来计算给定部分的开路或短路概率（详见 Sreedhar

和 Kundu 的文献[22]）。

　　减少仿真点　本节描述的良率分析技术基于输入参数统计变化的光刻仿真。由于线宽不是输入变量的线性函数，而是模式相关，因此采用蒙特卡罗模拟。然而，众所周知，版图特征的空间像模拟计算量大并且速度极慢[24]。为了解决这个问题，必须减少仿真点的数量。分层采样策略对输入参数空间的焦点和剂量变化采样，同时可以保持较低的仿真点数，但该策略在边缘附近容易过采样，需要对结果进行加权以补偿。在分层采样中，数据被分成更小的非相交集，并在此基础上进行随机采样，该方法在统计分析领域有许多应用[21]。

5.3.4　减少图形缺陷的版图方法

　　扩散的取整误差可以通过修改版图来减少，典型的扩散舍入通过器件的源端连接到电源的边缘。设计规则设置了从门部分到角落之间的最小间距，可以减少门尺寸的不规则性。通过扩展一个通孔周围的金属接触区域以容纳另一个通孔，增加金属与金属的接触，解决通孔成形的问题，这个方法被称为双插入，已经应用到大多数设计工具中。OPC 和 PSM 后仍未纠正的错误需要手动修改版图。

　　CMP 引起的误差和刻蚀流引起的过刻蚀误差可以通过控制全局和局部图形密度来减轻。采用规则的版图结构可以实现图形密度均匀，在金属线之间放置不连接、无功能的虚拟特征能够使版图更加规律，即虚拟填充。虚拟填充后，孤立的特征点会变为平面化密集的图案，从而限制厚度的变化。但填充会在现有的信号线上增加电容，导致电容串扰增加，使得电路性能降低。"芯片时序感知"的填充技术可以避免上述损失，常通过连接电线来分配虚拟填充，旨在提高 CMP 后的材料厚度，同时满足时序的要求。

　　高度密集的小宽度、小间隔图案会造成平面版图的侵蚀，孤立特征周围的邻域被虚拟填充，以归一化全局模式密度，这导致了均匀侵蚀，如图 5.16 所示。碟形通常出现在较上层的金属层，即厚而宽的金属线，在宽度较大的图案中最为明显，同时，碟形减少了金属线的厚度。开槽是一种用来减少碟形的广泛使用的技术，它涉及在金属内部放置方形电介质特征，如图 5.17 所示。虚拟特征和开槽缓解了设计中的失焦问题，对介电介质和金属厚度产生了显著影响。

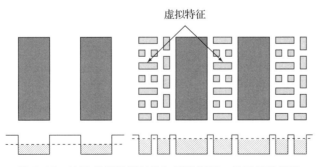

图 5.16　放置虚拟特征以增加图形密度，从而规范侵蚀

已有文献提出了各种虚拟特征放置算法[25-26]。有效的虚拟特征放置减少了焦点的厚度依赖性，简单的、基于规则的虚拟填充技术旨在模具的所有位置的图案间填充虚拟特征，在用预先定义的虚拟特征模板填充有间距规则和电容耦合的区域时，必须考虑到约束条件。

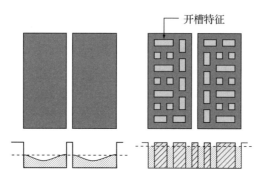

图 5.17　在宽金属线上开槽，以减少碟形

使用基于模板的虚拟填充有两个缺点：①它们在特征尺寸和允许间距方面不完全适用；②即使在图形密度很高的区域，也会发生虚拟特征放置。因此，根据图形密度估计来放置虚拟特征的技术更为常见。如图 5.18 所示，在芯片上使用一个固定大小的移动窗口来估计裸片重叠区域的密度，测量的密度值表明该区域被虚拟填充。对于开槽，首先选择宽的金属线，然后创建固定宽度和间距的方形氧化物槽，以减少碟形(参见 Kahng 和 Samadi 的文献[27]，了解各种密度估计和虚拟填充技术的详情)。虚拟填充和开槽的缺点有：①增加了掩膜中的图形数量，导致掩膜成本增加；②增加了 RC 提取过程的复杂性，导致提取的电路变大。

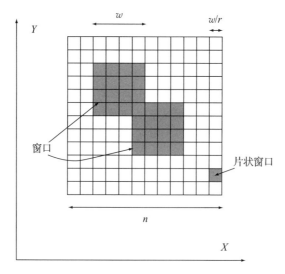

图 5.18　重叠移动窗口用于估计图形密度

5.4　计量

　　计量是半导体制造的一部分，涉及洁净室内外的数据测量。图 5.19 总结了半导体计量的分类。洁净室内的计量可以分为在线计量和原位计量。在线计量包括对已在晶圆上制作的结构的数据测量；它包括制造晶体管和片上互连工艺控制的测量[3]。典型的在线计量包括 CD 分布、叠加误差、材料厚度、晶圆电阻率和刻蚀控制。以上测量数据必须反馈给设计者，以制定更好的电路设计方案。

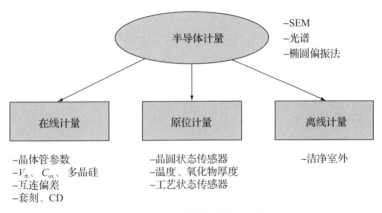

图 5.19　半导体计量的分类

　　原位计量是指利用试验台和工艺间中的传感器进行的测量和工艺控制。典型的原位计量基于芯片级传感器的温度变化、功率变化和工艺状态。离线计量是指在洁净室外进行的测量。

5.4.1　测量中的精度和允许偏差

　　测量精度是测量工具的短期可靠性和长期再现性的综合函数。工艺允许偏差是指工艺所能允许的参数和工具性能的变化。一般来说，可以通过在较长观测周期内重复测量参考数据的特定类型来估计精度。测量工具的重复性是指在相同的工艺条件下，测量结果不发生变化的程度；再现性是测量时不变的程度。测量精度与工艺允许偏差之比是评价自动化计量设备产生有用工艺控制统计数据能力的指标[28]。测量精度可定义为重复性和再现性平方和的平方根：$\sigma_{\text{precision}} = \sqrt{\sigma_{\text{repeat}}^2 + \sigma_{\text{reprod}}^2}$。工艺允许偏差为工艺允许的变化范围，即 $\text{Tolerance}_{\text{process}} = \overline{\lim}_{\text{process}} - \underline{\lim}_{\text{process}}$，其中上划线和下划线分别表示工艺允许偏差的上下限。精度/允许偏差比计算公式如下：

$$\frac{P}{T} = \frac{6\sigma_{\text{precision}}}{\overline{\lim}_{\text{process}} - \underline{\lim}_{\text{process}}} \tag{5.19}$$

测量工具通常允许 P/T 值为 30%。然而，由于所有制造步骤的可变性增加，P/T 值小于 10% 为最佳标准。高精度、低允许偏差和高分辨率给可靠的回归设计反馈方案提供了良好的测量框架，有助于控制工艺参数的变化。

5.4.2 CD 计量

临界尺寸计量包括线宽、空间和晶圆上的通孔或接触孔的测量。线宽测量主要有三种技术：①扫描电子显微镜（SEM）；②电气测量；③散射测量。每种技术都基于完全不同的测量概念。扫描电子显微镜，顾名思义，利用电子流进行测量，电气测量使用测试结构，而散射测量是一种光学技术。

5.4.2.1 扫描电子显微镜

目前，最常用的技术是扫描电子显微镜，它使用电子束扫描晶圆的特定区域。一个简单的 SEM 设置如图 5.20 所示，用于测量电阻变化的电子束电压范围为 $300\sim1000\mathrm{V}$。入射光束是散射的，并且移动的方向取决于晶圆的材料组成和特征形状，扫描光束被收集并放大产生图像。

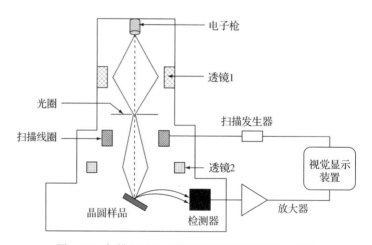

图 5.20　扫描电子显微镜（SEM）设置的简化示意图

晶圆形状引起了被检测信号强度的变化，可以从结果图像中看出。强度的变化在边缘上最大，在平面上最小，因此可以基于强度分布分析定位边缘，如图 5.21 所示。

文献[29]中提出了各种边缘检测技术，如最大斜率、线性逼近和拐点技术。测量信号阈值的一个简单表达式，类似于空间像仿真中边缘检测的表达式：

$$I_{\mathrm{th}} = (1-P)\mathrm{ES}_{\min} + (P)\mathrm{ES}_{\max} \tag{5.20}$$

式中，ES 是边缘信号，概率 P 取值在 0 到 1 之间。除了入射电子束外，二次电子和背散射电子也会导致晶圆表面的散射，所有的散射都与被扫描特征的斜率成正比[30-31]。如图 5.22 所示，电子的数量与 $1/(\cos\theta)$ 成比例，其中 θ 为被扫描剖面的侧壁角。因此，可以

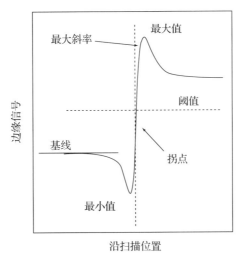

图 5.21　SEM 的边缘特征对应的电子信号，信号的属性有助于确定边缘的位置

通过测量特征的线宽和高度（从入射光束）和侧壁角（从二次发射）来创建光刻胶轮廓图像。当使用 SEM 预测边缘位置和坡度时，必须非常仔细，因为这类图像的剖面变化对误差非常敏感。

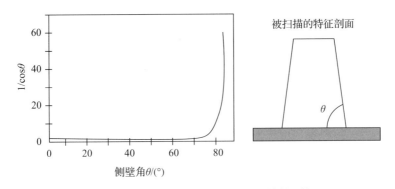

图 5.22　光刻胶剖面的斜率决定二次散射的情况

　　用 SEM 生成的晶圆图像也可用于缺陷识别和其他器件测量。然而，SEM 的一个主要问题是正在成像样品被充电。入射电子束的电子会引起衬底的充电，这对测量有显著影响，充电的程度取决于入射电子束的电压和基板材料的组成，因此这些因素中的变化都会导致测量误差。在低电压下，能量束具有众多的原电子以及少量的二次电子和反向散射电子。电压越高，这种平衡就越会发生变化，只有当被成像的样品保持电中性时，测量才没有误差，但暴露的样品可能积累净电荷[32-33]。带负电荷的样品使电子偏转，这导致测量值比实际线宽窄；当材料带正电荷时，情况正好相反，如图 5.23 所示。最近的研究表明，通过对得到的图像进行二维傅里叶变换，可以减小误差大小[34]。

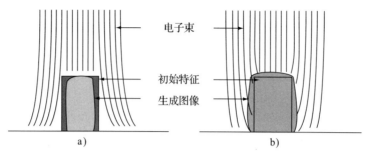

图 5.23　扫描电子束引起的测量误差：a)电子被带负电荷的样品偏转，测量线宽比实际线宽窄；
b)电子被带正电荷的样品吸引，测量线宽比实际线宽宽

5.4.2.2　CD 测量

线宽可以作为 SEM 的补充测量。对于特定的 CD 规格，SEM 可以测量样品表面的最佳聚焦、曝光剂量和晶圆倾斜。然而，对晶圆上的所有线进行线边缘测量实际上并不可行。电气测量需要通过读取晶圆不同区域的 CD 值来完善 SEM。

进行 CD 测量有两种方法，第一种方法是计算晶体管的跨导 g_{m}。跨导被定义为在漏-源电压恒定下，电流 I_{D} 的导数与开启电压 V_{GS} 的导数之比：

$$g_{\mathrm{m}} = \frac{\mathrm{d}I_{\mathrm{D}}}{\mathrm{d}V_{\mathrm{GS}}}\bigg|_{V_{\mathrm{DS}}} \tag{5.21}$$

晶体管工作在不同区域的跨导变化如下：

$$g_{\mathrm{m}} = \begin{cases} \beta V_{\mathrm{DS}}, & V_{\mathrm{DS}} < V_{\mathrm{DSAT}}(\text{放大区}) \\ \beta V_{\mathrm{GT}}, & V_{\mathrm{DS}} \geqslant V_{\mathrm{DSAT}}(\text{饱和区}) \end{cases} \tag{5.22}$$

式中，$\beta = L_{\mathrm{eff}}^{-1}$ 用于估计频率分布和可靠性试验期间的有效栅极延迟和漏极延迟。

第二种众所周知的方法是使用测试结构(见图 5.24)来估计在预设成像条件下掩膜的 CD 测量[35-36]。该方法根据片电阻 R_{sh} 和桥接电阻 R_{b} 来估计测试结构的线宽 W_{TS}，两者都从探针垫处的电位值获得：

$$W_{\mathrm{TS}} = \frac{R_{\mathrm{sh}}}{R_{\mathrm{b}}} L_{\mathrm{TS}} \tag{5.23}$$

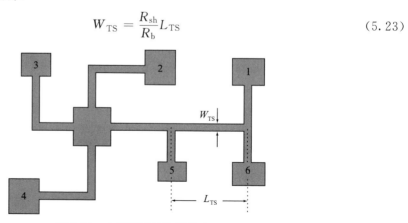

图 5.24　电阻测试结构测量 CD

在测试结构的探针垫上观察到电压的函数可以得到片电阻:

$$R_{\rm sh} = \frac{\pi(\,|V_{2,5}| + |V_{5,2}| + |V_{4,5}| + |V_{5,4}|\,)}{8I_{\rm sh}} \qquad (5.24)$$

由上式可知,$R_{\rm sh}$ 首先通过衬底 3 和衬底 4 之间的电流 $I_{\rm sh}$,同时测量衬底 2 和衬底 5 之间的电压 $V_{2,5}$;将电流反向,得到 $V_{5,2}$。当电流 $I_{\rm sh}$ 流过衬底 2 和衬底 3 时,也采用相同的方法测量衬底 4 和衬底 5 之间的电压。同样,桥接电阻 $R_{\rm b}$ 通过衬底 1 和衬底 3 的电流 $I_{\rm b}$,同时测量衬底 5 和衬底 6 之间的电压变化。因此得到

$$R_{\rm b} = \frac{|V_{5,6}| + |V_{6,5}|}{2I_{\rm b}} \qquad (5.25)$$

通过确保测试结构的长度明显大于互连线的宽度(即 $W_{\rm TS} \gg L_{\rm TS}$),可以避免线端效应。线宽测量也用于测量接触孔尺寸和通孔尺寸[37]。设 $L_{\rm v-c}$ 和 $W_{\rm v-c}$ 分别表示测试结构中通孔和接触孔的长度和宽度,设个数为 N,则通过通孔和接触孔的有效直径由以下公式给出:

$$D_{\rm v-c} = \frac{W_{\rm ref}}{2\sqrt{12\pi}} \left[\sqrt{1 + \frac{48}{N}\left(\frac{L_{\rm v-c}}{W_{\rm v-c}} - \frac{L_{\rm v-c}}{W_{\rm ref}}\right)} - 1 \right] \qquad (5.26)$$

式中,$W_{\rm ref}$ 为类似测试结构的参考宽度。电气测量可用于验证 SEM 的稳定性[38]。

5.4.2.3 散射测量

散射测量(scatterometry)是一种补充 SEM 的方法。与 SEM 一样,该方法需要足够大的面积来推断 CD 和光刻胶轮廓信息。散射测量需要使用入射到晶圆上印刷的光栅上的光束。为了获得轮廓,将光的反射率作为波长的函数进行测量。散射测量设置示意图如图 5.25 所示。

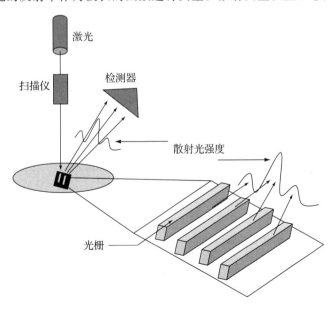

图 5.25 散射测量设置示意图

散射测量有两种类型：一种是改变波长以获得图像的反射率，另一种是使用不同的入射角。当光的波长发生变化时，这种方法成为光谱椭圆偏振法[39]（spectroscopic ellipsometry）。为了获取 CD 值、光刻胶轮廓和厚度的信息，将反射率与波长的关系图（见图 5.26）与预先表征的库相比较。当此比较获得了良好匹配时，轮廓就完成了。如果入射光束的角度发生变化，则该方法称为角度分辨光谱法[40]（angle-resolved spectrometry）。

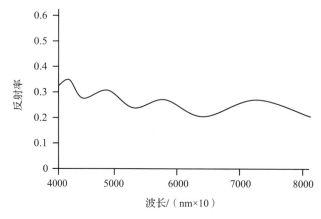

图 5.26　水中 SiO_2 对 Si 的反射率

椭圆偏振计（ellipsometer）测量两个参数，分别为 Δ 和 ψ，可据此估算反射率[41]。Δ 是反射后的相位差 $\varphi_1 - \varphi_2$，ψ 的定义如下：

$$\tan\psi = \frac{|R^{p}|}{|R^{s}|} \tag{5.27}$$

注意，反射率 ρ 可以描述为参数 R^{p} 和 R^{s} 的比值：

$$\rho = \frac{R^{p}}{R^{s}} = \tan\psi \times e^{i\Delta} \tag{5.28}$$

与 SEM 不同，散射测量能够生成完整的光刻胶轮廓；因此，它可以比 SEM 更有效地用于获取有关剂量和焦点变化的 CD 信息[41]。散射测量最适合于光刻胶轮廓的一维测量。因为二维波长的分析过于复杂，所以它不能用于测量 OPC 后版图或者接触孔和通孔特征。

5.4.3 套刻对准计量

套刻对准是指掩膜（mask）图案与晶圆上底层的图案结构的对准[3]。大多数套准工具使用简单的光学测量，来自动评估当前特征的中心距晶圆上的图案中心有多远。掩膜上的所有特征都需要套刻对准计量。由于控制栅极 CD 变化在集成电路制造中至关重要，因此，最小特征的套刻对准计量尤为重要。套准误差示例如图 5.27 所示。

套准计量使用特殊的特征在晶圆上的特定点进行，如图 5.28 所示。现在观察如图 5.29 所示的特征，沿 X 轴方向的测量值 L_{X0} 和 L_{X1} 用于计算该特定晶向的套准：

$$(\Delta X)_{0°} = \frac{L_{X1} - L_{X0}}{2} \tag{5.29}$$

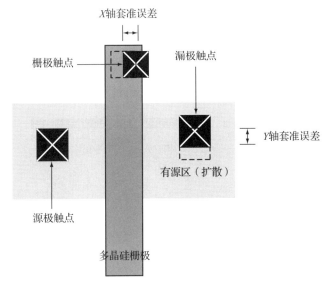

图 5.27　套准误差示例

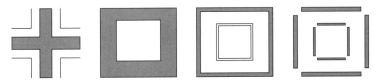

图 5.28　典型的套刻对准图案

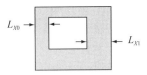

图 5.29　错位套刻：内侧矩形是晶圆上的底层(衬底)图案，外侧矩形是第二种(多晶硅)图案

由于曝光步骤的第 0 层和第 1 层使用不同的材料，因此可能会发生工具引起的错位。这种错位会导致晶圆上出现图中所示的不对称图案。可能导致不对称压印的设备问题有以下几种，包括照明不均匀、晶圆倾斜、透镜像差、透镜偏心和探测器响应不均匀[42-44]。将晶圆旋转 180°，然后重新计算 ΔX 值，可以简单验证晶圆的不对称套准情况：

$$(\Delta X)_{180°} = \frac{L_{X0} - L_{X1}}{2} = -(\Delta X)_{0°} \tag{5.30}$$

ΔX 在两个方向上的总和必须为零，以便图案印记对称。这种晶圆套准计量的方法是第一个提倡适当移动掩膜位置以改善图案对称性的方法[45]。这项技术的改进版已用于识别套准误差，如平移、缩放、正交性和晶圆旋转等误差。如果掩膜版不是平的且正方形的，也会产生套准误差，如图 5.30 所示。为了监控特定设备设置中经常发生的晶圆工艺误差，会执行干晶圆组成的检查过程，来跟踪管芯内和管芯间的套准误差。

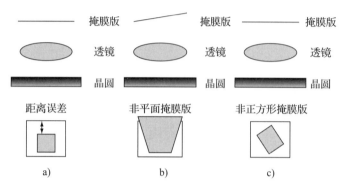

图 5.30 光刻步进图说明了掩膜版位置和套准误差之间的关系

随着图形密度随缩放而增加，CMP 会导致材料厚度波动。这导致了获取对准图案的问题，也造成了套准计量问题，如图 5.31 所示。图 5.31 提出了补偿材料厚度变化的套准计量结构。所示的盒框架结构通常比十字和盒中盒结构更不容易发生由 CMP 引起的测量变化。当以大于最小特征宽度的线宽打印帮助对齐的特征时，会产生更好的套准结果。当特征尺寸缩小到小于 45nm 时，透镜像差和线边缘粗糙度的变化会导致线宽变化超过 10%。由于实际互连和栅极图案的特征放置误差，将不同于套准误差。因此，套刻图案以最小特征宽度打印，不仅可以改善对齐，还可以帮助进行其他计量。

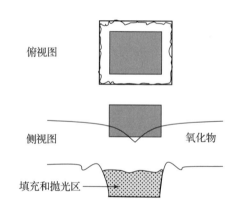

图 5.31 CMP 引起的边缘不规则性使区分套准误差和测量误差变得复杂

5.4.4 其他在线计量

除了 CD 和套准计量之外，还需要测量栅极介电厚度和其他器件参数。因此，在设计工程师在电路仿真中使用的 SPICE 建模建立器件和氧化物变化的正确规范方面，计量起着至关重要的作用。散射测量用于测量带图形和不带图形晶圆上的栅极介电厚度。使用介电膜结构的光学参数来估计介电厚度，观察到的测量结果取决于被分析区域的大小。使用类似于 CD 计量的多波长反射技术测量晶圆上电介质的准确厚度。椭偏仪测量不仅受介质的工艺相关折射率的影响，而且还受氧化物-硅边界（界面层）处的相互作用的影响。由于测量对这两个参数都很敏感，因此为了获得精确的测量，需要衬底-氧化物界面计算鲁棒的光学模型。

用于估计有效介电厚度的电技术使用从晶圆上的测试结构获得电容-电压（C-V）数据。有效厚度是指材料在电容器中充当电介质，或在两个导电表面之间充当晶体管的区域。由于多晶硅的掺杂浓度在氧化物上方和下方不同，因此电测的厚度值可能与光学测得的厚度值不同。考虑到掺杂剂波动的电流水平和接近 2nm 的介电厚度，用于估计晶圆上器件阈值电压的厚度测量必须非常精确。更好的工艺控制将需要开发新的方法，将光学信息到电子信息之间的转换误差降至最低。

因为掺杂剂控制晶体管的操作，所以准确的测量对于有效分析其注入至关重要。离子注入是当今半导体掺杂的主要方法。注入的类型和浓度随器件的终端而变化。注入步骤分为三种类型：①用于反掺杂以形成阱结构的高能剂量；②形成源极、漏极和漏极扩展区的中等能量剂量；③沟道中阈值电压注入的低能量剂量。这些掺杂类型具有不同的允许偏差水平，因此计量学及其所需的精度不同。众所周知的掺杂剂测量技术包括四点探针、利用"二次离子质谱"进行深度分析以及光学调制反射。有关器件掺杂计量概念的更多详细信息，推荐读者参考 Current、Larson 和 Yarling 的工作[46-47]。

5.4.5　原位计量

制造厂使用的统计工艺控制有两个主要限制。第一，我们认为只有一个或几个参数是变化的；第二，所有测量都是工艺或工具过去状态的延迟版本。原位计量结合传感器，在整个制造工艺中进行广泛的测量。原位计量有三个主要目标：①考虑广泛的参数范围来发现工艺异常；②在短时间内检测工艺变化；③减少晶圆状态参数的方差，而不是检查点的数量。高级工艺控制是一种反应式发动机，它使用原位传感器。控制系统首先处理来自原位传感器和其他计量工具组的信息，从而获得工具的性能度量。当测量结果表明未满足某些预定义的规范时，该工艺终止，或使用模型调谐器重新优化工具设置，以便性能调整到规范范围内。因此，原位计量是反馈工艺控制引擎的一部分。

半导体制造期间使用晶圆状态传感器或工艺状态传感器这两种原位传感器。最关键的参数与晶圆状态有关，因为它们直接关系到制造工艺的有效监控。晶圆状态传感器用于评估薄膜和抗蚀剂厚度、厚度均匀性和抗蚀层轮廓。传感器使用光学技术（例如散射测量、干涉测量和反射测量）来测量所需参数，然后使用光学模型将入射光或其他电磁束的相位变化与工艺参数相关联。

然而，某些工艺阶段不适用于晶圆状态传感器，这是因为不存在合适的传感器技术，或者传感器与加工工具集成不良。在这种情况下，将使用工艺状态传感器监控制造工具。在大多情况下，这些传感器价格较低且易于控制。工艺状态传感器最重要的应用是确定终点，它通过在晶圆加工工艺中连续测量特定信号来实现。这些传感器的主要功能是识别参数属性何时发生变化。典型的测量应用包括温度、气相组成和等离子体特性。目前还没有将工艺状态测量与实际晶圆参数联系起来的严格模型，因此这些传感器主要用于故障检测。使用工艺状态传感器进行故障检测的确可以提高工艺良率[3]。

5.5　失效分析技术

半导体失效分析是确定具体器件失效的原因和方式，以及如何防止未来发生失效的过程。元器件失效不仅指灾难性失效，还指元器件不符合电气、机械、化学或视觉规范。失效可以是功能性的，也可以是参数性的。半导体失效分析流程图如图 5.32 所示。第一阶段是失效验证，确认确实发生了失效。该验证阶段还表征了系统的失效模式（即系统失效条件）。在进行进一步分析之前，验证失效的再现性和表征失效模式是至关重要的。

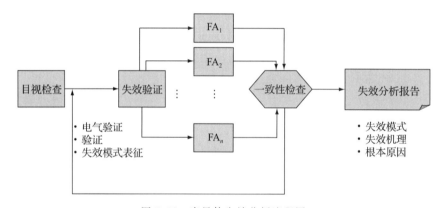

图 5.32　半导体失效分析流程图

给定表征的系统及其失效模式信息后，下一阶段是失效分析。根据失效模式表征，使用不同的失效分析（Failure Analysis，FA）技术。非破坏性 FA 技术在破坏性 FA 之前使用。在分析的每个步骤中，定期观察器件的属性及其对输入的响应。各种 FA 技术之间的一致性对于找到正确的失效模式和确定准确的失效位置至关重要。如果使用两种 FA 技术来分析特定失效，则两者必须提供失效的相同类型的结果。举个例子，如果两种单独的 FA 技术无法报告同一位置是否存在桥接缺陷，那么为了确保失效模式的准确信息，要重新运行失效验证程序来重复一致性检查。若达到了一致性，则 FA 的结果将指向真正的失效点。一旦确定了失效位置、失效模式和失效机理，失效分析就完成了（见图 5.32）。FA将根据以下信息生成报告：

1）失效模式（failure mode）：描述器件实际失效的方式、与规格的偏差等。

2）失效机理（failure mechanism）：详细说明失效发生的可能机理（如辐射、腐蚀、ESD、热应力等）。

3）失效原因（failure cause）：列出触发失效的输入事件或条件。

失效分析技术是发现失效原因、机理和位置的方法。每种 FA 技术都采用独特的程序来分析器件，从而提供有关失效的具体信息。

大部分缺陷都需要进行破坏性测试。当然，必须在破坏性测试之前进行失效验证和非破坏性测试，因为破坏性测试会导致不可逆的损坏。如果部件已经严重损坏，则可能无法进行电气测试和验证。拆卸电气部件时必须小心，以免造成二次损坏。在这种情况下，光学检查可能是唯一合适的选择。

5.5.1　无损检测技术

5.5.1.1　失效验证

失效验证对于确定失效的存在以及确定可疑器件的特征至关重要。第一步是使用自动测试设备（Automatic Test Equipment，ATE）进行电气测试。在不同的输入条件下测试目标器件，来检测哪些图形导致失效。ATE 的验证结果与生产标准有关，这增强了结果的有效性。FA 过程使用 ATE 生成的报告来帮助查找失效位置、失效机理和输入条件。

若要更完整地描述失效（包括部件的附加测试），则可进行 I-V（电流-电压）分析和失效条件的模拟。绘制的 I-V 特性揭示了被测器件的各种属性的行为。选定的节点使用微探针连接，然后向组件施加电压。测量所得电流特性，并将其与理想模型进行比较，以确定器件运行期间的可疑失效模式。另一种类型的测试是激励组件，然后测量其对给定输入的响应。这种方法的一个缺点是，当要分析一组新的参数时，测试电路设置会改变。为了克服这一限制，可以在尝试重现失效的同时模拟器件运行。模拟设置用于修改器件的各种输入参数和特性，观察响应并识别失效。

5.5.1.2　光学显微镜

使用高倍光学显微镜检查器件、定位和分析失效。按照垂直于光的方向设置放置样品。入射到样品上的光从表面反射回透镜，从而提供增强的放大图像。

显微镜捕获的实际图像取决于光波长、透镜系统和样品材料。三种类型的照明可用于检测不同类型的器件失效。光场照明由测试样品上均匀聚焦的光组成。该照明设置的反射率信息检测样本表面的地形调制，可用于检测组件中的厚度变化。暗场照明消除了中心光锥，只允许光通过外围，形成一个环。这种光以一定角度照射在表面上，会导致粗糙边缘和表面其他不规则处的散射光。暗场照明用于检测表面划痕和其他污染。干涉对比照明使用偏振光，置换沿样本表面不同路径的光线。反射波在图像平面中产生干涉条纹，用于检测表面缺陷，如刻蚀误差和裂纹。对于检查裂缝、化学损伤和其他在正常照明下不可见的小缺陷，这种方法尤其有效。

5.5.1.3　X 射线照相

X 射线照相是一种无损分析方法，非常适合检测半导体中观察到的多种类型的内部封装缺陷。X 射线照相基于如下一种现象，即通过不同材料的 X 射线，透射随着材料密度而系统地变化。封装的不同区域传输具有不同对比度的 X 射线，可以将其成像到胶片上。探测器收集通过系统传输的 X 射线信号并放大，产生良好的图像。封装的低密度区域在 X 射线图像中显得明亮。X 射线照相通常用于检查管芯或封装中的裂纹、引线键合问题和空隙。

5.5.1.4　气密性测试

气密性测试(hermeticity testing)通常用于评估器件封装的完整性。该分析通常检测封装密封裂纹、不完全密封和封装内的湿度情况。封装的目的是防止气体或流体泄漏到封装管壳中。湿气侵入和气体对器件内表面的侵蚀将导致腐蚀和失效。在半导体器件中，湿气会导致物理腐蚀、漏电和短路。为了分析封装的完整性，进行了两种类型的泄漏测试：总泄漏测试(gross leak test)和微泄漏测试(fine leak test)。每种测试类型的第一步都需要真空循环，以去除封装内的气体和水分。在总泄漏测试中，封装在压力下浸泡在氟碳液体中，随后，目视检查封装是否有气泡排放的迹象，若有气泡，则表明存在泄漏失效。在微泄漏测试中，封装浸泡在加压氦气中，氦气将氦原子驱使到封装中可接近的地方，然后在真空中测量氦原子的泄漏率。其替代技术已被提出，使用相同的真空、浸渍和检查步骤，区别是使用其他流体和染料。气密性测试是一种无损的二次 FA 技术，通常用于帮助假定可能的失效原因。

5.5.1.5　颗粒碰撞噪声检测

颗粒碰撞噪声检测(Particle Impact Noise Detection，PIND)系统用于检测器件中未填充空腔内的松散颗粒[48]。噪声信号在应用于器件时会激发松散颗粒，然后由换能器检测。该测试程序在存在高泄漏、间歇性行为和/或短路的情况下进行。未通过 PIND 的器件必须进一步分析，以发现受力颗粒的性质。PIND 也是一种二次无损 FA 技术。

5.5.2　有损检测技术

5.5.2.1　显微热成像

显微热成像(microthermography)是一种广为人知的半导体 FA 技术，用于定位管芯表面上呈现高热梯度(又名热点)的区域。过热表示电流过大，这可能是由电路异常、高电流密度、电介质击穿以及开路或短路引起的。热点是通过将液晶球滴到管芯表面上，同时保持管芯处于偏置(通电)状态以产生温度梯度来检测的。在低温下，液晶保持固态，但随着温度升高，晶体会液化，因此它在管芯上的外观会发生变化。

液晶可以以两种不同相之中的一种出现。在各向同性(isotropic)相中，液化晶体高度均匀；因此，当偏振光照射到管芯上时，在光学显微镜下它看起来完全是黑色的。该相不适合检测温度梯度。然而，在各向异性(nemetic)相中，反射回来的光穿过分析仪，在管芯上形成一个独特的棱镜图案。当一个管芯涂上各向异性膜时，热点在显微镜下呈现黑色，这就是它们被检测到的方式。

5.5.2.2　解封检测

解封检测(decapsulation)是一种 FA 技术,用于揭示内部结构和器件失效,在不改变失效模式的情况下打开封装。解封技术可以是机械的或化学的。机械解封(mechanical decapsulation)过程需要对封装的顶部和底部施加相反的力,来移除密封玻璃或撬开陶瓷封装的盖子。化学解封(chemical decapsulation)技术包括使用外部刻蚀剂材料进行化学解封的化学、喷射和等离子体刻蚀。基于酸的化学刻蚀使用发烟酸(如硫酸和硝酸)。这些酸不会选择性地刻蚀,而是在进行解封时无差别地"攻击"材料。

5.5.2.3　表面分析

使用 X 射线的表面分析(surface analysis)是对 SEM 计量学的有用补充。当样品被高能电子束轰击时,探测器可以捕获从表面发射的 X 射线。电子束在硅中的穿透深度是发射的 X 射线能量的函数。X 射线与硅原子相互作用,产生空穴对,从而产生电流。通过对这些电流进行采样,找到与 X 射线峰值相关的幅值,从而表明样品中存在各种元素。俄歇电子能谱(Auger Electron Spectroscopy,AES)是一种特殊的表面分析,包括对表面进行离子刻蚀,然后分析产生的污染深度分布。其他用于表面分析的技术包括二次离子质谱(Secondary Ion Mass Spectrometry,SIMS),用于直接测量半导体中的掺杂剂分布;以及能谱化学分析(Energy Spectroscopy Chemical Analysis,ESCA),利用材料的价态信息来分析器件表面的材料成分。

5.6　本章小结

本章首先简要讨论了半导体制造工艺。我们概述了工艺引发的缺陷、来源和电气影响以及缺陷模型,解释了各种颗粒缺陷模型,以及它们在基于 CA 的良率分析中的应用。我们讨论了由于扩散、通孔、接触孔和互连中的错误而导致依赖于图案的灾难性器件失效的图形化问题。CMP 引起的厚度变化会导致散焦误差,从而导致缺陷形成。我们描述了图形密度如何与 CMP 相关的厚度变化以及局部刻蚀问题相关。然后,我们继续研究了各种布局工程技术,以减轻颗粒和图案引起的误差。此外,本章还介绍了各种计量技术及其在半导体测量过程控制中的应用。最后,我们通过描述当今使用的各种破坏性和非破坏性技术,介绍了半导体失效分析。

参考文献

1. *International Technology Roadmap for Semiconductors Report,* http://www.itrs.net (2007).
2. A. V. Ferris-Prabhu, "Role of Defect Size Distributions in Defect Modeling," *Transactions of Electron Devices* **32**(9): 1727–1736, 1985.

3. R. Doering and Y. Nishi, *Handbook of Semiconductor Manufacturing Technology*, CRC Press, Boca Raton, FL, 2007.

4. B. R. Mandava, "Critical Area for Yield Models," IBM Technical Report no. TR22.2436, 1992.

5. T. Okabe, M. Nagata, and S. Shimada, "Analysis of Yield of Integrated Circuits and a New Expression for the Yield," *Proceedings of Electrical Engineering Japan* **92**: 135–141, 1972.

6. C. H. Stapper, "Defect Density Distribution for LSI Yield Calculations," *IEEE Transactions on Electron Devices* **20**: 655–657, 1973.

7. I. Koren, Z. Koren, and C. H. Stapper, "A Unified Negative Binomial Distribution for Yield Analysis of Defect Teolerant Circuits," *IEEE Transactions on Computers* **42**: 724–737, 1993.

8. I. Koren, Z. Koren, and C. H. Stapper, "A Statistical Study of Defect Maps of Large Area VLSI ICs," *IEEE Transactions on VLSI Systems* **2**: 249–256, 1994.

9. C. H. Stapper, "One Yield, Fault Distributions and Clustering of Particles," *IBM Journal of Research and Development* **30**: 326–338, 1986.

10. C. H. Stapper, "Small-Area Fault Clusters and Falut-Tolerance in VLSI Circuits," *IBM Journal of Research and Development* **33**: 174–177, 1989.

11. I. Koren and C. H. Stapper, "Yield Models for Defect Tolerant VLSI Circuits: A Review," in *Proceedings of Workshop on Defect and Fault Tolerance in VLSI Systems*, IEEE Computer Society Press, Los Alamitos, 1989, vol. 1, pp. 1–21.

12. O. Paz and T. R. Lawson, Jr., "Modification of Poisson Statistics: Modeling Defects Induced by Diffusion," *IEEE Journal of Solid-State Circuits* **12**: 540–546, 1977.

13. B. Murphy, "Cost-Size Optima of Monolithic Intergrated Circuits," *Proceedings of IEEE* **52**: 1537–1545, 1964.

14. W. E. Beadle, R. D. Plummer, and J. C. Tsai, *Quick Reference Manual for Silicon Integrated Circuit Technology*, Wiley, New York, 1985.

15. V. K. R. Chiluvuri and I. Koren, "New Routing and Compaction Strategies for Yield Enhancement," in *Proceedings of IEEE International Workshop on Defect and Fault Tolerance in VLSI Systems*, IEEE Computer Society, Los Alamitos, 1992, pp. 325–334.

16. J. Fang, J. S. K. Wong, K. Zhang, and P. Tang, "A New Fast Constraint Graph Generation Algorithm for VLSI Layout Compaction," in *Proceedings of IEEE International Symposium on Circuits and Systems*, IEEE, New York, 1991, pp. 2858–2861.

17. A. B. Kahng, "Alternating Phase Shift Mask Compliant Design," U.S. Patent no. 7,124,396 (2006).

18. J. Luo, S. Sinha, Q. Su, J. Kawa, and C. Chiang, "An IC Manufacturing Yield Model Considering Intra-Die Variations," in *Proceedings of the Design Automation Conference*, IEEE/ACM, New York, 2006, pp. 749–754.

19. A. Genz, "Numerical Computation of Multivariate Normal Probabilities," *Journal of Computational and Graphical Studies* **1**: 141–149, 1992.

20. J. P. Cain and C. J. Spanos, "Electrical Linewidth Metrology for Systematic CD Variation Characterization and Causal Analysis," in *Proceedings of SPIE Optical Microlithography*, SPIE, Bellingham, WA, 2003, pp. 350–361.

21. E. W. Charrier and C. A. Mack, "Yield Modeling and Enhancement for Optical Lithography," *Proceedings of SPIE* **2440**: 435–447, 1995.

22. A. Sreedhar and S. Kundu, "On Linewidth-Based Yield Analysis for Nanometer Lithography," in *Proceedings of Design Automation and Test in Europe*, IEEE/ACM, New York, 2009, pp. 381–386.

23. C. A. Mack, *Fundamental Principles of Optical Lithography*, Wiley, New York, 2008.
24. R. Datta, J. A. Abraham, A. U. Diril, A. Chatterjee, and K. Nowka, "Adaptive Design for Performance-Optimized Robustness," in *Proceedings of IEEE International Symposium on Defect and Fault-Tolerance in VLSI Systems*, IEEE Computer Society, Washington DC, 2006, pp. 3–11.
25. D. Ouma, D. Boning, J. Chung, G. Shinn, L. Olsen, and J. Clark, "An Integrated Characterization and Modeling Methodology for CMP Dielectric Planarization," in *Proceedings of IEEE International Interconnect Technology Conference*, IEEE Press, Piscataway NJ, 1989, pp. 67–69.
26. R. Tian, D. F. Wong and R. Boone, "Model-Based Dummy Feature Placement for Oxide Chemical-Mechanical Polishing Manufacturbility," in *Proceedings of Design Automation Conference*, IEEE/ACM, New York, 2000, pp. 902–910.
27. A. B. Kahng and K. Samadi, "CMP Fill Synthesis: A Survey of Recent Studies," *IEEE Transactions on Computer-Aided Design of Integrated Circuits and Systems* **27**(1): 3–19, 2008.
28. D. H. Stamatis, *TQM Engineering Handbook*, CRC Press, Boca Raton, FL, 1997.
29. R. R. Hershey and M. B. Weller, "Nonlinearity in Scanning Electron Microscope Critical Dimension Measurements Introduced by the Edge Detection Algorithm," *Proceedings of SPIE* **1926**: 287–294, 1993.
30. J. I. Goldstein, D.E. Newbury, P. Echlin, D. C. Joy, C. Fiori, and E. Lifshin, *Scanning Electron Microscopy and X-Ray Microanalysis*, 2d ed., Plenum Press, New York, 1984.
31. J. Finders, K. Ronse, L. Van den Hove, V. Van Driessche, and P. Tzviatkov, "Impact of SEM Accuracy on the CD-Control during Gate Patterning Process of 0.25-μm Generations," in *Proceedings of the Olin Microlithography Seminar*, Olin Microelectronic Materials, Norwalk CT, 1997, pp. 17–30.
32. M. Davidson and N. T. Sullivan, "An Investigation of the Effects of Charging in SEM Based CD Metrology," *Proceedings of SPIE* **3050**: 226–242, 1997.
33. C. M. Cork, P. Canestrari, P. DeNatale, and M. Vascone, "Near and Sub-Half Micron Geometry SEM Metrology Requirements for Good Process Control," *Proceedings of SPIE* **2439**: 106–113, 1995.
34. M. T. Postek, A. E. Vladar, and M. P. Davidson, "Fourier Transform Feedback Tool for Scanning Electron Microscopes Used in Semiconductor Metrology," *Proceedings of SPIE* **3050**: 68–79, 1997.
35. L. J. Zynch, G. Spadini, T. F. Hassan, and B. A. Arden, "Electrical Methods for Precision Stepper Column Optimization," *Proceedings of SPIE* **633**: 98–105, 1986.
36. L. W. Linholm, R. A. Allen, and M. W. Cresswell, "Microelectronic Test Structures for Feature Placement and Electrical Linewidth Metrology," in K. M. Monahan (ed.), *Proceedings of Handbook of Critical Dimension Metrology and Process Control*, SPIE Press, Bellingham, WA, 1993.
37. B. J. Lin, J. A. Underhill, D. Sundling, and B. Peck, "Electrical Measurement of Submicrometer Contact Holes," in *Proceedings of SPIE* **921**: 164–169, 1988.
38. E. E. Chain and M. Griswold, "In-Line Electrical Probe for CD Metrology," *Proceedings of SPIE* **2876**: 135–146, 1996.
39. N. Jakatdar, X. Niu, J. Bao, C. Spanos, S. Yedur, and A. Deleporte, "Phase Profilometry for the 193nm Lithography Gate Stack," *Proceedings of SPIE* **3998**: 116–124, 2000.
40. P. C. Logafătu and J. R. Mcneil, "Measurement Precision of Optical Scatterometry," *Proceedings of SPIE* **4344**: 447–453, 2001.

41. J. Allgair, D. Beniot, R. Hershey, L. C. Litt, I. Abdulhalim, B. Braymer, M. Faeyrman, et al., "Manufacturing Considerations for Implementation of Scatterometry for Process Monitoring," *Proceedings of SPIE* **3998**: 125–134, 2000.

42. R. M. Silver, J. Potzick, and R. D. Larrabee, "Overlay Measurements and Standards," *Proceedings of SPIE* **3429**: 262–272, 1995.

43. D. J. Coleman, P. J. Larson, A. D. Lopata, W. A. Muth, and A. Starikov, "On the Accuracy of Overlay Measurements: Tool and Mask Asymmetry Effects," *Proceedings of SPIE* **1261**: 139–161, 1990.

44. A. Starikov, D. J. Coleman, P. J. Larson, A. D. Lopata, and W. A. Muth, "Accuracy of Overlay Measurement Tool and Mask Asymmetry Effects," *Optical Engineering* **31**: 1298–1310, 1992.

45. M. E. Preil, B. Plambecj, Y. Uziel, H. Zhou, and M. W. Melvin, "Improving the Accuracy of Overlay Measurements through Reduction in Tool and Wafer Induced Shifts," *Proceedings of SPIE* **3050**: 123–134, 1997.

46. C. B. Yarling and M. I. Current, "Ion Implantation Process Measurement, Characterization and Control," in J. F. Zeigle (ed.), *Ion Implantation Science and Technology*, Academic Press, Maryland Heights, MO, 1996, pp. 674–721.

47. L. L. Larson and M. I. Current, "Doping Process Technology and Metrology," in D. G. Seiler et al. (eds.), *Characterization and Metrology for ULSI Technology*, AIP Press, New York, 1998.

48. P. L. Martin, *Electronic Failure Analysis Handbook*, McGraw-Hill, New York, 1999.

缺陷建模与提高良率技术

6.1 引言

随着器件密度的增加，制造缺陷和较大的工艺偏差导致器件失效率更高。前一章讨论了半导体制造中存在的两种缺陷：颗粒(工艺诱生)缺陷和光刻(图形相关)缺陷。当工艺偏差较大时，电路会出现参数失效。计量学和失效分析技术旨在确定由缺陷引起的失效的根本原因、失效模式和输入条件，只有当缺陷表现为失效时才会造成电路的不规则变化。故障可能导致逻辑失效或参数失效，灾难性的失效通常与逻辑故障有关，而参数变化是由于器件的某些属性发生了变化。例如，有缺陷的氧化层会改变阈值电压，这可能表现为参数故障。

设计者的职责是对这些潜在的缺陷进行假设，并生成可以有效筛选缺陷部件的测试模式。从设计者的角度来说，失效模型是生成测试模式的关键，如果没有有效的测试模式，就无法在生产时筛选出有缺陷的芯片。当有缺陷的部件最终出现在电路板上时，测试和更换失效芯片的成本通常远高于在工厂进行制造和测试的成本，这就说明了失效模型的重要性。6.2 节描述了缺陷和故障模型，其目的是分析缺陷的位置及其在故障模式下的行为。

相比之下，良率模型的目的是预测每个晶圆或每批次生产出来的优质芯片的数量，该预测基于缺陷和故障分布统计。良率可分为功能良率和参数良率两种类型，在一定的电压、频率和温度条件下能够正常工作的芯片都可以包含在功能良率中。参数良率是功能良率的一部分，由在规定的电压、频率和温度条件下正常工作的芯片组成，但在设计中如果有较大的参数变化，参数良率可能与功能良率具有显著差异。前一章中阐述了如何将缺陷概率转化为失效概率，进而转化为良率模型。其中，工艺诱生良率模型是根据缺陷尺寸的统计分布和版图的临界面积来计算良率的。

制造出来的器件的性能各不相同，所以如何提高参数良率是设计中一个很重要的问题。在设计过程中，设计者需要利用工具预测参数良率。良率的预测基于统计时序分析，需要用到关于工艺偏差范围的信息。较大的工艺偏差会影响设计优化和参数良率，甚至可能导致设计优化时器件尺寸不合理、功耗增加和设计收敛等问题。另外，仅基于"标称"工艺偏差来进行设计可能会导致参数良率下降。因此，在设计阶段做出的假设会影响面积、功率和参数良率，设计者必须仔细权衡这些因素。

失效分析有助于更好地了解缺陷情况，例如，某些缺陷可能与特定的版图结构有关，可以通过排除这些结构来避免缺陷。许多随机缺陷呈集群分布，可以把缺陷集中的部分取出，并用备用部件进行替换。因此，我们可以通过设计优化将缺陷数量降到最低，也可以利用有计划的冗余去避免缺陷的产生。避错是指在设计中减少缺陷的技术；而容错是指通过硬件设计和软件技术，在缺陷存在的情况下使电路正常运行的技术。因此，在设计中结合避错技术和容错技术可以提高良率。

许多点缺陷以集群形式出现，我们可以利用这一特点在较低的开销下提高设计结构的良率。目前的 SRAM 和 DRAM 芯片利用备用行、备用列或备用块来应对缺陷集群，这种低开销的冗余实现方式使这些存储器能够在有缺陷的情况下正常工作。这种设计通过熔丝编程来激活和停用备件，基于冗余的容错技术以及可编程熔丝的使用将在 6.3 节中讨论。当图形化工艺中存在缺陷时，晶体管和互连线的性能会发生变化，目前已经有一些技术可以避免这种缺陷的产生，包括拓宽导线、改变晶体管的尺寸和栅极偏置。

6.2　缺陷对电路行为影响的建模

错误可能发生在电路实现的过程中，也可能发生在制造过程中。电路是通过连续的步骤"实现"的，每个步骤都涉及电路操作，这是一个容易出错的过程，每个步骤都要进行设计验证。在电路实现的过程中产生的错误通常被称为硅前错误，此类错误包括：

1）逻辑错误——电路功能不正确。

2）时序错误——未达到所需的性能目标（通常是由于对工艺偏差的允许偏差不足）。

3）物理设计错误——不符合 DRC 或 DFM、OPC 不充分等。

这些硅前错误必须在产品被送到代工厂之前进行检测、分析和纠正，因为代工厂的维修费用很高。图 6.1 描述了制造错误和电路错误的来源以及分析和验证的相关操作，典型的分析操作包括体系结构验证仿真、形式验证、逻辑等效性检查、设计规则检查、信号完整性分析、适印性验证、电气规则检查、时序分析和可靠性检查。

在制造过程中发生的缺陷称为硅后缺陷，这些缺陷包括随机缺陷、点缺陷和系统缺陷，这些缺陷通常与光刻或图形有关，第 5 章详细介绍了此类缺陷的来源及其形成机制。制造后进行的第一个分析操作是晶圆测试，以区分好芯片和坏芯片。然后，好芯片继续加工，接受进一步的测试和质保检查，坏芯片用于失效分析或直接丢弃。如 5.5 节所述，通过失效分析，我们可以了解硅后缺陷的成因、失效模式和失效机制，一旦确定了失效机制的起源，就可以在后续的设计中采取相应的措施，从一开始就避免此类缺陷。因此，对缺陷机制进行建模是非常重要的。

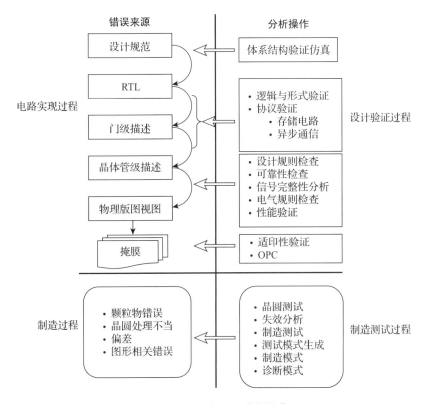

图 6.1　错误来源和分析操作

6.2.1　缺陷-故障关系

当制造缺陷表现为可观察到的设计失效时，它就成为故障。点缺陷和系统缺陷等制造缺陷可能会导致功能和参数设计失效。制造缺陷（又称变形）与集成电路故障之间的关系如图 6.2 所示[1]，图的下半部分按类型和程度对缺陷进行分类，上半部分根据运行状态对电路进行分类。结构故障会导致功能故障，参数故障会导致性能故障，图中的实线表示缺陷和故障之间的直接关系，而虚线表示间接关系[1]。这种故障和缺陷源分类的表示方法是从 Maly 等人[1]提出的缺陷-故障关系中衍生出来的。

每种变形都可能表现为不同的故障，其根本原因是由颗粒或图形错误引起的缺陷。颗粒缺陷可以根据几何效应和电效应进行分类，而图形缺陷可能源于刻蚀过程、投影系统传输图像时的衍射或化学机械抛光。根据影响区域，可以把缺陷分为全局缺陷和局部缺陷。全局缺陷会导致集成电路多个器件或互连线发生故障，相对容易检测，而局部缺陷会影响集成电路中较小的区域，如果没有针对性的测试很难被发现。硬性能和软性能失效源于缺陷的电效应，它们很少会影响集成电路的运行。全局缺陷更可能导致软性能失效，通过有效的工艺控制可以减少全局缺陷。

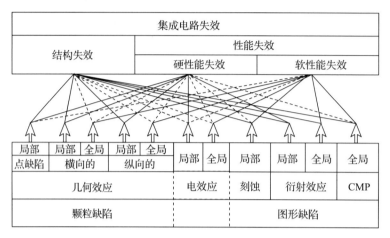

图 6.2   集成电路制造工艺变形与集成电路故障的关系

6.2.2   缺陷-故障模型的作用

对缺陷和故障进行建模有三个主要的应用：避免缺陷、预测良率和生成测试模式。避免缺陷需要了解缺陷的性质及其与电路结构的关系；预测良率需要了解缺陷的空间分布，包括它们的大小和频率；生成测试模式通常基于故障模型生成，需要注意的是，缺陷的特征是它们对电路行为的影响，而不是它们的频率、物理尺寸或聚集程度。

尽管这三种应用差别很大，但建模的相同目的是了解缺陷与物理结构的关系、缺陷影响的范围以及缺陷对电路的影响。以生成测试模式为目的的故障建模同样可以分为三类：①基于缺陷的故障模型——利用缺陷的位置和尺寸来估计其对电路的影响；②抽象故障模型——基于故障的抽象模型；③混合故障模型——基于缺陷结构，最终映射到抽象故障模型。

基于缺陷的建模是最直接的故障建模技术，这种方法旨在对缺陷、失效模式和输入/输出行为进行建模。缺陷通常与物理结构有关，据此我们可以合理地预测缺陷产生的可能性以及它们出现的位置，这种预测是基于缺陷的故障模型的核心。一个复杂的故障模型包含的元素及其分类结构如图 6.3 所示[2]。

故障模型可用于在自动测试图形生成（Automatic Test Pattern Generation，ATPG）算法中生成测试向量，或用于在模式仿真中估计覆盖率。将这些模式应用到电路中，可以筛选缺陷。故障模型为测试模式的生成提供了逻辑基础，如果测试模式在筛选缺陷方面是有效的，那么无论它是什么类型，底层的故障模型都被认为是有效的。

6.2.2.1   基于缺陷的故障模型

基于缺陷的故障建模（Defect-Based Fault Modeling，DBFM）根据电路结构来预测缺陷可能发生的位置、缺陷的严重性和失效模式。基于实际缺陷的故障模型非常精确，可用于

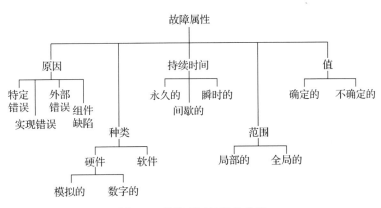

图 6.3　故障(失效)属性分类

模式生成，以提供有效的故障覆盖率。然而，尽管 DBFM 在获取故障行为方面非常全面，但它对 ATPG 并不友好，这是因为 ATPG 算法仅在处理一组有限的约束条件时才有效。鉴于信号之间复杂的约束和时序关系，ATPG 往往无法提供解决方案，这阻碍了 DBFM 更广泛地应用。然而，这类故障模型的仿真通常并不复杂，并且经常提供有用的诊断信息。DBFM 的例子包括桥接故障、固定开路故障、静态电流(I_{DDQ})故障和模拟故障[3]，这些模型可以预测电路在缺陷条件下的行为。继续提高故障模型模拟缺陷行为的准确性是很重要的，但就像在其他的工程领域一样，我们要权衡准确性和计算效率。

　　基于缺陷的故障建模主要用于对开路或短路的线路以及固定短路和固定开路的晶体管进行建模。当两条或两条以上的线路由于颗粒缺陷或适印性缺陷桥接时，就会产生短路故障(又称桥接故障)；而开路故障是由颗粒或光刻图形引起的电气不连续造成的。类似地，如果线宽、排列或掺杂缺陷在晶体管中引起"穿通"，就会产生固定短路故障；无法导通的晶体管则表现为固定开路故障。考虑到电阻的影响，可以进一步细化故障模型，例如，处于固定短路状态的晶体管可能表现得像一个电阻，电阻线的开路和短路也可以用类似的方法进行描述。在 CMOS 电路中，产生浮动状态的故障也可能引发记忆效应，在检测到此类故障之前，可能需要两个或多个连续的测试模式。

　　图 6.4 是一个 CMOS 与非门电路，输入端 A 和 B 连接到 PMOS 晶体管 P_1 和 P_2 以及 NMOS 晶体管 N_1 和 N_2。假设 CMOS 晶体管可以被理想化为开关，可以根据输入打开和关闭。晶体管 P_1 的固定开路故障导致该晶体管从未导通。与非门正常工作时，如果输入 AB＝11，那么 N_1 和 N_2 闭合，P_1 和 P_2 打开，输出节点(OUT)与地(GND)相连。如果输入 AB＝01，P_1 应建立一条从输出到电源(V_{DD})

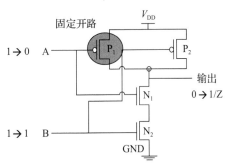

图 6.4　CMOS 与非门固定开路故障

的路径，但 P_1 存在固定开路故障，没有从输出节点到电源的导电路径，输出节点处于浮空状态。在这种情况下，输出处的电压由电容器中存储的电荷决定。如果在输入 11 之后紧接着输入 01，那么电容器存储的值为 0，但正确的输出应为 1，这种差异导致了故障。然而，如果电容器在输入 AB=01 之前被充电至逻辑 1，那么输出值将保持为 1，在这种情况下就不会检测到故障。因此，检测此类故障需要进行双模式测试。在这个例子中，除非将电容器预充电到 0，否则无法检测到故障，而这只有在输入为 11 时才有可能实现。有故障的与非门可能会被嵌入更大的电路，AB 由电路的输入决定，当电路输入改变时，AB 可能会从 11 转换到 X0 再转换到 01。在这种情况下，中间值可能会破坏预充电条件，从而使测试失效。不会发生此类失效的测试被称为稳健性检验，在现实中很难实现（更多信息请参阅 Jha 和 Kundu 的文献[4]）。当输出节点没有被驱动时，它将处于浮空状态，其值由 Z 表示。

可以用单测试模式检测晶体管固定短路故障。固定短路的晶体管会导致电源和地之间发生短路，导致静态电流增加，可以通过基于静态电流的测试检测到这一现象[5]。这种类型的故障是通过比较故障电路和无故障电路的静态电流来检测的。在大型电路中，静态电流可能比由固定短路晶体管引起的故障电流大几个数量级。例如，在 45nm 技术中，PMOS 晶体管的导通电流可能为每微米沟道宽度 $300\mu A$，而总的静态电流可能是几十安。因此，基于静态电流的故障检测对于大型电路来说通常是不切实际的，但双模式测试在这种情况下可以很好地发挥作用。如果示例中的晶体管 P_1 一直保持导通状态，我们可以应用双模式测试从 0X 到 11 的转换。第一个模式将输出节点初始化为 1，并假定在第二个模式下电容器放电，使其输出值为 0。然而，固定短路故障会显著延迟放电，即使最终逻辑值稳定在 0 或接近 0，电流流过 P_1 也需要更长的时间。因此，该故障可能被检测为延迟故障。

开路故障和桥接故障可进一步分为电阻性故障和非电阻性故障。如 6.2.2.3 节所述，可通过电桥测试和固定型故障测试来检测非电阻性故障。电阻性开路或短路通常被检测为跳变故障或小时延故障。为了测试电阻性开路和短路，可能需要双模式激励。当此类故障引入的延迟 δ 较小且可量化时，该故障被归类为小时延故障。低电压测试有效地提高了 CMOS 电路中的 δ 值，增强了故障检测能力。无限延迟（即 $\delta \to \infty$）的电阻性缺陷被建模为跳变故障，可以进行跳变故障测试。跳变故障包括上升跳变过慢（Slow-To-Rise，STR）和下降跳变过慢（Slow-To-Fall，STF）。

6.2.2.2　基于缺陷的桥接故障模型

为了找到基于缺陷的桥接故障，我们可以用电压、桥接电阻、晶体管尺寸和各种晶体管技术（如 TTL、CMOS、ECL）来模拟电路，模拟的结果是一个近似的真值表，表示与桥接故障对应的布尔函数。在更完善的模型中，电桥的输出可以在电路层面进行模拟，以确定中间电压值的传播。如前所述，考虑到精度和计算效率在工程上的权衡，我们可以用很多方法对基于缺陷的桥接故障进行建模。一些方法仅模拟电桥位置，另一些方法则模拟故障输出，还有一些方法进行单元级的模拟仿真，再将其与预先计算的信息相结合，模拟中间信号值的传播。

CMOS 电路的每个节点都代表一个容性负载，由驱动门充电或放电，电流由输入电压决定。电路桥接节点的电压是驱动强度的函数，每个节点的电压由提供最大电流的驱动门决定，驱动强度与门的尺寸有关。一种常见的基于缺陷的桥接故障模型称为"投票"模型，由驱动门的相对强度确定短路节点的逻辑值。在该模型中，提供最大驱动电流的门决定了被驱动节点的逻辑状态。另一种模型考虑了由桥接故障引起的中间电压，具有不同输入电压阈值的逻辑门可能会对电桥节点的逻辑状态产生不同的影响，这种模糊性称为"拜占庭将军问题"[6]。

晶体管在导通状态下可以看作源极和漏极之间的等效电阻，最大驱动电流由到电源或地的最小等效电阻路径提供。等效电阻可以静态计算（基于晶体管的类型、大小和数量），也可以动态计算（通过模拟）。基于电阻的故障模型和阶梯模型利用等效电阻信息在短路节点处获得合适的逻辑值。

另一种模型假设电路的故障模拟行为扩展到故障点以外，并通过从短路节点扇出的门产生不同的解释。EPROOF 模拟器通过在每个缩短的节点上进行类似 SPICE 的仿真来实现这一技术，以便在逻辑仿真中为该节点分配一个精确的值[7]。然而，这种模拟的计算复杂度很高，需要的时间也很长。

6.2.2.3　抽象故障模型

抽象故障建模（Abstract Fault Modeling，AbsFM）是 DBFM 的替代方案，故障模型可以替代电路中的缺陷。使用 AbsFM 的典型故障是固定型故障、跳变故障和路径延迟故障。使用 AbsFM 的 ATPG 过程往往比实际缺陷模型快得多，AbsFM 通常是基于缺陷的故障模型的精简版本。

抽象故障建模针对图 6.3 中分类的故障属性，在对缺陷进行建模时必须考虑的最重要的属性是技术（例如 TTL、CMOS、ECL）、缺陷源、持续时间和取值。我们之前已经讨论过缺陷源，而故障的持续时间反映了故障影响电路运行的程度。永久性故障是使互连线一直保持相同状态的故障。当线路或门的值发生改变时，跳变故障被激活，例如 STR 故障中，观察到的（故障）值为 0。小时延故障是在有限持续时间内发生的跳变故障。间歇故障是由辐射引起的软错误导致的，它被建模为仅在特定时钟周期发生的跳变故障或固定型故障。间歇故障是不可重复的，它们是随机发生的。尽管瞬态故障是可重复的，但它们可能不会在每个时钟周期内都发生，这种类型的错误通常与信号完整性有关，可以被建模为有约束的跳变故障。当沿着指定的路径发生指定的信号转换时，就会产生路径延迟故障，比如路径末端的 STR 和 STF 输出延迟。

固定型故障模型　最常用的故障模型是固定型故障模型。固定型故障是金属层短路、氧化层开路、特征缺失和源-漏短路等设计缺陷的代表。虽然基于缺陷的故障可能会在逻辑行为中产生复杂的错误，但固定型故障模型通过在线路或节点处用常数来简化问题，这使得 ATPG 过程非常简单。研究表明，针对固定型故障的测试模式能够检测到此类缺陷。

在固定型故障模型中，互连线只能取两个值中的一个，因此测试的计算量很小。单固定型故障模型是所有模型中最简单的（见图 6.5）。该模型假设电路一次仅包含一个故障，所以只有 $2n$ 个故障需要测试，其中 n 是节点数。多固定型（Multiple Stuck-At，MSA）故障模型是一个更复杂的模型，该模型假设电路中同时存在两个（或多个）故障，因此潜在故障的数量增加到 $3^n - 1$。这个模型提高了物理缺陷的总体覆盖率，但主要缺点是故障数量呈指数增长，需要进行大量测试（在制造业中，测试的紧凑性很重要，较大的测试集会显著增加测试时间和成本）。CMOS 设计中的短路也可以建模为受约束的固定型故障，通过在每个节点赋值，可以得到

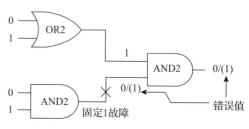

图 6.5　简单电路中的固定型故障

由缺陷桥接的两个导电区域的输出值。现在的 ATPG 工具可以轻松处理此类受约束的抽象故障模型。

桥接故障模型　桥接故障模型可以预测两个节点短路时的电路行为。桥接故障被归类为永久性故障，可能发生在逻辑元件内，例如晶体管的源极端子和漏极端子，也可能发生在电路中没有反馈的两个逻辑节点之间，还可能发生在具有反馈的两个逻辑节点或电路元件之间。有很多模型可以模拟电路桥接缺陷[8-11]，其中"线或"和"线与"是最简单的桥接故障模型。在"与"桥的情况下，如果两个节点 A 和 B 被桥接，那么两个节点的结果都是 AB。因此，对于 A＝0 和 B＝1，两个节点的值都为 0，在这种情况下，节点 B 有错误值。"或"桥的定义与之类似。一种比较有趣的桥接故障模型是主导桥模型，在"A 主导 B"桥接故障中，A 的值优于 B 的值。因此，如果 B 的值是 1（或 0），A 的值是 0（或 1），那么会得到 B 的错误值 0（或 1）。然而，"线"逻辑不能准确反映静态 CMOS 电路中桥接故障的实际行为[9-10,12]，这是因为存在不明确对应于 0 或 1 的中间值，因此在静态和转换条件下可能会有不同的结果。基于线逻辑的故障模型可能会在电路中传递无效的逻辑状态。图 6.6 展示了带有反馈路径的两个逻辑节点之间的桥接故障，反馈回路可以将组合电路转换为异步时序电路。

通常，抽象故障模型用于在电路实现阶段生成测试模式，这些测试模式通常源自固定型故障、跳变故障、路径延迟故障和桥接故障。如前所述，基于缺陷的故障模型通常不适用于 ATPG，但模拟这种故障模型是比较简单的。我们可以通过模拟抽象故障模型的测试模式，得到基于缺陷的测试覆盖率，由于此类测试具有可控性和可观察性，AbsFM 测试模式适用于检测复杂的故障。

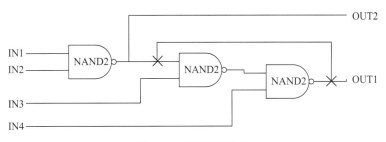

图 6.6　反馈桥接故障

6.2.2.4　混合故障模型

基于缺陷的故障模型是根据实际缺陷及其发生的概率和影响来构建的，这种模型的一个主要的缺点是生成测试模式的成本过高。使用抽象故障模型生成测试模式更简单、成本更低，但不够准确和全面。混合故障建模（Hybrid Fault Modeling，HybFM）的目的是在不牺牲抽象故障模型便利性的前提下，达到基于缺陷的故障模型的准确性。

混合故障模型结合了抽象故障模型和基于缺陷的故障模型的约束条件，如图 6.7 所示。网络 A 和 B 通过电阻桥连接，如果网络 B 中的 X 点出现固定 0 故障，那么在抽象故障模型中，只有一个条件能够激发该固定型故障。在这种情况下，桥接故障不能被充分检测。然而，如果增加一个约束条件，即在 A 保持 0 的情况下，B 被固定在 1，就可以在逻辑层面上得到检测桥接故障的条件。这种附加的逻辑约束使得 ATPG 可以很容易地产生检测桥接故障的测试模式。同样，对于 A＝0，B 发生 STR 故障的情况，ATPG 工具可以利用抽象故障模型生成检测这种故障的测试模式。

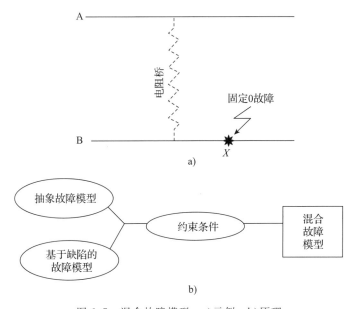

图 6.7　混合故障模型：a)示例；b)原理

本质上，ATPG 依靠逻辑约束而不是缺陷来生成测试模式，是否成功主要取决于只存在布尔约束和错误的简单故障模型描述实际情况的准确程度。

6.2.3　测试流程

制造测试流程包括四个基本步骤，目的是促进和优化缺陷筛选、性能分箱、寿命加速（筛选老化缺陷）、产品质保和失效分析。典型的测试流程如图 6.8 所示。整套测试设备通常不会应用于每个测试阶段，这降低了测试成本，但各个测试阶段之间要有最小重叠。在电路实现的过程中，设计者基于一组特定设计目标和工艺技术的故障模型，通过 ATPG、故障模拟和手动编写的方式生成测试模式。

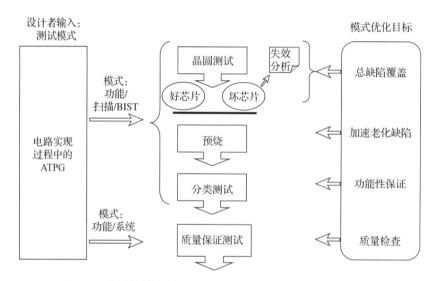

图 6.8　典型的测试流程，设计者 ATPG 输入和模式优化目标

晶圆测试（又称探针测试）是测试流程的第一步，主要目的是将好芯片与坏芯片分开，以降低下游的封装成本。将芯片从晶圆上切割下来，封装没有缺陷的芯片，并取出有代表性的缺陷芯片进行失效分析。晶圆测试的主要目标是实现总缺陷覆盖。

下一步对封装的芯片进行预烧。对芯片进行高压和高温处理，以加速老化缺陷。高机械应力和强振动用于测试封装刚度。在预烧过程中应用测试模式，但通常不会观察到响应，这是因为预烧环境通常超出产品规格，可能会使电路无法正常运行。

预烧后进行分类测试，这是最后一次筛选缺陷，因此需要很高的故障覆盖率。在此步骤中还需要进行速度测试来实现频率分箱。分类测试还包括参数测试，比如对静态电流、输入/输出电压和压摆率进行测试。这个阶段经常进行内部自测试（Built In Self Test，BIST），以减少测试时间或减轻对高性能测试仪的依赖。

最后，系统供应商会进行一系列的检查来测试芯片质量，通常不会对每个芯片都进行检查，而是检查有统计代表性的芯片样品。这些检查被称为质量保证测试。芯片制造商还可以对芯片样品进行质量保证测试，以确保产品的质量。在上述四个步骤中，所使用的模式集都与特定步骤的主要目标一致。

测试的安排要考虑制造过程、参数和测量环境以及成本问题。例如，假设使用功能或基于扫描的测试模式可以检测到故障 A（这可能是在电路实现过程中通过模拟逻辑故障发现的）。进一步假设，在晶圆测试中，应用了基于扫描的测试模式，并且芯片已经成功通过，那么最好在分类测试期间进行高速测试。类似地，在晶圆测试期间可以进行 X 型测试，在分类测试期间进行 Y 型测试，测试方式的选择反映了特定测试的优点和局限性。在每个步骤选择适当的测试模式可以有效提高故障覆盖率，这个过程被称为测试模式的调度和优化。

总之，故障模型有两个目的：①在最高的抽象水平对缺陷进行建模，以便模拟故障和生成测试模式；②将大量潜在缺陷划分为具有共同故障机制且对电路行为有相似影响的缺陷组。

6.3　提高良率

每一种新的制造技术都会经历一个"成熟"的过程：芯片的良率一开始可能比较低，但随着技术的成熟，良率会逐渐上升。然而，市场竞争日益激烈，最佳的盈利机会是在产品早期，然后随着时间的推移而不断减少。这种矛盾促使人们寻找能够在更短的期限内获得更高收益的设计技术。

根据当前的技术水平，制造失败率在 $10^{-16} \sim 10^{-15}$ 之间[13]（即每 10^{16} 个结构中会出现一个缺陷结构或多边形结构）。随着体系结构越来越复杂，纳米器件每秒可以执行多达 10 亿条指令，因此，我们需要用避错和容错技术在器件不可靠的情况下可靠地处理和存储信息。

容错技术通过开发和管理体系结构和软件资源来降低故障对系统的影响，核心是冗余和重构[14-15]。重构将在 6.3.1 节讨论，冗余的例子包括器件和电路的备份，甚至是备用的架构块。纠错码（Error-Correcting Code，ECC）是最知名的信息冗余实例。时间冗余的例子是"Razor"采用的重新计算和重新评估策略[16]。软件冗余包括线程冗余、检查点设置和卷回恢复（详细信息请参阅 Koren 和 Mani Krishna 的文献[17]）。6.3.1.2 节简要介绍了非结构性冗余技术。

制造缺陷可能是永久的（灾难性的），也可能是瞬时的（参数性的），冗余技术的目的是实现对特定类型缺陷的容错。有些技术可以有效降低存在永久性错误（例如集群分布的点缺陷）时系统的故障概率，还有些技术可以让系统对瞬时性错误（例如放射性污染物或宇宙射线辐射）具有弹性。因此，最佳的容错设计是选择成本最低的解决方案来防范特定的缺陷类型。

在 6.3.2 节中，我们将研究通过减少适印性错误来避免潜在故障的版图设计技术。通过修改晶体管和互连尺寸以及其他的电路结构，也可以对系统进行同样的保护。这种避错技术是以牺牲面积、性能和功率特性为代价实现的。

容错设计技术可以追溯到真空管时代。1952 年，冯·诺依曼提出了一种多路复用技术，在系统架构和组件中实现冗余，获得了更高的可靠性[18]。他证明了通过管理冗余，不可靠的逻辑和存储单元可以实现高可靠性。在实验中，冯·诺依曼主要考虑了三种方案：投票方案、备用方案和与非门复用方案。他证明了冗余可以提高系统级可靠性。

6.3.1 容错

如前所述，容错可以通过多种方式实现，包括结构性冗余、非结构性冗余（例如时间冗余、软件冗余和信息冗余）、多路复用和重构。

在进一步讨论容错技术之前，我们先定义以串行或并行配置的系统。容错技术随系统结构的变化而变化，所以我们需要了解系统结构。图 6.9a 展示了一个串行系统，该系统由不同的模块 $U_1, U_2, \cdots, U_n$ 串联在一起，只有当系统的所有组件都正常工作时，系统才是可操作的（有非零结果）。串行系统的冗余是通过为每个组件创建副本来实现的。图 6.9b 展示了一个并行系统，模块 $U_1, U_2, \cdots, U_n$ 并联在一起。因此，只要有一个模块正常运行，系统都是可操作的。根据并行系统的特点，可以为一组特定的常用模块提供冗余。显然，与串行系统相比，并行系统更不容易发生故障。

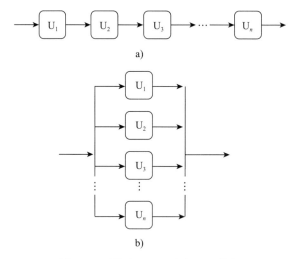

图 6.9　系统配置：a）串行；b）并行

6.3.1.1　传统的结构性冗余技术

自 20 世纪 70 年代以来，基于结构性冗余的容错技术一直应用在存储器阵列中。早期的半导体公司面临 DRAM 良率低的问题，这些问题源于集群分布的制造缺陷。早期的解决方案是利用纠错码，即在信息字节中加入额外的奇偶校验位。但这种技术不适用于多位错误，因为那将需要大量的校验位。最终的解决方案需要利用熔丝技术，这种技术允许行、列和块的"变电站"技术。在此方案中，备用的行、列或块被添加到存储器阵列中，通过烧毁熔丝可以替换有缺陷的部分(见 6.3.1.6 节)。这些技术已经在半导体行业应用了几十年，使良率提高了 3 倍[17]。备用元件是结构性冗余的一个范例。

图 6.10 展示了存储器集成电路的结构性冗余。存储器集成电路的单元按行和列排列，所以可以通过增加更多的行和列来实现冗余。在制造测试过程中，如果发现一组有缺陷的单元，那么可以通过熔丝断开有缺陷的行或列[19]，断开的元件由备用元件代替。备用行和备用列的成功源于缺陷的聚集，如果缺陷发生在随机位置，就需要非常多的备件，这会增加缺陷的概率。然而，由于缺陷通常是聚集在一起的，因此一般情况下只需要单行或单列备件。

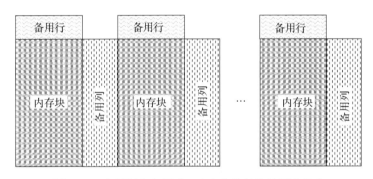

图 6.10　备用行和备用列，内存块的结构性冗余技术

随着晶体管的微缩，存储单元变得更大，需要更多的备用元件。为了方便存取和减少存取损失，大的存储单元被分成小的存储块，每个存储块都有备用行和备用列，使整体的缺陷耐受度保持在可控的范围。然而，这种限制意味着一些存储块没有足够的备用行或备用列，良率通常会降低。这个问题可以通过有效分配冗余资源来解决，其中一种解决方案是存储块备件共享，这样只要存储器的其他区域有未使用的冗余，特定的存储块就不会成为瓶颈。

三模冗余　三模冗余(Triple Modular Redundancy，TMR)技术使用三个相同的模块来执行相同的操作。为了确保运行结果的可靠性和完整性，TMR 采取投票机制输出运行结果，如图 6.11 所示。

TMR 可以提高器件对瞬态缺陷的容忍度。TMR 通过投票模块进行投票，如果可以假设错误只存在于某一模块，输出的结果就是正确的。利用投票机制，就算其中一个模块有故障也可以确保正确

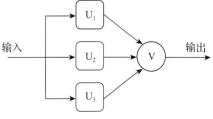

图 6.11　TMR 可靠的投票机制

的输出。如果使用奇数个模块，那么投票结果是可以确定的。

事实证明，TMR 是一种有效的容错技术，可以提高良率。然而，只有在原始模块的可靠性大于 0.5 时，TMR 才能提高系统的可靠性[13]。随着各部件可靠性的提高，系统的可靠性也会迅速提高。在这里，我们假定投票模块是完全可靠的。

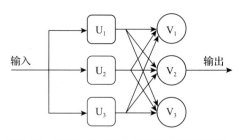

图 6.12　TMR 带有冗余的不可靠投票机制

TMR 系统的可靠性取决于投票模块的可靠性。如果投票模块不可靠，就需要投票模块冗余（见图 6.12），基本思想是使用两个或多个投票模块来克服投票电路的不可靠性。

在大多数实际情况下，每个模块的可靠性不同，此时 TMR 的总体可靠性由最不可靠的单元决定。这意味着，要想最大限度地提高 TMR 的可靠性，就需要将一个系统细分为基本相等且独立的模块。

N 模冗余　N 模冗余技术是 TMR 技术的推广，在该技术中，并行的不是三个模块，而是 N 个模块（见图 6.13）。N 模冗余技术利用 N 个投票模块得到正确的输出结果，每个模块由 N 个单元组成，模块的可靠性是不相关的，这可以避免在超大规模集成（Very Large Scale Integration，VLSI）电路系统中出现共模（common mode）故障[13]。

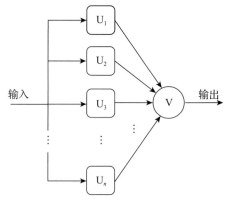

图 6.13　N 模冗余

级联三模冗余　级联三模冗余（Cascaded Triple Modular Redundancy，CTMR）可以结合三个 TMR 模块与一个投票模块来重复 TMR 过程，形成具有更高可靠性的二阶（以此类推，直至 n 阶）TMR，这就是 CTMR 技术，如图 6.14a 所示。图 6.14b 展示了有冗余投票模块的 CTMR，只有当模块内单元数量较多时，才能观察到 CTMR 可靠性的提高。

备用冗余　备用冗余技术将每个模块的多个副本添加到一个并行系统中，如图 6.15 所示。与 TMR 不同，当原始模块有缺陷时，备用冗余技术会用交换机来选择副本，这里的副本被称为备用块，分为冷备用块和热备用块。冷备用块在使用前是断电的；而热备用块一直是通电的，随时都能使用。带有热备用块的备用冗余与 TMR 非常相似。

在设计中使用的两种备用冗余技术分别是双重和成对后备，如图 6.16 和图 6.17 所示。这两种技术利用比较器来验证原始模块的性能，并分配正确的交换机[2]。图 6.18 展示了一种混合冗余方案，结合了备用冗余技术的模块交换和 TMR 技术的投票机制。

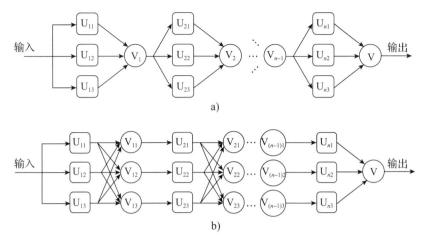

图 6.14　级联三模冗余：a)有一个投票模块的简单 CTMR；b)有冗余投票模块的复杂 CTMR

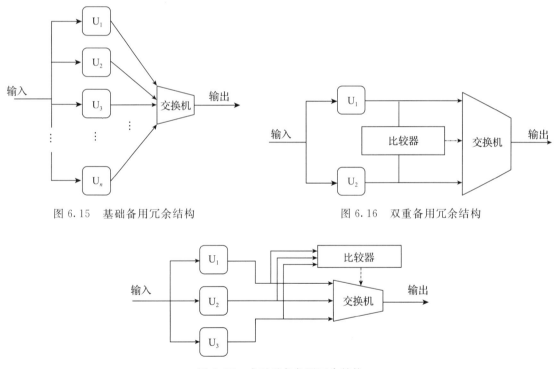

图 6.15　基础备用冗余结构

图 6.16　双重备用冗余结构

图 6.17　成对后备备用冗余结构

6.3.1.2　非结构性冗余技术

非结构性冗余包括信息冗余、时间冗余和软件冗余。纠错码可用于保护存储器，这是信息冗余的一个实例。纠错码技术能够有效检测和纠正 t 位存储单元的故障，这里的 t 通

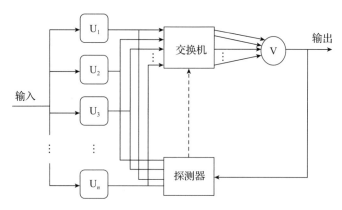

图 6.18　混合冗余方案

常是一个很小的数字。线性分组码是一种常见的存储器编码技术，用于纠正一位错误的汉明码也属于线性分组码。长度为 n 的汉明码有 $n-\lceil \log_2(n+1)\rceil$ 个信息位，所以长度为 12 的汉明码有 $12-\log_2 13=8$ 个信息位，需要 4 个冗余位或校验位进行单位纠错。纠错码也适用于多位错误，但所需的校验位数量会随错误位数量的增加而迅速增加。

时间冗余技术包括重新计算和重新评估，用于检测由单粒子翻转（Single Event Upset，SEU）和单粒子瞬态（Single Event Transition，SET）建模的瞬态错误。SEU 可能由软错误和其他瞬态错误引起（软错误及其对电路的影响将在第 7 章中进一步讨论）。瞬态错误只持续很短的时间，我们可以在单独的时钟周期内重新评估电路，或者可以根据时钟周期和软错误持续时间对电路输出进行双采样。例如，如果瞬态错误持续时间为 50ps 或更短，而时钟周期很长，那么可以以超过 50ps 的间隔对电路输出进行双采样；然而，如果时钟周期较短，则必须在单独的时钟周期内进行此类评估[4,20]。Nicolaidis 提出的双采样方法如图 6.19 所示[21]（这种方法的修改版被称为 Razor，具体可参考 Ernst 等人的工作[16]）。

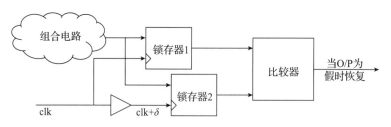

图 6.19　用于检测瞬态错误和时序故障的时间冗余技术

时间冗余方案也被用在资源调度方面。Pan 等人提出了一种微架构修改方案[22]，使用定时资源共享来提高良率，该方案的核心是利用多核系统之间的自然冗余。在同质芯片多处理器系统中，故障的内核利用正常的内核来执行指令，这一过程提高了可靠性和良率，但会导致性能损失。如图 6.20 所示[22]，在故障核和辅助核之间有一个特殊的核间阵列或缓冲区，需要故障单元执行的指令会被自动转移到辅助核。

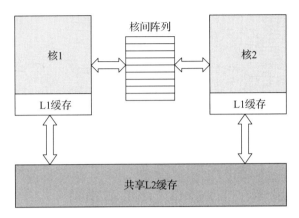

图 6.20　微架构调度：内核之间的资源共享可以提高可靠性和良率

　　用于容错的软件冗余方案包括冗余多线程（Redundant Multi-Threading，RMT）、设置检查点和卷回恢复机制。在多线程环境中，可以通过将同一程序的两个副本作为独立的线程运行，然后比较输出结果来检测缺陷。如果两个线程运行结果不同，则证明系统产生了错误，将启动恢复机制。这种 RMT 方法已用于同时多线程处理器中[23]。另一种提高容错能力的方法是设置检查点。检查点是给定时刻任务状态的快照，包含从该点重新启动所需的所有信息。当检测到错误时，使用检查点信息可以将程序返回到稳定状态。每个检查点可能会存储大量关于任务状态的信息，因此设置检查点会增加时间开销。如果检查点数量很多，那么由此产生的开销可能会比较大。另外，如果检查点数量很少且间隔很长，任务进度可能会过度倒退，造成不必要的时间浪费。因此，检查点的最佳数量是检查点开销和固有故障率的函数。

6.3.1.3　与非门多路复用

　　20 世纪 50 年代中期，冯·诺依曼提出了基于与非门的多路复用技术，以提高计算系统中设计模块的可靠性。该技术可用于降低瞬态故障的影响和减少制造过程中的点缺陷。如图 6.21 所示，将与非门的输入和输出替换为 N 条信号线，同时将与非门重复 N 次。设 A 和 B 是两个输入线束，OUT 是输出线束，在虚线标记的矩形区域对与非门的输入信号进行随机排列。从 A 中选择第一个输入信号，并与 B 中的任意信号配对，然后把信号连接到与非门。根据冯·诺依曼的理论，这种与

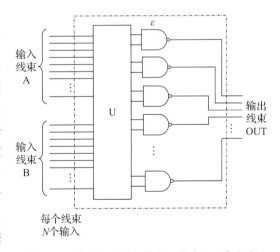

图 6.21　基于与非门多路复用技术的冗余方案

非门多路复用方案只有在线路数量较多时才能有效地应对单一故障。这一事实使得该方案相对不切实际，因此这种技术不太流行。图 6.22 展示了一种多级与非门复用方案（更多细节请参阅冯·诺依曼于 1955 年发表的文献[18]）。

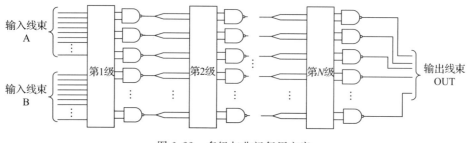

图 6.22　多级与非门复用方案

6.3.1.4　重构

可重构架构可以在制造后编程以执行给定的功能，利用这种技术，在测试阶段就可以检测出故障的组件，并在重构时将其排除。可重构架构已经成为提高制造缺陷容忍度的一种手段。Teramac 是由惠普实验室开发的一种高效、容错、可重构的系统[14]，主要组成部分是可编程交换机和冗余互连。在存在大量缺陷的情况下，Teramac 能够以比传统计算引擎快一百倍的速度得出结果。

可重构容错计算系统与现场可编程门阵列（Field Programmable Gate Array，FPGA）有相同的概念[14-15]。FPGA 包含一个规则的逻辑单元阵列，称为可配置逻辑功能块（Configurable Logic Block，CLB）或查找表（Look-Up Table，LUT）。图 6.23 展示了两个 CLB，它们能够用给定的输入和输出实现不同的逻辑功能。每个 CLB 可以通过互连线和交叉开关组成的规则结构与其他 CLB 通信。每个 CLB 的逻辑和内存映射是现场完成的，多个 CLB 形成块，进一步又形成集群。重构的主要优点是能够检测制造缺陷，定位故障的 CLB 并进行相应处理。Teramac 通过使用自诊断软件来完成所有的步骤，在为给定功能配置 CLB 之前，先创建一个有缺陷的 CLB 数据库。因此，在满足映射的前提下，逻辑是利用无故障的 CLB 实现的，而不是依赖于无缺陷的电路。在配置过程中，从可用的 N 个良好集群中找到 x 个集群的概率是非常重要的，这些集群可用于映射所需的逻辑和内存元素。同样的方法也可以用于 VLSI 系统的可靠性分析。

6.3.1.5　基于冗余的容错技术比较

多路复用、N 模冗余和重构技术的冗余程度与器件故障率的关系如图 6.24 所示。在一个具有大约 10^{12} 个器件的芯片中，每个器件的故障率应该小于 10^{-10}。在这种情况下，重构技术的开销比 N 模冗余和与非门多路复用技术要小得多。如图所示，重构技术适用于器件缺陷率比较高的情况，但需要大量的冗余；而 N 模冗余技术适用于器件故障率为 10^{-9} 或更低的情况。当器件故障率为 10^{-3} 时，与非门多路复用技术适用于 10^{12} 个器件的设计。

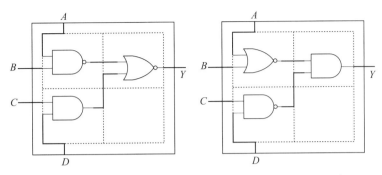

图 6.23　可配置逻辑功能块(CLB)——重构理论的基本要素

鉴于当前的器件故障率,这么大的冗余开销通常是不合理的。然而,在原子级器件中,这样的冗余水平可能会在具有大量器件的设计中发挥更大的作用。

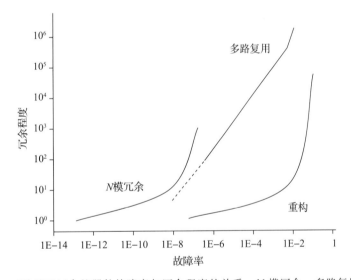

图 6.24　三种基于冗余的器件故障率与冗余程度的关系:N 模冗余、多路复用和重构

6.3.1.6　熔丝

即使高度优化存储器的布局,DRAM 也很容易受到工艺缺陷的影响。迄今为止,冗余技术已被广泛用于保护存储器的各个部分,包括存储单元、感测放大器、字线驱动器和解码器[2]。通常,在制造完成后进行缺陷检测,随后进行修复和冗余分配。利用可编程激光熔丝可以在实际工作中排除掉有故障的部分,激光源从物理上"毁坏"放置在晶圆不同区域的熔丝,从而断开芯片中有缺陷的部分,并用备用的行/列、驱动器和解码器进行替换。激光熔丝由多晶硅或金属制成,只需要暂时暴露在修复激光下即可准确熔断。熔丝的制造在位置上和尺寸上都必须精确,以便能够有效地熔断,并进行所需的连接或断开。熔丝模式必须遵守设计布局规则,还要确保激光不会造成额外的缺陷。为了最大限度地减少熔丝

在熔断过程中的缺陷，我们可以将熔丝以恒定的间距首尾相连地放置在晶圆上。此外，尽量减少熔丝的行数也有助于提高激光修复的准确性和一致性。最后要说的是，每行熔丝的特殊对准标记（又称为键）用于在曝光时对准激光修复机的头部。

　　与金属熔丝相比，多晶硅熔丝产生的碎片更少，而且可以确保分离的可靠性。激光熔丝阵列如图 6.25a 所示，图 6.25b 显示了熔丝熔断后产生的空隙（直径为 D），大约等于激光波长的两倍。直径 D 限制了熔丝之间的最小间距（熔丝节距），如果将熔丝放在这个节距内，相邻的熔丝可能会意外地熔断。虽然较短的波长会有更好的精度，但也增加了损坏衬底的可能性[24]，从而造成更多的晶圆缺陷，所以要避免使用波长较短的激光。减少熔丝的特征宽度需要改进激光的聚焦和对准，激光熔丝的主要缺点是激光修复设备的成本很高，因为这些设备不能用于其他工艺步骤，所以使用激光熔丝会使 IC 生产成本显著增加。熔丝通常用于 CMOS 芯片中以实现冗余，或用于修整电容器、电阻器和其他模拟元器件，还可用于保存永久信息，如芯片 ID、解密密钥等。

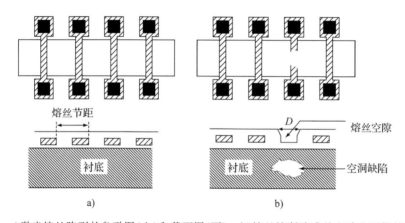

图 6.25　a)激光熔丝阵列的鸟瞰图（上）和截面图（下）；b)熔丝熔断造成的空隙和可能的衬底缺陷

　　电子熔丝（electrical Fuse，eFuse）是另一种类型的可编程存储器单元。与激光熔丝不同，eFuse 通常使用大型晶体管进行编程。晶体管的横截面如图 6.26 所示[19]，在多晶硅和金属之间有一层薄薄的绝缘体材料（例如，氧-氮-氧[25]或非晶硅[26]），通过施加高焦耳热（即电迁移）在该层中创建一个开口，从而在两个导电层之间形成导电路径。工程师可以在芯片封装后对 eFuse 进行编程，这是激光熔丝无法实现的。eFuse 的另一个主要优点是可以通过反向运行大电流来恢复连接层之间的绝缘性，实现重新编程；缺点是大型晶体管消耗的功率也很大，会对测试吞吐量产生不利的影响。因此，eFuse 通常仅用于小型 SRAM。

　　还有一种类型的可编程熔丝技术是氧化物破裂熔丝（又叫反熔丝）。在 eFuse 的设置中，施加强电流可以形成可编程的氧化状态。基于氧化物的反熔丝可以使用标准的 CMOS 工艺生产，与其他两种熔丝技术相比，它的体积比较小，更适用于大的存储器 IC。

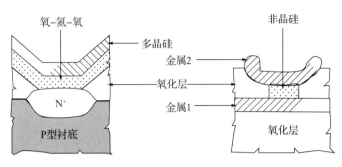

图 6.26 可编程电子熔丝

所有的熔丝技术都依赖于熔丝的电阻，以确保可靠地断开连接。任何熔丝都存在固有的可靠性问题，随着时间的推移，电阻的变化可能会导致器件故障。

6.3.2 避错

由于器件和互连特征尺寸以及工艺可变性窗口的缩小，工艺缺陷、光刻缺陷和设计缺陷的程度都在增加。缺陷可能导致灾难性的故障（例如互连线和器件的开路和短路），还可能导致影响性能、噪声和信号完整性的参数故障。在过去的二十年里，人们研究出了几种电路和布局技术，以提高设计对缺陷的容忍度，本节将讨论其中的一些技术。

由工艺缺陷引起的点缺陷会导致金属线的开路和短路。在 5.2 节中，为了预测良率，我们讨论了关于临界面积分析的问题。针对点缺陷，最常用的布局技术是减小临界面积。开路临界面积取决于金属线的宽度，而短路临界面积取决于相邻两条金属线的间距。因此，我们可以通过尽可能拓宽金属线来减小开路临界面积，但是必须符合设计规则。通过增加金属与金属之间的间距，可以减小短路临界面积。如图 6.27 所示，减小临界面积可以有助于提高良率[17]。刚刚描述的两种临界面积改进技术也可以并入现有的 OPC 算法。

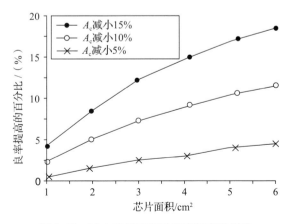

图 6.27 减小临界面积对良率提高的影响

5.3.2 节描述了由模式依赖性引起的线宽变化。这种变化是由焦点、剂量和抗蚀剂厚度等输入参数的扰动或错误造成的。基于 OPC 和多模式的技术可以避免由布局模式导致的适印性错误，新的 OPC 方法包含统计变量。

改进电路参数和布局的技术在硅前设计优化阶段起着至关重要的作用。参数缺陷包括阈值电压、电路路径和门延迟的改变以及其他与设计参数相关的偏差。亚阈值电流是截止状态下晶体管电流的主要部分，随阈值电压的降低呈指数增加。晶体管的阈值电压是通过离子注入来调节的，即在晶体管沟道内注入离散的掺杂原子获得适当的阈值电压。根据当前的技术水平，所需的掺杂原子数量约为 100 个。然而，在器件中均匀注入精确数量的掺杂原子是很困难的，这就导致了沟道内掺杂原子的随机波动。这种波动会使阈值电压发生变化，改变漏电流和传播延迟等电路参数。因为电路频率是由最慢的逻辑路径决定的，所以较大的路径变化会降低参数良率。

栅极长度偏置可用于降低性能损失，通过修改选定晶体管的栅极长度，可以提高性能并减少待机状态下的功耗。这一过程会减少（增加）关键（非关键）路径上晶体管的栅极长度。栅极长度可以通过放置亚分辨率辅助图形（Sub-Resolution Assist Feature，SRAF）来调整，以便在光刻过程中引导光学衍射。

随着晶体管的微缩，电源电压和节点电容都降低了。存储电荷的减少使得电路节点容易受到外部（如放射性或宇宙）辐射的影响，产生软错误。计算系统中的软错误率一直在稳步上升[27-29]。辐射通常会引发 SEU，导致错误值被"锁存"（捕获），由 SEU 引起的可观测性错误也被归类为软错误。文献中有很多技术可以减轻 SEU 对存储单元、标准单元和锁存器的影响，接下来我们将介绍其中的一种，该技术利用自适应体偏置和分压来降低 SEU 对电路运行的影响。

图 6.28 所示的反相器由一个 PMOS 晶体管和一个 NMOS 晶体管组成[28]，它们的漏极连接起来形成反相器的输出，源极分别连接电源和地。当反相器输入值为逻辑 1 时，输出值为逻辑 0。PMOS 晶体管的漏极产生高电场，由图中标记为 PHE 的阴影圈表示。如果有粒子撞击该区域附近，电场会瞬间增加，PMOS 晶体管的漏极电压和输出端电荷也会增加，输出值为 0-1-0。宇宙射线粒子对反相器链的撞击清楚地说明了这种效应，如图 6.29a 所示[28]，图 6.29b 显示了期望输出和由 SEU 引起的瞬时信号故障。减轻这种效应需要"强化"电路以抵御这种间歇性的攻击，具体操作我们接下来会介绍。

改进后的反相器电路如图 6.30 所示[28]，输入端口 IN_P 和 IN_N 分别将相同的逻辑值输入 PMOS 晶体管和 NMOS 晶体管。NMOS 晶体管 N_1 在隔离阱的外部，而 N_2 在内部，因此其主体端子与地相连。类似地，

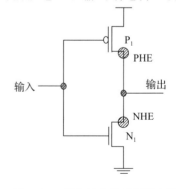

图 6.28　简化的传统反相器电路

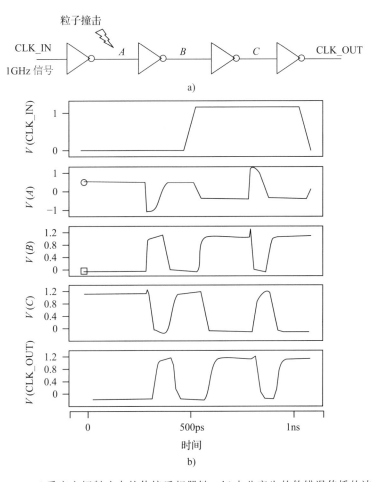

图 6.29　a)受宇宙辐射攻击的传统反相器链；b)由此产生的软错误传播的波形

PMOS 晶体管 P_2 "偏向" 于电源。当反相器的输入逻辑值为 1 时，易受 SEU 影响的区域是图中标有 PHE 的阴影圈。当粒子撞击该电路时，由于受影响的节点与下一个反相器的 PMOS 相连，因此节点故障不会影响电路运行。图 6.31 显示了这种缓解效应[28]，PMOS 链的分压降低了间歇性信号变化的影响[28]，0-1-0 的突变不影响反相器链的运行。这种技术也可以应用于标准单元和动态电路，因此，各种单元都被设计成这种抗辐射的结构。

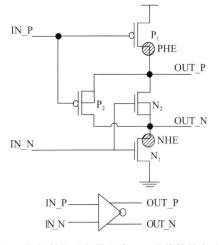

图 6.30　抗辐射的反相器电路(上)及其符号表示(下)

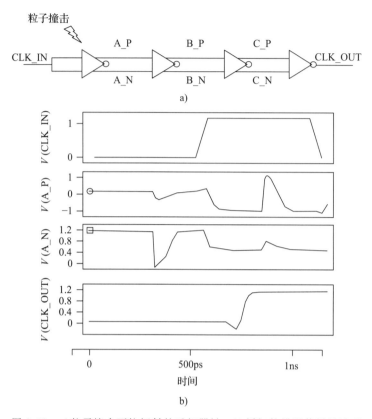

图 6.31 a)粒子撞击下抗辐射的反相器链；b)缓解软错误传播的波形

6.4 本章小结

在本章中，我们研究了各种提高良率的技术，其中良率是好芯片占芯片总量的比例。芯片的缺陷是由掩膜对准问题、制造参数变化、与化学过程有关的颗粒缺陷、设备使用不当和操作错误导致的。本章提出了两个重要的观点：第一个是缺陷位置与某些布局模式相关，许多制造缺陷是集中出现的；第二个是可以通过避错、故障行为分析和容错来提高良率。故障行为分析基于故障模型，它尝试探究物理缺陷的逻辑表现形式。避错技术得益于两个显著的缺陷特征：①缺陷位置被预测到的概率很高；②可以通过改变布局减少或消除缺陷。容错技术通过修改架构或软件来规避有故障的电路。这些技术都需要冗余，冗余可以以时间、信息、逻辑或软件的形式实现，冗余的成本和逻辑功能与缺陷聚类有关：逻辑或硬件解决方案更容易规避集群缺陷，而信息冗余可以更好地处理随机缺陷。此外，软件解决方案更适合处理间歇性错误，而时间或信息冗余则更适合处理参数缺陷。

参考文献

1. W. Maly, A. J. Strojwas, and S. W. Director, "VLSI Yield Prediction and Estimation: A Unified Framework," *IEEE Transactions on Computer Aided Design* **5**(1): 114–130, 1986.
2. V. P. Nelson and B. D. Carrol, *Fault-Tolerant Computing*, IEEE Computer Society Press, Washington DC, 1987.
3. M. L. Bushnell and V. D. Agarwal, *Essentials of Electronic Testing for Digital, Memory, and Mixed-Signal VLSI Circuits*, Springer, New York, 2000.
4. N. K. Jha and S. Kundu, *Testing and Reliable Design of CMOS Circuits*, Kluwer, Dordrecht, 1990.
5. M. Sachdev, *Defect Oriented Testing for CMOS Analog and Digital Circuits*, Kluwer, Boston, 1998.
6. J. M. Acken and S. D. Millman, "Fault Model Evolution for Diagnosis: Accuracy vs. Precision," in *Proceedings of Custom Integrated Circuits Conference*, IEEE, New York, 1992, pp. 13.4.1–13.4.4.
7. G. Greenstein and J. Patel, "EPROOFS: A CMOS Bridging Fault Simulator," in *Proceedings of International Conference on Computer-Aided Design*, IEEE, New York, 1992, pp. 268–271.
8. J. M. Acken, "Testing for Bridging Faults (Shorts) in CMOS Circuits," in *Proceedings of Design Automation Conference*, IEEE, New York, 1983, pp. 717–718.
9. J. M. Acken and S. D. Millman, "Accurate Modeling and Simulation of Bridging Faults," in *Proceedings of Custom Integrated Circuits Conference*, IEEE, New York, 1991, pp. 17.4.1–17.4.4.
10. S. D. Millman and J. P. Garvey, "An Accurate Bridging Fault Test Pattern Generator," in *Proceedings of International Test Conference*, IEEE, New York, 1991, pp. 411–418.
11. J. Rearick and J. Patel, "Fast and Accurate CMOS Bridging Fault Simulation," in *Proceedings of International Test Conference*, IEEE, New York, 1993, pp. 54–62.
12. F. J. Ferguson and T. Larabee, "Test Pattern Generation for Realistic Bridge Faults in CMOS ICs," in *Proceedings of International Test Conference*, IEEE, New York, 1991, pp. 492–499.
13. K. Nikolić, A. Sadek, and M. Forshaw, "Fault-Tolerant Techniques for Nanocomputers," *Nanotechnology* **13**: 357–362, 2002.
14. J. R. Heath, P. J. Kuekes, G. S. Snider, and R. S. Williams, "A Defect-Tolerant Computer Architecture: Opportunities for Nanotechnology," *Science* **280**: 1716–1721, 1998.
15. J. Lach, W. H. Mangione-Smith, and M. Potkonjak, "Low Overhead Fault-Tolerant FPGA Systems," *IEEE Transactions on Very Large Scale Integrated Systems* **6**: 212–221, 2000.
16. D. Ernst, N. S. Kim, S. Das, S. Pant, T. Pham, R. Rao, C. Ziesler, et al., "Razor: A Low-Power Pipeline Based on Circuit-Level Timing Speculation," in *Proceedings of International Symposium on Microarchitecures*, IEEE/ACM, New York, 2003, pp. 7–18.
17. I. Koren and C. Mani Krishna, *Fault-Tolerant Systems*, Morgan Kaufmann, San Mateo, CA, 2007.

18. J. von Neumann, *Probabilistic Logics and the Synthesis of Reliable Organisms from Unreliable Components*, Princeton, NJ: Princeton University Press, 1955, pp. 43–98.

19. T. P. Haraszti, *CMOS Memory Circuits*, Springer, New York, 2000.

20. M. Goessel, V. Ocheretny, E. Sogomonyan, and D. Marienfeld, *New Methods of Concurrent Checking*, Springer, New York, 2008.

21. M. Nicolaidis, "Time Redundancy Based Soft-Error Tolerance to Rescue Nanometer Technologies," *Proceedings of VLSI Test Symposium*, IEEE, New York, 1999, pp. 86–94.

22. A. Pan, O. Khan, and S. Kundu, "Improving Yield and Reliability in Chip Multiprocessors," in *Proceedings of Design Automation and Test in Europe*, IEEE, New York, 2009.

23. Steven K. Reinhardt and Shubhendu S. Mukherjee, "Transient Fault Detection via Simultaneous Multithreading," in *Proceedings of International Symposium on Computer Architecture*, IEEE, New York, 2000, pp. 490–495.

24. A. M. Palagonia, "Laser Fusible Link," U.S. Patent no. 6,160,302 (2000).

25. E. Hamdy et al., "Dielectric Based Antifuse for Logic and Memory ICs," in *International Electron Devices Meeting* (Technical Digest), IEEE, New York, 1988, pp. 786–789.

26. J. Birkner et al., "A Very High-Speed Field Programmable Gate Array Using Metal-to-Metal Antifuse Programmable Elements," *Microelectronics Journal* **23**: 561–568, 1992.

27. S. Mukherjee, *Architecture Design for Soft Errors*, Morgan Kaufman, San Mateo, CA, 2008.

28. Ming Zhang and Naresh Shanbhag, "A CMOS Design Style for Logic Circuit Hardening," in *Proceedings of IEEE International Reliability Physics Symposium*, IEEE, New York, 2005, pp. 223–229.

29. P. Shivakumar et.al., "Modeling the Effect of Technology Trend on the Soft Error Rate of Combinational Logic," in *Proceedings of International Conference on Dependable Systems and Networks*, IEEE Computer Society, Washington DC, 2002, pp. 389–398.

物理设计和可靠性

7.1 引言

随着摩尔定律的终结，集成电路的长期可靠性逐渐成为一个重要问题，其主要源于特征尺寸的缩放以及制造过程中的不确定性。目前，消费领域的半导体集成电路的使用寿命通常为 10 年左右，而在卫星、太空系统等严苛的应用场景中，芯片的预期寿命可能要长得多。因此，为了提高半导体产品的可靠性，我们必须清楚地了解其潜在的故障机制。一部分可靠性故障仅仅源于制造问题，例如电荷泄漏、潮湿引起的物理腐蚀、封装问题以及键合不牢。但其余的可靠性故障则来源于设计步骤，例如高电流密度、I/O 端口的不当使用和散热不良导致的芯片故障。本章中，我们主要关注源于设计的可靠性问题，即可能影响芯片整体可靠性的设计步骤。

在典型的设计流程中，可靠性准则是预防可靠性故障的主要机制。可靠性准则旨在提供足够的设计裕度来尽可能避免可靠性故障的出现。例如互连线尺寸的设计，互连线上可能发生的电迁移故障与电流密度有关，而电流密度又是互连线宽度的函数，因此对于给定的驱动电压，互连线的尺寸应被设置为可以最小化电流密度的数值，以避免电迁移故障。类似的方法被应用到了其他故障的预防上。为了制定一套全面的可靠性准则，必须对芯片进行详细的故障分析以识别出导致故障的设计属性。可靠性准则与多种因素有关。一方面，可靠性准则是工艺质量的函数，随着工艺的发展而变化；另一方面，可靠性准则也是预期指标的函数，会因具体产品而异。一般来说，当设计有较大可能出现可靠性问题时，会有明显的预警迹象。例如，在发生电迁移故障时，互连线会在它完全开路之前经过一个极高电阻的阶段。对这种现象的了解使故障预警系统的设计成为可能。

若一个器件在其预定的生命周期内在给定的条件下可以稳定地执行预期的操作，则我们认为该器件是可靠的。然而，工艺参数的变化会影响器件的实际工作情况，如果在设计时未考虑到这种工艺参数的变化，就可能会导致产品在预期寿命前发生可靠性故障。为了量化集成电路产品的可靠性，人们提出了多种衡量指标。一条生产线上的产品可能在不同的时间发生故障，因此，平均无故障时间(Mean Time To Failure，MTTF)是一种用于描述产品使用寿命的可靠性指标。另一个相关的衡量标准是产品出货后质量水平(Shipped Product Quality Level，SPQL)，它量化了一个产品在生命周期从开始到结束期间不同的时间点上，每百万个芯片中的故障数量。故障率是另一种常用的可靠性指标，定义为在指定的时间间隔内故障的芯片数量与芯片总数之比。MTTF 可以用于表示产品的预期寿命，而故障率更适合用于表征具体的故障模式。

在集成电路的生命周期内发生的可靠性故障可按发生时期分为三种：①初期故障(亦称婴儿故障)；②中期随机故障；③末期磨损性故障。图 7.1 所示为故障率关于时间的关系图，IC 的生命周期形成了一个"浴缸"曲线。其中，初期故障发生在产品生命周期的起始阶段。造成初期故障最常见的原因是制造缺陷。采用压力测试可以有效降低初期故障率，避免在产品交付用户后的初期发生故障。这种压力测试也被称为老化测试或振动-高温测试，这些术语与所应用的压力条件有关。当集成电路受到高 g 值的振动时，许多机械故障会加剧，这是振动-高温测试的"振动"部分。"高温"部分指的是在测试室中施加高电压和高温，以加剧电迁移故障和栅极氧化层短路故障。曲线在初期区域越陡峭，表明压力测试的效果就越好。初期故障率随着制造工艺的成熟以及不良晶圆的筛除而降低。

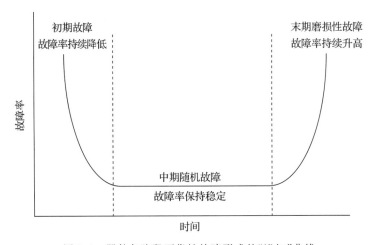

图 7.1　器件各阶段可靠性故障形成的"浴缸"曲线

在集成电路的正常生命周期中，存在一个故障率相对恒定的阶段，在此期间发生的故障取决于环境影响和过载等外部因素，因此被认为是随机的，故这种故障称作中期随机故障。在某些情况下，这一阶段的持续时间可以远远超出集成电路的预期使用寿命。在最后一个阶段，由于电路的磨损，故障率持续升高，这导致了集成电路的性能下降，甚至完全故障。这种 IC 磨损，又称为老化，是由多种故障机制引起的，如电迁移、氧化层击穿和负偏置温度不稳定性，这些将在本章后续部分详细讨论。

产品的长期可靠性被定义为 IC 能保持恒定的故障率且未进入老化阶段的时间，高可靠性的集成电路的实际工作时间往往长于预期寿命且更耐老化。器件老化机制可分为灾难性机制、渐进退化机制和辐射诱导机制(见 7.6 节)。灾难性机制会导致器件的完全故障，因而是考虑可靠性问题时的关注重点。电迁移、静电放电或氧化层击穿都可能导致突然且灾难性的故障。这些故障会导致不可修复的缺陷，如金属线或器件的开路或短路。当一个区域的电流密度过大时，电迁移会导致金属线的断裂，这是因为在较高的电流密度下，金属线上的原子被恒定的电子流"吹走"。不正确的布局布线形成的金属线更薄，更容易受到电迁移故障的影响，这一故障也常见于器件和多晶硅栅极中的金属接触区。

静电放电是指由于晶体管栅极上静电的突然放电所引起的损害，它可以永久地改变栅极对晶体管的控制能力。这种快速的静电转移通常发生在与静电电荷接触的 I/O 器件中。氧化层(通常是二氧化硅)作为栅极和沟道之间的电介质材料，用于浅槽隔离并充当金属线之间的夹层介质。当在氧化层上施加过高电压导致氧化层中出现永久性的电流传导通道时，就发生了氧化层击穿，这也会导致可靠性问题。随着技术的发展，栅极电介质材料的厚度已经减少到 20Å 以下，这使得栅极氧化层更容易出现可靠性问题。

可靠性问题也可能表现为器件功能的逐渐退化。这种问题在器件保持较长工作时间时才会显示出来。热载流子效应和负偏置温度不稳定性(Negative Bias Temperature Instability，NBTI)是可靠性渐进退化机制的部分成因。热载流子指在强电场的存在下，半导体材料中存在的电子和空穴被加速形成的高能载流子。这些高能载流子可能会进入氧化物区域并在器件中形成可以留存电荷的缺陷(又叫界面缺陷)。氧化物中的缺陷改变了器件的阈值电压和跨导率，这会影响器件的性能。沟道缺陷可能由衬底效应和二次热载流子效应引起，与界面缺陷相同，沟道缺陷也受器件工作温度的影响。相比其他器件，热载流子效应对 NMOS 器件的影响更为显著。

负偏置温度不稳定性会影响 PMOS 器件，当 PMOS 晶体管负偏置(即负栅极电压)时，其阈值电压将在高温下变高，这会影响晶体管的导通电流及器件性能。出现在器件表面的界面缺陷会导致电路在运行期间的性能出现变化，而被缺陷捕获的电荷会影响热载流子效应和 NBTI 的作用效果。NBTI 的物理性质已有一些研究结果[1-7]，不同于热载流子效应，NBTI 的影响在非负偏置条件和较低的温度下可以被修正。

迄今为止，我们提到的可靠性问题包括逻辑电路和时序电路由于老化而出现的永久性故障。相比之下，在电路运行中导致间歇性故障的可靠性问题被称为软错误，这通常与老化无关。尽管如此，从可制造性设计(Design For Manufacturability，DFM)的角度来看，软错误是很有趣的。例如，增加具有一定驱动能力的器件的负载电容，可以增加器件对软错误的容忍能力，但也可能导致性能问题。此外，器件中较大的扩散区也可能增加软错误。因此，在充分考虑 DFM 后，软错误可以被有效解决。

可靠性效应的建模和仿真是改进良率设计的关键。随着器件数量和连接复杂性的增加，可靠性问题变得更加明显，而可靠性模拟试图使用以设计参数为变量的函数来预测器件的寿命。这样的分析手段有助于实现更好的可靠性设计，本章将对其进行重点讨论。

7.2 电迁移

电迁移(Electro-Migration，EM)是最广为人知的可靠性故障，它在过去的四十年里引起了广泛的研究兴趣。电迁移故障与电流密度有关，所以电迁移故障更有可能发生在芯片宽度较窄的电源线中。此外，电迁移问题也与导体的性质有关，例如铝线的电迁移问题比相同尺寸的铜线更严重。在 250nm 技术节点之前，基于电导率、成本和可制造性等方面的综合考量，铝是制造金属互连线的首选，但铝线极易出现电迁移问题。相比之下，铜线由于其具有更高的电导率而对电迁移问题的抗性更高。然而，随着特征尺寸的微缩和电流密度的增加，铜线上的电迁移问题也越发严重。

电迁移的定义为：在电场存在下，由于电子通过导电介质而导致的原子迁移或移位[8-9]。通过导体的电流在相反的方向上产生了一个强度相等的电子流，其与原子之间的碰撞行为导致金属(铝或铜)原子向正极移动。当原子发生移位时，就会产生向导体的负极移动的微小孔洞，这些孔洞可能会连接起来并形成空隙，进而减小导体的截面面积，这会使电流密度提高进而导致局部发热，当这种发热持续较长时间后就会导致 EM 故障，如开路或者极高电阻。迁移到正极的原子会逐渐堆积并增加导体的横截面，这有可能导致相邻导体被桥接。由电迁移导致的开路或短路故障如图 7.2 所示。

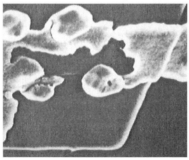

图 7.2 在互连金属线中出现的电迁移(EM)故障(由英特尔公司提供)

电迁移问题可以在互连金属线、触点和栅极多晶硅线上观察到，其表现为局部电路开路或金属线电阻的增加。对于多晶硅线，空隙是由磷原子的耗散引起的。对于金属线，在高温和稳定电流的情况下，电迁移（EM）引起的导体失效过程会加速。从建模与仿真的角度来看，所有由电迁移引起的故障都是物质传输、温度梯度、电流密度、金属尺寸和接触截面的函数，这些参数与器件平均无故障时间的关系如下[10]：

$$\mathrm{MTTF} = AJ^{-n}\exp\left(\frac{E_\mathrm{a}}{k_\mathrm{B}T}\right) \tag{7.1}$$

式中，J 为电流密度，A 为一个依赖于制造技术的常数，E_a 为导体材料的活化能，k_B 为玻耳兹曼常数，T 为导体温度（以 K 为单位）。T 的值是参考温度 T_ref 和自热温度 T_self 的函数。自热温度实际上只构成导体温度的一小部分，所以 T 几乎总是在 $100\sim200℃$。n 的值不仅取决于电迁移故障的原因（如温度或结构变形），还取决于在电场影响下金属内物质传输导致的原子（空穴）的合并程度。对于铜金属线，n 的值设置为 1.2。

电流密度 J 是导体尺寸、导线电容以及所施加的电源电压及其频率和开关概率的函数[10]：

$$J \propto \frac{C \times V}{W \times H} \cdot f \cdot s_\mathrm{p} \tag{7.2}$$

式中，C 表示导线电容，V 表示电源电压，W 与 H 表示导体界面的宽度和高度，f 表示频率，s_p 表示开关概率。金属线和宽度较小的金属通孔具有较高的电流密度，因此更容易发生电迁移故障，从而导致 MTTF 值较低。电迁移故障的一个典型情况为一个大面积的栅极驱动稳定的电流通过一个宽度较窄的互连线。

不正确的接触截面导致"电流拥挤"，从而造成局部升温和温度梯度。另一个主要的可靠性问题是结尖峰（见图 7.3，来自 Sabnis[11]），它表现为金属层突破半导体层并形成尖峰，这通常在 PN 结深度较浅时观察到。结尖峰以及由硅迁移形成的空隙是导致接触点和通孔电迁移故障的主要原因，接触点和通孔的平均无故障时间由以下函数定义：

$$\mathrm{MTTF} \propto X_\mathrm{d}^2\left(\frac{I}{W}\right)^{-n}\exp\left(\frac{E_\mathrm{a}}{k_\mathrm{B}T}\right) \tag{7.3}$$

式中，X_d 为接触点的结深度，I 为通过接触点或通孔的电流，W 为区域的宽度。由于形成的 PN 结不均匀，这里的 MTTF 关系使用电流而不是电流密度。根据文献，式（7.3）中的 n 值取决于通过接触点或通孔的电流大小：对于大电流，该值为 6～8；对于小电流，该值为 1～3。

减少电迁移故障的主要技术是增加金属线的宽度或者增大接触点或通孔的尺寸。增加区域的

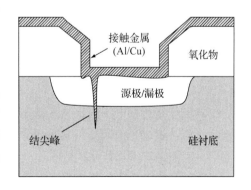

图 7.3　由于在半导体与金属接触面上发生的电迁移故障而导致的结尖峰（截面视图）

尺寸可以降低电流密度，从而减少局部加热，进而减少电迁移故障。增大单独一个区域的尺寸(乃至将其加倍)产生的开销非常小，但故障位置的潜在随机性要求增加整个线路或沟道的宽度，这带来相当大的开销。互连线宽度的增加意味着设计需要更大的尺寸才能实现相同数量的电路，而随之增大的芯片面积有可能导致设计不符合性能要求。

7.3　热载流子效应

沟道内的电子和空穴在电场的影响下获得动能，当动能足够克服氧化物和沟道之间的势垒时，它们就可能进入栅极氧化层中。在能级和氧化层的厚度满足某些要求时，这些电荷可能会被困在氧化层中，这将改变器件的阈值电压，进而改变其驱动电流。

热载流子注入(Hot Carrier Injection, HCI)的典型机制为：在强电场的影响下，沟道中出现具有高动能的载流子(见图 7.4)。热载流子注入可能由于在沟道中发生散射，或者由于在漏极发生雪崩击穿。热载流子由于动能而增加的能量超过了沟道氧化层的势垒，这允许载流子隧穿通过它，这些隧穿的载流子就形成了界面缺陷，其数量随着时间的推移而不断增加，一旦超过临界数量，就可能产生穿过氧化物的通道，导致器件被击穿。HCI 具有多种注入机制，如下所述，其中 7.3.1 节至 7.3.4 节介绍了热载流子产生机制、缺陷产生机制、器件退化机制和相应的缓解策略。

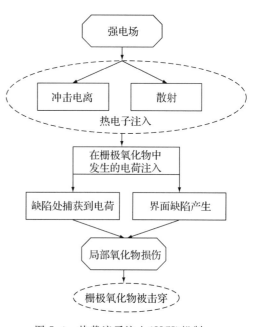

图 7.4　热载流子注入(HCI)机制

7.3.1　热载流子注入机制

热载流子是指在电场的影响下动能增加的空穴或电子。高能载流子隧穿进入半导体和氧化物材料，形成界面缺陷。热载流子的注入机制有以下四种：①漏极注入；②沟道注入；③衬底注入；④次级注入[12-13]。

当器件漏极电压大于栅极电压但小于饱和电压时，就会发生漏极注入。在高漏极电压的影响下，沟道载流子获得动能，由于横向电场在沟道的漏极端达到最大值，载流子会在漏极耗尽区与硅晶格发生碰撞并形成电子-空穴对。在正常情况下，该过程类似于冲击电离，但当这些电子-空穴对获得足够的能量和电势以至于能够隧穿沟道与栅极氧化物之间的边界时，就可能从栅极逃逸并产生栅极漏电流；另一种可能是电荷在氧化物内部被捕获，如图 7.5 所示。界面缺陷可以在氧化物区域内逐渐累积，这使得器件性能的退化越发明显。漏极电压引起的热载流子注入是 HCI 最常见的类型，它会影响器件的 V_{T} 和跨导。

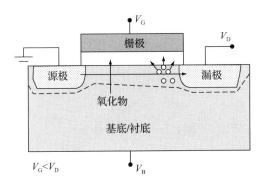

图 7.5　漏极注入型 HCI

热载流子注入的另一种类型是沟道注入，如图 7.6 所示。在这种注入机制中，导致电子隧穿进入氧化层的不是高能载流子的雪崩效应，而是沟道中电子的散射。当栅极电压等于漏极电压且源极电压处于最小值时，电流从源极流过漏极，由此在沟道中产生的电场可以使载流子在散射过程中产生足够的能量，以至于其中一些载流子能够在到达漏极之前穿透栅极氧化层。

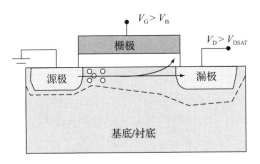

图 7.6　沟道注入型 HCI

衬底偏置通常用于调整流过器件的漏电流的大小。施加在衬底上的偏置电压正负均可，这取决于器件的沟道类型(N 或 P)。如果衬底偏置电压(负偏置或正偏置)高于所需电压，则衬底中的部分载流子会被推向沟道。这些载流子可以获得动能并隧穿进入栅极氧化物，形成界面缺陷，如图 7.7 所示。

次级注入与漏极注入发生在同一阶段(即当 $V_{\mathrm{D}} > V_{\mathrm{G}}$ 时)。如前所述，一些具有高动能的载流子不会穿透氧化物，而是向相反的方向(衬底)移动，形成较大的漂移电流。当施加一个足够大的偏置电压时，其中一些次级电子-空穴对会被反射回沟道，并隧穿进入栅极氧化物中。

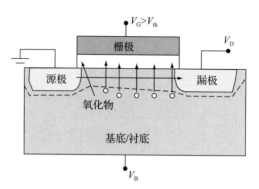

图 7.7　衬底注入型 HCI

7.3.2　器件损坏特性

　　热载流子退化对 N 沟道和 P 沟道器件的影响基本相同。在 P 沟道器件中，这种影响略微减弱，因为与 N 沟道器件相比，它需要使热载流子获得动能所需的漏极电压较高。界面缺陷和氧化物中累积的电荷在器件中引起两个主要变化。第一，在氧化物中的电荷会影响表面电势，从而改变器件的平带电压，而平带电压的任何细微变化都将显著改变器件的阈值电压，进而影响其性能。第二，在 Si-SiO$_2$ 中存在的界面缺陷影响了大多数载流子通过时该沟道的迁移率，而迁移率的降低会影响漏极电流和器件的性能。

　　器件在 HCI 发生前后的漏极 I-V 特性曲线如图 7.8 所示[14]。观察发现，在晶体管的线性区而非饱和区中，由于载流子散射引起的器件退化最为明显。这是因为当器件进入饱和区时，漏极电流与漏极电压无关，在这种情况下，器件退化的主要原因是在沟道中发生的冲击电离。

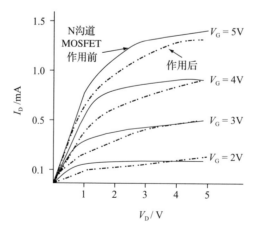

图 7.8　器件在 HCI 发生前后的漏极 I-V 特性曲线

与电迁移的情况不同，此时器件性能并不会由于界面缺陷的存在而立即降低，而是随着在氧化物内部和沟道-氧化物边界中缺陷的不断累积而逐渐退化。器件在热载流子影响下的平均无故障时间取决于器件的沟道宽度和工作条件（即偏置电压和温度）。因为温度影响了氧化物内部脱离被捕获状态电子的数目，所以温度也是一个关键的参数。

以 HCI 为变量的平均无故障时间函数可以表示如下：

$$\mathrm{MTTF} = \int_{t=0}^{t=T} \frac{I_{\mathrm{DS}}}{W \cdot x} \left(\frac{I_{\mathrm{sub}}}{I_{\mathrm{DS}}} \right)^m \mathrm{d}t \tag{7.4}$$

式中，MTTF 以器件在 HCI 作用下的退化程度来表示，其数值取决于沟道宽度 W、漏极电流 I_{DS} 和衬底电流 I_{sub}。可以看出，器件的退化程度随着作用时间 T 的增加而加剧。

7.3.3 时间依赖性介电击穿

栅极氧化物故障有时是由一种被称为时间依赖性介电击穿（Time-Dependent Dielectric Breakdown，TDDB）的载流子注入机制引起的，它会在栅极氧化物中导致多阶段退化。第一阶段退化的成因是热载流子注入形成的界面缺陷：界面缺陷相互重叠从而形成缺陷条纹，进而导致栅极与沟道或衬底之间形成导通的电子路径。第二阶段退化的成因是热量：缺陷的累计会导致发热加剧，而高温会产生更多的缺陷，这形成了一个以热损伤为导向的正反馈机制，当氧化物中的结构缺陷程度超过阈值时就形成了介电击穿。因此，TDDB 机制形成了一个高能载流子注入和缺陷累积的循环，这一循环最终会导致氧化物的损坏。

薄介质和存在工艺缺陷的介质会加速界面缺陷的形成，并缩短器件老化的时间，源极和漏极之间的势差也加速了缺陷的产生。实验表明，在 45nm 工艺技术中，具有 4nm 厚栅极氧化物介质的晶体管在 5mV/cm 的电场下会发生介电击穿[15-16]。这种高电场通常是由偶发的大于电源电压 V_{DD} 的电压尖峰产生的，通常来源于电源线网中的电感等器件。栅极电介质的 TDDB 可以通过 MTTF 来表征：

$$t_{\mathrm{TDDB}} = A\exp\left(-\frac{E_{\mathrm{a}}}{kT_{\mathrm{ref}}} + B_{\mathrm{ox}}V \right) \tag{7.5}$$

式中，A 为一个基于实验和工艺参数的常数，V 为施加在栅极上的电压，B_{ox} 为一个依赖于氧化物特性的电压加速常数。由此可以看出，t_{TDDB} 是温度的函数。

7.3.4 缓解由 HCI 引起的退化

针对性的器件和电路优化技术可以减弱热载流子注入导致的退化。目前使用的器件技术包括漏极区轻掺杂、偏移栅极和掩埋 P+沟道。如前所述，热载流子注入的漏极形式是由沟道末端的漏极端口冲击电离引起的。如果沟道附近和下方的漏极区相比其他区域掺杂程度更轻，能够获得足够大动能以隧穿进入氧化物的电子-空穴对就会更少。轻掺杂区域如图 7.9 所示[17]。

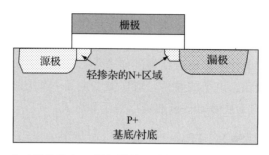

图 7.9　基于器件的 HCI 缓解措施：降低掺杂浓度以降低漏极注入

　　由于热载流子退化主要影响 NMOS 器件，因此串联连接（例如 NAND 和其他复杂门电路）将受到较少的退化影响。因此，在一个 MOS 管网络中，最接近输出端的 NMOS 晶体管具有最快的退化速度，而这将直接影响输出结果。一种解决方案是使用额外的 MOS（串联）加强保护，以降低影响范围内 NMOS 晶体管漏极处的电压，如图 7.10 所示[18]。

　　门尺寸调整和输入信号调度是用于减轻热载流子注入引起的可靠性退化的其他两种电路设计技术。门尺寸调整是一种用于适应参数不确定性的常用技术。通常情况下，增加晶体管的尺寸会降低其对热载流子注入的敏感性。门尺寸调整改变了输入信号的斜率，使得晶体管可以更快地离开线性区域，从而减少了热载流子注入引起的可靠性问题的影响。在前级和扇出级的门电路必须适当调整尺寸，以确保整体设计的可靠性。输入信号的到达时间可以影响晶体管的应力和热载流子抵抗力[19]。当靠近输出的 NMOS 晶体管的输入信号先到达时，热载流子注入效应将得到有效抑制，如图 7.11 所示。

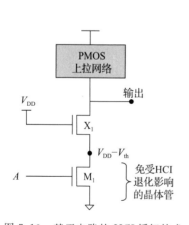

图 7.10　基于电路的 HCI 缓解技术

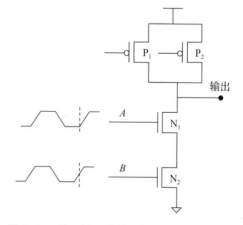

图 7.11　基于输入信号调制的 HCI 缓解技术

7.4　负偏置温度不稳定性

　　负偏置温度不稳定性（NBTI）是对 PMOS 器件影响较大的一种电路老化机制。当

PMOS 偏置为负(栅极电压小于源极电压)且处于高温环境时，器件的阈值电压会增加，这影响了晶体管在开启状态下的电流大小及性能。当工艺节点在 65nm 以下时，NBTI 的影响显著增大。在某些情况下，由 NBTI 引起的阈值电压下降与热载流子注入机制的原理类似，但 HCI 的退化主要发生在晶体管的开闭转换期间，而 NBTI 的退化主要发生在器件受到各种效应的静态作用时，此时晶体管工作状态不变。在当今的低功耗设计中，为了降低功耗，部分电路通常是电源门控的，在效应的静态作用下它们也会加速退化。

由于硅-氧化物边界上累积的界面缺陷，硅和氧化物之间会出现晶格结构不匹配并在其边界面附近产生许多游离的硅原子，其数量可以通过氢退火工艺来抑制，这一工艺能结合硅原子与氢原子。然而，随着特征尺寸的持续缩小以及作用在栅极上各种效应的增强，这些 Si-H 键很容易断裂。这种断裂会导致界面缺陷和游离硅的产生，并导致器件阈值电压和驱动电流的变化。

7.4.1　反应-扩散模型

反应-扩散模型可以很好地解释界面缺陷产生和 Si-H 键断裂的机制[5-6,20-21]。该模型主要分为反应阶段和扩散阶段。在反应阶段中，沟道中的空穴将氢原子从界面上的 Si-H 键中移出并形成缺陷(见图 7.12)。这一过程可以由以下公式来描述：

$$\text{Si-H} + h + \rightleftarrows \text{Si}^+ + \text{H}^0 \qquad (7.6)$$

式中，h+ 表示沟道区域内的空穴，这是反应阶段产生的界面缺陷数量。N_{it} 是 Si-H 键断裂的速率、缺陷产生的速率和向栅极扩散的氢原子数量的函数。因此，界面缺陷数量的变化速率是以下几个参数的函数：

$$\frac{\text{d}N_{it}}{\text{d}t} \propto k_r, k_h, N^0, N_{it}, N_{H_2}^0 \qquad (7.7)$$

式中，k_r 和 k_h 分别为反向反应的速率(也称为氢退火速率)和氢原子从 Si-H 键中脱离并形成氢分子的速率(也称为断键速率)，N^0 为初始的 Si-H 密度，$N_{H_2}^0$ 为在 Si-SiO$_2$ 界面上的初始 H$_2$ 密度。

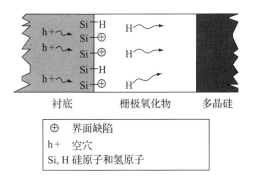

图 7.12　在 NBTI 反应阶段中发生的硅-氢键的断裂以及界面缺陷的形成

在一定时间的反应后，$N_{H_2}^0$ 密度达到饱和，器件进入平衡状态，界面缺陷的形成速率下降，此时反应-扩散模型进入扩散阶段。在此阶段，氧化物中的氢原子向栅极端扩散（见图 7.12），其中氢原子密度随时间的变化情况取决于氢原子在氧化物材料中的扩散速率。扩散过程由下式约束：

$$\frac{dN_{H_2}}{dt} \propto D^2 \frac{dN_{H_2}}{dx^2} \tag{7.8}$$

扩散过程会降低界面缺陷的形成速率，这是因为扩散速率比反应速率要慢得多。因此，最终的 N_{it} 变化速率并不依赖于 dN_{H_2}。反应-扩散模型在 NBTI 作用下形成界面缺陷的整体函数如下[1]：

$$N_{it}(t) = X \sqrt{E_{ox} \exp\{E_{ox}/\varepsilon_0\}} \cdot \sqrt[0.25]{t} \tag{7.9}$$

式中，X 和 ε_0 为工艺相关参数，E_{ox} 为氧化物内电场强度，t 为作用持续时间。进一步，界面缺陷的产生改变了 PMOS 的阈值电压，其变化模型如下[7,20-23]：

$$\Delta V_{T-p}(t) = (\mu_{mob} + 1) \frac{q \Delta N_{it}(t)}{C_{ox}} \tag{7.10}$$

式中，q 为沟道中的电荷；C_{ox} 为氧化物电容；μ_{mob} 参数也被包括在内，这是因为 Si-SiO$_2$ 界面上的缺陷也改变了器件内部的电子迁移率。

7.4.2 静态和动态 NBTI

在负偏置条件下，Si-SiO$_2$ 界面上产生界面缺陷，这导致由 NBTI 引起的 MOS 晶体管阈值电压的变化。然而，与基于 HCI 效应的器件退化不同，NBTI 是可逆的，即阈值电压可在非负偏置和较低的温度下恢复。实际上，NBTI 机制存在两个阶段：作用阶段和恢复阶段。在作用阶段（由反应-扩散方程约束），源极、漏极和衬底处于相同的电位，而栅极被负偏置（如 $V_{GS} = -V_{DD}$），界面缺陷形成并驱动氢原子向栅极移动。在恢复阶段（$V_{GS} = 0$），沟道内不存在能够形成界面缺陷的空穴，一些扩散的氢原子没有足够的能量迁移到栅极区域，就会回到 Si-SiO$_2$ 交界面并与悬浮的硅原子重新结合，逆转了由 NBTI 导致的器件退化并使得器件的阈值电压（部分）恢复到正常状态，这两个阶段如图 7.13 所示。

当一个器件在整个生命周期中都处于作用阶段时，就可以观察到 NBTI 静态作用。长时间关闭以最小化静态功耗的器件最有可能承受 NBTI 静态作用，这些器件的阈值电压往往随时间变化。因此，当它们被重新打开时，其 V_T 与时序均不再相同。图 7.14a 展示了一个 CMOS 晶体管中 NBTI 静态作用的例子。当输入电压为 0 时，PMOS 晶体管明显受到 NBTI 静态作用的影响。图 7.14b 展示了 NBTI 动态作用于晶体管的情况，由 V_T 变化引起的栅极延迟在 P_1 长时间受到静态作用后的初次转换时达到最大。

在有源电路中，MOS 晶体管的栅极电压在 0～V_{DD} 之间变化。对于 PMOS 器件，当栅

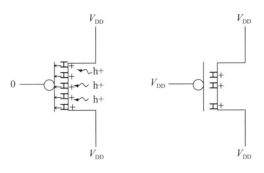

图 7.13　负偏置温度不稳定性机制的两个阶段：作用与恢复

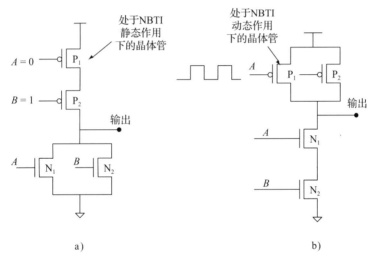

图 7.14　NBTI 作用的类型：a) 静态；b) 动态

极电压 $V_G=0$ 时，NBTI 作用会引起器件退化；当 $V_G=V_{DD}$ 时，器件处于 NBTI 恢复阶段。这意味着动态电路在作用阶段和恢复阶段之间交替，如图 7.15 所示[6]。

7.4.3　设计技术

降低由 NBTI 引起的阈值电压和驱动电流劣化的设计技术包括栅极尺寸调整、占空比调节和 V_{DD}/V_T 调节，这些技术已被用于当前的设计以降低制造工艺中不确定性的影响。

占空比定义为一个特定信号处于有效状态的时间百分比。NBTI 动态作用使得电路在作用阶段和恢复阶段之间交替，而占空比决定了器件分别处于两个阶段的时间。通过调节器件尺寸来适当地调整电路的占空比，器件阈值电压的变化幅度得以下降。器件处于恢复阶段的时间越长，ΔV_{T-p} 的值就越低。

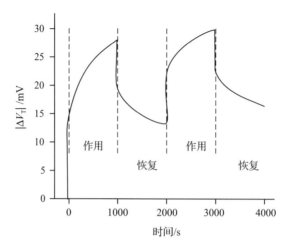

图 7.15   在作用阶段与恢复阶段下阈值电压 V_T 的变化情况

ΔV_{T-p} 的变化幅度依赖于 V_{DD} 和 V_T。如图 7.16 所示，V_{DD} 调节技术对 ΔV_{T-p} 和设计可控性的改善效果更佳[24]，适当的调节程度取决于工艺、NBTI 作用类型（静态或动态）以及器件中观测到的 ΔV_{T-p} 区间。如果给定 NBTI 的作用时间，就可以调整 V_{DD} 以最小化 ΔV_{T-p} 变化与性能退化。

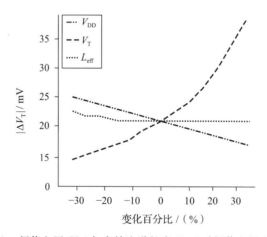

图 7.16   电源电压(V_{DD})、阈值电压(V_T)与有效沟道长度(L_{eff})对阈值电压变化幅度($|\Delta V_T|$)的影响

7.5   静电放电

静电放电(Electro-Static Discharge，ESD)是一种众所周知的故障机制，表现为器件上突发的静电放电。这种放电可以在许多方面损害半导体器件[25-27]，其中 MOSFET 器件由于输入阻抗较高而更容易发生 ESD 故障。ESD 故障可以归因于由于摩擦效应产生的静电。

换而言之，当两个物体接触时，它们的表面电离并注入比材料的功函数更大的电荷。多余的电荷会抵消其中一种材料中的电子，并将它们附着在另一种材料上，从而形成电荷相反的表面。当这些带电表面与 MOSFET 接触时，栅极上极易发生 ESD 并引发介电击穿。如今，MOSFET 器件的氧化物厚度小于 40Å，这进一步降低了击穿电压。

ESD 引起的灾难性故障发生在电介质(绝缘体)、PN 结和导体处。在栅极电介质中，过高的栅极电压会破坏栅极氧化物；在 PN 结处，过高的源-漏电压可能导致 PN 结穿孔并导致发热，进而导致硅化物开裂或 PN 结故障；在导体处，当金属线被大电流加热时，可能引发由电迁移或 ESD 引起的介电缺陷，这会导致导体上出现永久性的大电流通道。

如图 7.17 所示，ESD 会导致金属线互连，使得通过导线的电流突然增加。由于焦耳定律，金属线上发生加热、熔化、桥接或开路等现象。在 MOSFET 器件中，当金属线剧烈发热时，金属被熔化并流入由 ESD 产生的狭窄的电流通道，从而永久连接源极和漏极区域，这种现象被称为电热迁移。在弱电场中发生的物质迁移同样可能导致 MOSFET 电极之间的短路。事实上，来自多晶硅栅极的丝状物可以使器件的三个端子短路(见图 7.18)。结区断裂是指由于 ESD 导致的 PN 结断裂，这导致双极型器件的 PN 结开路或短路。静电放电产生了大量焦耳热，这改变了最底层硅的特性，例如电阻率降低，这进一步增加了其对放热的敏感性，由此产生的恶性循环会导致热失控，进而导致器件完全故障。

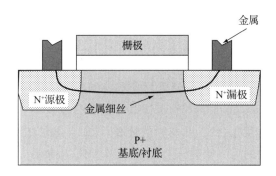

图 7.17 电热迁移引起的金属细丝短路

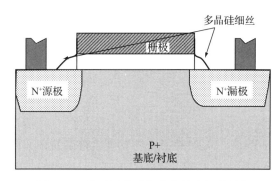

图 7.18 物质迁移引起的多晶硅细丝短路

针对关键 MOSFET 器件的保护性电路设计可以减少甚至消除由静电放电导致的故障[28-29]，如门控二极管以及可以阻止器件穿孔的保护性设计。

7.6 软错误

为了实现高电路密度和低功耗，当今的工艺普遍调整了特征尺寸小于 50nm 的器件的工作电压。然而，电源电压的下降也降低了噪声裕度，并增加了器件对于辐射损伤的敏感性。软错误是由于地球或宇宙辐射引起的可靠性问题。与由于随时间逐渐退化而导致的可靠性故障不同，软错误是瞬态的且通常表现为数据中的错误或电路信号中的错误，不会对器件造成任何物理损坏。被及时检测到的错误数据比特可以通过重新覆写来进行修正，但如果这些错误的比特没能在指定的时间内被识别，就可能会在许多系统中引发可靠性问题，比如内存组件就特别容易受到软错误机制的影响。因此，具有高可靠性的系统通常采用检测和纠正比特错误的技术以避免突发的系统崩溃，包括纠错码、增大电容、备用电路以及软件技术(如 RMT，见 6.3.1.2 节)。

7.6.1 软错误的类型

辐射引起的单粒子翻转(Single Event Upset，SEU)不一定会影响系统的运行，但若系统受到影响，则可以认为已经发生了一个软错误。一个软错误可以跨越多个时钟周期进行信息传输而不影响系统的输出，但这些不会影响系统输出的软错误不可被检测出来(因此用户不会找到)。可检测到的软错误可分类为静默数据损坏(Silent Data Corruption，SDC)或可测不可恢复性错误(Detected Unrecoverable Error，DUE)。

SEU 的典型持续时间很短(约为几皮秒的量级)，如果出现在组合电路中，它甚至不会传播到电路输出端并被识别为一个错误。然而，当 SEU 被锁住(位于触发器或锁存器中)时，它可以持续存在，或在之后的时钟周期中持续传播，软错误因此才被观测于时序和存储器电路。需要注意的是，即使电路中发生了 SEU，它导致系统错误的可能性也很小，这是由于电气屏障、逻辑掩码和锁存时间窗口的阻挡作用[30]。电气屏障可以防止错误值达到可被检测到的逻辑级别，逻辑掩码可以防止错误值传播到输出端，而锁存时间窗口可以防止错误的二进制数值被记录下来。

7.6.2 软错误率

软错误率(Soft Error Rate，SER)是指系统发生软错误的概率[31]。SER 可以通过时间故障(Failure In Time，FIT)或 MTTF 来衡量。FIT 度量指定每十亿小时运行中遇到的软错误数量，而 MTTF 根据 IC 发生软错误前的工作年数来衡量 SER。如前所述，SER 与老化并没有很强的关系,相反,它是一个很好的电路可靠性的指标。尽管软错误也可以通过改变电路设计或调整系统架构来解决,但软错误率与芯片良率无关。

7.6.3 可靠性的 SER 缓解和纠正

抗辐射加固技术可以用来降低软错误率(SER),这一技术可以通过多种方式实现,如增加电路节点的电容或将晶体管分割成平行的"狭片"[31-32]。这些技术会影响电路的功率和时序,故应用的目标仅为那些可能具有高 SER 的节点。

纠错码用于减轻存储器电路中的软错误[33]。这一方法通过添加额外的位来检测和纠正错误的存储值。软错误可以通过使用三模冗余(Triple Modular Redundancy,TMR)等常用的容错技术来检测和纠正(见 6.3.1.1 节)。通过将功能相同的三个电路模块同时作为输入,并多数投票选择来检测错误,即使其中一个单元有软错误,其他两个单元也能提供正确的结果。存储电路中的编码输出结果也能减少软错误。然而,所有这些容错机制都以增加设计面积或降低性能为代价。

7.7 可靠性筛选和测试

可靠性筛选是在交付芯片给客户之前筛选出"弱"芯片的过程。这些故障的芯片导致了如图 7.1 所示曲线中的初期故障率部分所示的初始高故障率。可靠性筛选对于产品交付十分重要,因为它增加了"浴缸"曲线的初期斜率(初期故障),同时也有助于调整整个可靠性过程。温度、电压和机械应力均被用于加速器件故障,如振动-高温测试(见 7.1 节)。当电路受到高 g 值振动时,集成电路的机械故障会加剧,IC 离心试验也属于这一类。在测试室中,高电压和高温的作用测试被用于加速由于电迁移和栅极氧化物短路而引起的故障。这些测试筛选了有潜在缺陷和键合问题的芯片。

老化是最流行的可靠性筛选方法,它使用温度和电压的组合来加速故障。在这一方法中,集成电路芯片处在高于正常水平的温度当中,并通过耐热探头传递测试数据。老化不同于其他制造测试方法:尽管应用了测试模式却没有可测量的响应。这是因为测试条件一般已经超过了 IC 的工作极限。老化测试加速弱氧化层、薄氧化层、薄金属线、接触不良、通孔不当以及试剂污染引起的故障。有两种类型的老化测试被用于检测集成电路中不同的可靠性弱点:静态测试——用于加速结故障;动态测试——用于加速电迁移故障。

除了筛选,可靠性测试也是产品表征的另一个重要方面。与可靠性筛选不同,可靠性测试直接对目标集成电路施加压力测试直到它们故障。可靠性测试对电路而言是破坏性的,因此只从每个产品批次中选择一个样本进行测试,用于估计发货产品总体的寿命。如今,可靠性测试已经包括温度、电压、化学、机械、辐射和湿度测试。被测 IC 必须经过一系列的测试挑战,包括加热、高电压(尖峰)、化学物质腐蚀、冲击振动以及阿尔法粒子或中子轰击。这些测试对各个可靠性故障作用机制进行了全面的分析，来评估 IC 在工作现场所能承受的激活能量和压力水平。

7.8 本章小结

在本章中，我们回顾了影响当今集成电路的可靠性问题，以及会导致器件老化和永久性故障的关键可靠性机制。我们讨论了参数性（如 HCI 和 NBTI）、可恢复性（如 NBTI）和间歇性（如软错误）的故障机制。器件的可靠性是设计和制造过程鲁棒性的产物，当故障机制可以被建模时，可靠性设计（DFR）提供了对可靠性故障的抗性，这体现了可靠性建模的重要性。在本章中，我们回顾了用于预测电路老化或识别电路漏洞的各种可靠性模型。DFR 技术以成本、面积、性能和功率为代价，因此应该有选择性地进行使用。

参考文献

1. M. A. Alam and S. Mahapatra, "A Compreshensive Model of pMOS NBTI Degradation," *Microelectronics Reliability* **45**: 71–81, 2005.
2. V. Reddy et al., "Impact of Negative Bias Temperature Instability on Digital Circuit Reliability," in *Proceedings of IEEE International Reliability Physics Symposium*, IEEE, New York, 2002, pp. 248–254.
3. D. K. Schroder and J. A. Babcock, "Negative Bias Temperature Instability: Road to Cross in Deep Submicron Silicon Semiconductor Manufacturing," *Journal of Applied Physics* **94**(1): 1–17, 2003.
4. A. T. Krishnan, V. Reddy, S. Chakravarthi, J. Rodriguez, S. John, and S. Krishnan, "NBTI Impact on Transistor and Circuit: Models, Mechanisms and Scaling Effects," in *Proceedings of International Electron Devices Meeting*, IEEE, New York, 2003, pp. 14.5.1–14.5.4.
5. S. Chakravarthi, A. T. Krishnan, V. Reddy, C. F. Machala, and S. Krishnan, "A Comprehensive Framework for Predictive Modeling of Negative Bias Temperature Instability," in *Proceedings of IEEE International Reliability Physics Symposium*, IEEE, New York, 2004, pp. 273–282.
6. G. Chen et al., "Dynamic NBTI of pMOS Transistors and Its Impact on Device Lifetime," in *Proceedings of IEEE International Reliability Physics Symposium*, IEEE, New York, 2003, pp. 196–202.
7. M. A. Alam, "A Critical Examination of the Mechanics of Dynamic NBTI for pMOSFETs," in *Proceedings of International Electron Devices Meeting*, IEEE, New York, 2003, pp. 345–348.
8. R. Doering and Y. Nishi, *Handbook of Semiconductor Manufacturing Technology*, CRC Press, Boca Raton, FL, 2007.
9. J. Srinivasan, S. V. Adve, P. Bose, and J. A. Rivers, "The Impact of Technology Scaling on Lifetime Reliability," in *Proceedings of International Conference on Dependable Systems and Networks*, IEEE Press, New York, 2004, pp. 177–186.
10. J. Black, "Mass Transport of Aluminum by Momentum Exchange with Conducting Electrons," in *Proceedings of International Reliability Physics Symposium*, IEEE, New York, 1967, pp. 148–159.

11. A. G. Sabnis, *VLSI Reliability*, Academic Press, New York, 1990.
12. T. H. Ning, P. W. Cook, R. H. Dennard, C. M. Osburn, S. E. Schuster, and H. N. Yu, "1 μm MOSFET VLSI Technology: Part IV—Hot-Electron Design Constraints," *IEEE Transactions on Electron Devices* **26**: 346–353, 1979.
13. P. E. Cottrell, R. R. Troutman, and T. H. Ning, "Hot-Electron Emission in n-Channel IGFET's," *IEEE Electron Devices Letters* **26**: 520–532, 1979.
14. A. Schwerin, W. Hansch, and W. Weber, "The Relationship between Oxide Charge and Device Degradation: A Comparative Study of n- and p-Channel MOSFET," *IEEE Transactions on Electron Devices* **34**: 2493–2499, 1987.
15. D. L. Crook, "Method of Determining Reliability Screens for Time Dependent Dielectric Breakdown," in *Proceedings of International Reliability Physics Symposium*, IEEE, New York, 1979, pp. 1–7.
16. S. I. Raider, "Time-Dependent Breakdown of Silicon Dioxide Films," *Applied Physics Letters* **23**: 34–36, 1973.
17. S. Ogura, P. J. Tsang, W. W. Walker, D. L. Critchlow, and J. F. Shepard, "Elimination of Hot-Electron Gate Current by Lightly Doped Drain-Source Structure," in *Technical Digest of International Electron Devices Meeting*, IEEE, New York, 1981, pp. 651–654.
18. H. C. Kirsch, D. G. Clemons, S. Davar, J. E. Harmon, C. H. Holder, Jr., W. F. Hunsicker, F. J. Procyk, et al., "1 Mb CMOS DRAM," in *Technical Digest of International Solid State Circuits Conference*, IEEE, New York, 1985, pp. 256–257.
19. T. Sakurai, M. Kakumu, and T. Iizuka, "Hot-Carrier Suppressed VLSI with Submicron Geometry," in *Proceedings of IEEE Internation Solid–State Circuits Conference*, IEEE, New York, 1985, pp. 272–273.
20. H. Kufluoglu and M. A. Alam, "A Geometrical Unification of the Theories of NBTI and HCI Time-Exponents and Its Implications for Ultra-Scaled Planar and Surround-Gate MOSFETs," in *Proceedings of IEEE Electrons Devices Meeting*, IEEE, New York, 2004, pp. 113–116.
21. K. O. Jeppson and C. M. Svenssen, "Negative Bias Stress of MOS Devices at High Electric Field and Degradation of MNOS Devices," *Journal of Applied Physics* **48**: 2004–2014, 1997.
22. S. C. Sun and J. D. Plummer, "Electron Mobility in Inversion and Accumulation Layers on Thermally Oxidized Silicon Surfaces," *IEEE Journal of Solid-State Circuits* 15(4): 1497–1508, 1980.
23. J. E. Chung, P.-K. Ko, and C. Hu, "A Model for Hot-Electron-Induced MOSFET Linear Current Degradation Based on Mobility Reduction Due to Interface-State Generation," *IEEE Transactions on Electron Devices* **38**(6): 1362–1370, 1991.
24. R. Vattikonda, W. Wang, and Y. Cao, "Modeling and Minimization of pMOS NBTI Effect for Robust Nanometer Design," in *Proceedings of Design Automation Conference*, ACM/IEEE, New York, 2006, pp. 1047–1052.
25. D. P. Renaud and H. W. Hill, "ESD in Semiconductor Wafer Processing—An Example," in *Proceedings of EOS/ESD Symposium*, ESD Association, Rome, NY, 1985, vol. EOS-7, pp. 6–9.
26. W. B. Smith, D. H. Pontius, and P. P. Budenstein, "Second Breakdown and Damage in Junction Devices," *IEEE Transactions on Electron Devices* **20**: 731–744, 1973.
27. L. F. DeChiaro, "Electro-Thermomigration in nMOS LSI Devices," in *Proceedings of International Reliability Physics Symposium*, ESD Association, New York, 1981, pp. 223–229.

28. R. N. Rountree and C. L. Hutchins, "nMOS Protection Circuitry," *IEEE Transactions on Electron Devices* **32**(5): 910–917, 1985.
29. C. Duvvury, R. A. McPhee, D. A. Baglee, and R. N. Rountree, "ESD Protection Reliability in 1 μm CMOS Technologies," in *Proceedings of International Reliability Physics Symposium*, IEEE, New York, 1986, pp. 199–205.
30. E. Normand, "Single Event Upset at Ground Level," *IEEE Transactions in Nuclear Science* **43**(6): 2742–2750, 1996.
31. D. G. Mavis and P. H. Eaton, "Soft Error Rate Mitigation Techniques for Modern Microcircuits," in *Proceedings of International Reliability Physics Symposium*, IEEE, New York, 2002, pp. 216–225.
32. M. P. Baze, S. P. Buchner, and D. McMorrow, "A Digital CMOS Design Technique for SEU Hardening," *IEEE Transactions on Nuclear Science* **47**(6): 2603–2608, 2000.
33. S. Mukherjee, "Architecture Design for Soft Errors," Morgan Kaufmann, San Mateo, CA, 2008.

可制造性设计：工具和方法论

8.1 引言

前几章已经阐明，可制造性设计（DFM）不仅仅是后端的问题。光学邻近效应修正、双重图形、相移掩膜等避免缺陷的分辨率增强技术（Resolution Enhancement Technique，RET）不能与物理设计过程分离，因为有些设计不能简单地"清理"，因此需要重新设计。随着设计师参与到 DFM 迭代过程中，设计效率成为值得关注的问题。这种效率必须从信息和工具两个方面来看。信息包必须包含工艺参数的变化（即不同工艺角下的打印形状表示）或这些变化的分布情况。通常，设计师不能解读所有这些信息，因为这需要额外的制造工艺知识和与分析相关的参数。电子设计自动化公司和内部的计算机辅助设计（CAD）工具通过将这些知识封装在技术库中，来搭建制造规范、工艺变异性和相应设计参数变化之间的桥梁。计算机辅助设计工具是半导体设计过程中不可或缺的一部分。在设计的每个阶段，CAD 工具通过分析、经验及封装知识进行设计转换，以改进设计实现过程。传统上，设计主要受面积、性能和功耗这三个指标的影响。然而，由于功能和参数良率问题以及 DFM 合规的复杂性，在向更小的制造几何尺寸迈进的过程中，可制造性、变异性和可靠性的目标变得越来越重要。

设计实现过程需要遵循一套设计原则，以提高设计效率，这套设计原则由设计过程的难易程度和所需的设计迭代次数决定。指导方针是设计目标、技术和工具功能的函数。整个设计实现过程通常称为设计方法论。遵循一套时钟规则、芯片电源分配规则或库单元的规定物理尺寸，将简化设计过程的分区；这使得各个分区能够同时独立设计，从而提高设计效率并缩短上市时间。类似地，库单元规划和一套物理设计约束通常会避免多次迭代，以完成兼容 DFM 的设计。这些考虑事项强调了设计规则的重要性，以减小工具在所需数据类型和数据量方面的负担。我们还需要更加复杂且功能强大的工具，因为仅靠规则无法实现所有的设计和制造目标。因此，设计方法论不能脱离所涉及的工具单独讨论。

设计实现过程涉及一系列步骤。这些步骤最初并不包括 DFM，DFM 被视为一个单向的后端流程，以提高可制造性。随着与 RET、光刻可变性和缺陷避免技术相关的复杂性的出现，设计方法不仅必须适应 DFM，还必须适应良率设计（Design For Yield，DFY）和可靠性设计（Design For Reliability，DFR）。这三个设计概念通常被称为 DFx，因为它们通常以相同的方式处理：分析、合规检查和优化设计的迭代。DFx 的发展增加了对基本制造工艺、可制造性模型和过程可变性理解的需求。设计师的角色因此得到扩展，旨在实现符合功率、性能和可制造性目标的更好设计。

　　未来，半导体行业朝着低成本、高效益制造的方向发展，主要由两大因素推动：一是提高可制造性、良率和可靠性的 CAD 工具和方法论；二是针对特定产品的创新制造理念。

8.2　集成电路设计流程中的 DFx

　　CAD 工具是 DFM 和 DFR 的主要组成部分。半导体制造中的典型设计流程包括以下要素：器件和工艺建模、标准单元设计、库表征、设计分析、综合、布局和布线、版图验证和掩膜工程。本节将简要介绍其中的一些要素，并说明如何应用基于 DFM 和 DFR 的方法来提高设计的可制造性。半导体制造需要执行分析、建模、设计修改或优化的 CAD 工具。这些 CAD 工具通常依赖于模型和参数。模型体现了一般原则，而参数则特定于某种技术，因此 CAD 工具在不同代际之间有所不同。将参数与模型分离使得工具可以跨多个技术代际使用，从而提供一种重复性的表象。参数往往是设计过程中最容易被忽视的部分。未校准的参数以及对电压、温度和封装参数等环境条件的不现实假设会导致设计失败。

8.2.1　标准单元设计

　　符合 DFx 标准的标准单元设计对于改进制造工艺和实现更陡峭的良率曲线至关重要。例如，在匹配 FO4 指标的情况下，设计标准单元本身并不能确保符合时序设计要求，但它确实为此提供了基础。同样，在单元级解决 DFx 问题对于构建稳固的设计是必要的。在这个层次上，多栅掩膜最常出现可制造性和可靠性问题。因此，在这些标准单元的设计过程中，必须尽早且经常进行 DFM 合规性检查和相关修改。版图问题可能出现在扩散区的多晶硅栅极宽度和长度、多晶硅线之间的最小节距、有源区的接触放置、单元内的通孔放置、扩散舍入、栅长和栅宽偏置以及应力沟道区域。这些问题影响标准单元的性能（和性能可变性）。涉及负偏置温度不稳定性（NBTI）、热载流子注入和软错误的可靠性问题也需要对标准单元进行修改，以防止寿命过短和间歇性故障。因此，在库单元设计中基于 CAD 的方法论必须尽早关注传统后端设计过程的问题。

　　图 8.1 给出了本书之前讨论的一些由 DFx 流程执行的版图修改。扩散区域外的多晶硅宽度增加，调整多晶硅线的间距以消除禁止节距。采用冗余填充和亚分辨率辅助特征（SRAF）来减少硅栅极长度变化的影响。扩散区域边缘远离多晶硅线，以避免由于扩散舍

入而导致的栅宽和栅长变化。掺杂锗或硅锗以及使用氮化物衬底都可以对沟道施加应力；应变硅提高了载流子迁移率，从而提升了标准单元的性能。在晶体管中，载流子迁移率还受到与多晶硅的接触距离以及 N 有源区和 P 有源区之间间距的影响。提出的版图规则可以在不产生过多应力的情况下实现更高的载流子迁移率，因为过多的应力可能导致晶体位错。

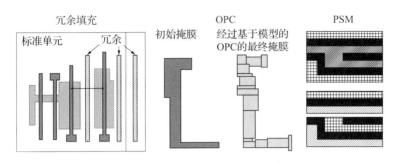

图 8.1　由 DFx 流程执行的版图修改

7.4 节讨论了与 NBTI 相关的问题。负偏置温度不稳定性对 PMOS 晶体管施加静态和动态应力，导致阈值电压 V_T 增加，从而引起器件的逐渐退化。辐射对集成电路中器件的影响可能导致间歇性故障，如软错误。此类错误与扩散面积以及沟道面积与扩散面积的比值有关。"硬化"电路以减少软错误率（见 6.5 节）可能涉及减小扩散区以及优化器件尺寸，以实现敏感性和性能之间的平衡。分辨率增强技术，如光学邻近效应修正（Optical Proximity Correction，OPC）和相移掩膜（Phase Shift Masking，PSM），也在创建库的最后阶段应用，以增强栅极的适印性。

在当前工艺参数变化的情况下，这些方法已成为设计工作的必要手段。在 DFx 兼容的设计过程中，每一种工具都严重依赖来自晶圆厂的信息，以进行符合面积和性能目标的可制造设计。

8.2.2　库表征

库表征法在设计收敛中起着至关重要的作用。对于一个给定的单元，有多种视角；其中最常见的有逻辑、电路图、时序、功耗和版图。前面我们讨论了物理版图对 DFM 的重要性。其他视角也在参数良率中起着相关作用。标准单元库由针对多个阈值电压 V_T、多种驱动强度和不同工艺节点的逻辑门组成。然而，制造过程引起的偏差也会影响库单元。因此，库的时序和静态功耗表征必须考虑这些偏差。

一个单元可以根据其在慢速、常速和快速工艺节点的性能来确定特征。在设计优化过程中，悲观的延迟假设（慢工艺）会导致逻辑门尺寸过大，从而增加功耗；相反，对单元性能的乐观假设（快工艺）会导致制造良量的降低。因此，CMOS 电路的尺寸通常基于常速工艺。如果偏差很大，那么慢速工艺和快速工艺对设计就变得很重要。例如，保持时间或最小延迟的违规通常基于快工艺进行分析。如果一个单元的性能被表征为非常快，这可能会导致"延迟填充"，从而阻碍在目标周期时间上的设计收敛。因此，在单元库表征过程中，慢速工艺和快速工艺节点通常选择 ±1.5 标准差（而不是 ±3σ），以在设计收敛、面积、功耗和参数良率之间取得平衡。我们注意到，尽管大多数设计者很少关注单元库表征，但这个过程对参数良率有很大影响。

重要的工艺参数包括栅长和栅宽的变化、随机掺杂波动（Random Dopant Fluctuation，RDF）、线边缘粗糙度（LER）、栅极长度偏置和沟道应变。许多 DFM 方法不仅提出了适合实际器件行为的模型，还试图分析工艺和光刻参数的变化，以及它们对器件参数的影响[1-13]。光刻引起的跨片线宽变化会导致器件栅长和栅宽的变化。硅上的栅极长度的变化导致非矩形栅极的形成。由于传统的 SPICE 模型假设栅极是矩形的，因此电路时序或漏电的硅前仿真与实际硅后参数之间可能会出现较大差异。因此，在 DFM 感知方法中使用的 SPICE 模型容纳了非矩形晶体管，这些晶体管由每个工作区域长度和宽度不同的矩形晶体管表示。研究结果表明，这种技术可以通过匹配晶体管在不同工作区域的漏极电流来实现[3-4,7]。RDF 和 LER 都可以映射到晶体管阈值电压 V_T 的变化。因此，SPICE 建模现在可以适应由 RDF 和 LER 引起的漏极电流变化。

由于后 OPC 栅长偏置会修改标准单元内的非临界栅极，因此在进行时序和泄漏估算时，必须考虑这种偏置下的库表征。假设法是分析这种虚拟模型最常见的方法[14]。过程感知库表征也使设计人员能够进行有效的逻辑仿真，以分析和测试信号的完整性。

8.2.3　布局、布线和冗余填充

基于 DFM 的 CAD 方法已经被纳入布局和布线的物理设计工具中。这些方法的主要目的是生成符合 RET 的布局和布线。关于标准单元布局，有一些相关的指导方针，这些指导方针考虑到了特定邻近单元的存在与否及其方向。此外，Kahng 及其同事还提出了一种新的布局方法，该方法结合了基于工艺参数的电路时序变化[15]，其目的是模拟由于透镜像差导致的时序变化，并在单元布局时考虑这一信息（关于这项工作的更多详细信息，请参阅 4.4.5 节）。

符合 RET 的布线算法结合了光刻相关问题的知识，以规定连接各类模块的导线布线。其中一种方法是先进行初始布线，然后进行快速光刻仿真，以估算掩膜中每个金属线的边缘放置误差（Edge Placement Error，EPE）。然后，根据估算的 EPE 标记热点，采取一系列的导线扩长和定径步骤。如果在这些步骤之后热点仍然存在，那么详细布线将被拆除并重新布线。这个过程会重复进行，直到得到无热点的版图。只有在有足够的额外可用空间的区域才有可能进行导线扩长。如图 8.2a 所示，导线扩长减少了关键区域，提高了适印性。如图 8.2b 所示，导线扩宽减少了开路缺陷的关键区域，它还降低了由于邻近效应造成的线宽减小的概率。

冗余填充技术是后布局布线技术，目的是在化学机械抛光（CMP）后改善氧化物和其他材

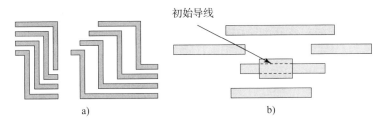

图 8.2　光刻布线：a)导线扩长；b)导线扩宽

料的平整度，其效果取决于掩膜的图案密度。在掩膜特征之间添加冗余填充，以最小化光刻后金属和层间介电厚度的变化。通过开槽可以减少 CMP 引起的宽金属线的凹陷(刻蚀)。该过程去除金属线的某些区域(例如电源轨道和填充氧化物)，以提高平整度(见图 5.17)。

8.2.4　验证、掩膜合成和检验

由于当今掩膜中图案密度的增加，物理验证变得越来越复杂。验证是检查版图是否符合通用设计规则检查(Design Rules Check，DRC)、受限 DRC 和光刻规则的过程。数十年来，DRC 一直是设计交接前的最后阶段。然而，随着版图密度的增加，场的相互作用延伸到相邻多边形之外。现在，必须考虑的大量交互已经使得 DRC 规则数量呈指数级增长。光刻规则检查(Lithography Rules Check，LRC)是一种基于模型的方法，旨在解决版图中的适印性问题。特别是 LRC 改变了设计版图，使得 OPC 算法能够针对热点找到合适的解。LRC 算法是基于版图中呈现的多边形模式匹配一个预编译的光刻仿真形状库，建立图案库，并进行光刻仿真，以分析图案的适印性。使用模式匹配技术识别和修复热点，以最大化最终 OPC 的效果。

掩膜合成和检验步骤在掩膜制造之前由设计公司进行。有效的掩膜合成技术涉及 DFM 策略，旨在生产符合 RET 的掩膜。OPC 和 PSM 都在最终的掩膜上进行，以提高图案的适印性。LRC 依赖于版图验证来生成适合光学邻近效应修正和相移掩膜的版图。除非版图没有热点，并且可以分配相位，否则需要重新布局和布线(关于 PSM 和 OPC 的更多详细信息，请参阅 4.3 节)。掩膜检验用于分析给定版图所需的曝光次数，其中"曝光次数"是版图中分割多边形的数量。掩膜写入的成本是曝光次数的直接函数。检测步骤还包括关键区域分析，以便根据特定缺陷大小预测掩膜的良率。通过修复可以提高工艺良率，但灾难性故障只能通过重新制作来消除。

8.2.5　工艺与器件仿真

工艺和器件仿真工具与 DFx 流程的交互对于改进整个制造过程至关重要。器件和工艺仿真工具被归类为"技术 CAD"(TCAD)工具。TCAD 工具的目的是生成 DFx 模型，这些模型将被整合到前端和后端设计阶段的设计工具中。

技术 CAD 工具进行工艺和器件仿真，以评估工艺偏差对设计参数的影响。工艺仿真模拟实际工艺场景的氧化、扩散、刻蚀以及其他材料的沉积阶段。通过建模分析不同工艺参数对最终器件或互连的影响，以支持晶体管级分析，从而改进整体设计。器件仿真描述了器件在不同操作模式下的行为。在 45nm 以下的技术节点上，FinFET 和三栅器件等较新的器件被建模为传统 MOSFET 的有效替代。这些最新器件需要包含工艺和器件信息的三维 TCAD 公式，以便有效分析器件所有可能的变体。

8.3 电气 DFM

前几章中描述的大多数 DFM 技术都提供了降低灾难性良率的策略。这些 DFM 技术有助于提高功能良率，但往往忽略了参数良率。由于没有将工艺参数与设计参数相关联的工具，参数良率被排除在设计者考虑之外。现今设计中的良率限制因素是参数故障：设计参数的变化超出了规定的规格。人们提出电气 DFM(E-DFM)技术，来解决这些故障并提高设计参数良率。电气 DFM 已成为设计和制造公司 DFM 战略的重要组成部分。正如已经渗透到设计过程各个步骤的全面 DFM 方法一样，E-DFM 可能会找到改善设计电气特性的方法。

E-DFM 的目标是通过促进制造和设计之间的沟通来提高参数良率。电气 DFM 分析技术涵盖了制造阶段的全过程，以获取有关工艺偏差的综合信息，这些信息可用于电气优化。这些偏差被整合到设计工具中，用于评估其对电路性能和功耗的整体影响。E-DFM 方法通过关注泄漏功耗、动态功耗、设计时序、电气偏差等来提高设计的参数良率。E-DFM 技术的例子包括在应力条件下进行的漏电感知标准单元库设计、考虑光刻偏差的时序感知布置、多晶硅掩膜的电气 OPC 以及栅长偏置[7,15-17]。插入填充和调整通孔以减少由光刻胶开口引起的参数变化也是 E-DFM 框架的一部分。然而，冗余填充可能会引起金属线之间耦合电容的偏差。因此，人们提出了插入填充技术，以优化时序和 CMP 后材料的平整度[18]。

8.4 统计设计与投资回报率

可制造性设计和统计设计之间一直存在模糊的界线。DFM 技术通常针对灾难性或参数良率，遵循一系列步骤来预测、建模、分析和偏差补偿。DFM 方法的目标是表现出可预测行为的变化(或者可以简单地概括为系统偏差)。如果一种偏差可以用数学函数来模拟，那么它就是可预测的。一个简单的例子是，晶圆上掩膜特征线宽的变化取决于相邻金属线间距的函数。另一个例子是，晶体管栅极长度变化取决于标准单元的方向。这些关系是可预测的，并且可以有效地建模为简单的函数。然而，对于某些变化，量化是困难的，或影响参数无法验证，或发生是随机的。没有单一的数学函数可以模拟这种行为，因为既不知道组成参数，也不知道它们的变化。这就是统计设计的作用所在：它根据概率分布和其他统计属性来描述现象。

统计设计的目标是通过分配一个分布模型来解决随机参数变化的问题，该分布模型可用于预测器件或互连的行为。统计设计的一个例子是，随机掺杂波动及其对器件阈值电压的影响的建模。图 8.3 中绘制的曲线揭示了采用确定性和统计设计时序表征的差异。统计设计方法估计的最大延迟小于确定性方法预测的最坏情况延迟（＋3σ）。同样，如图 8.4 所示，当采用统计设计方法而不是确定性设计方法时，预计设计的平均泄漏功率会更低。这意味着对于高性能应用，电路可以设计得不那么保守。

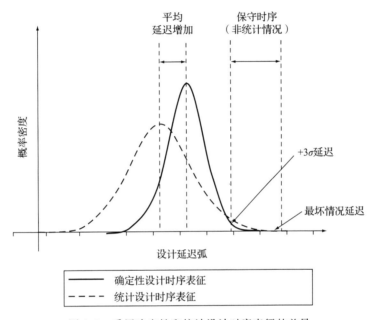

图 8.3 采用确定性和统计设计时序表征的差异

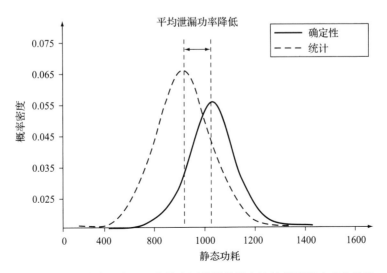

图 8.4 采用确定性方法和蒙特卡罗模拟统计方法计算泄漏功率的差异

统计设计方法有一些需要注意的地方。如果统计设计基于工艺早期阶段的参数分布特征，那么结果可能不是最优的。这是因为随着制造工艺的成熟，工艺参数的波动会发生变化。这意味着模型和 CAD 工具必须持续更新，这显然是不可行的。因此，基于统计的设计方法依赖于性能保护带来满足最终产品规格。然而，考虑到变化的数量不断增加，即使是保护带也可能在功耗方面付出很大代价。我们需要的是缺陷预防和参数良率之间适当权衡的分析[19]。

偏差通常可以根据不同的属性进行分类。随机偏差和系统偏差之间的区别是众所周知的。根据位置和影响区域，偏差也可分为批次间、晶圆间、芯片间或芯片内偏差。每种类型的偏差都有随机和系统偏差的成分。传统的方法是在参数无法有效量化和建模时，假设其最坏情况的可变性。但是，随着这种随机偏差可能原因的增多和参数相互作用范围的扩大，这种方法显得过于悲观。统计分布提供了一个可能的参数变化区域，可以用来分析对设计时序和功耗的影响。使用统计设计的一个众所周知的方法是同步优化时序和泄漏功率。利用阈值电压分布的递归方法优化电路延迟和漏电是非常有效的[20-23]。这种方法已被证明是可靠的，也被用于电路综合和工艺映射。

到目前为止的讨论涉及模型和分析。在进行统计设计之前，必须问一个关键问题：这种方法的价值是什么？特别是，当对特定参数进行统计建模时，设计人员必须了解投资回报率（Return On Investment，ROI）。已经证明，只有有限数量的参数变化（例如温度、阈值电压、有效栅长等）及其对漏电和时序的影响，ROI 是正的。相比之下，峰值功率优化的统计建模带来的经济回报非常有限[24]。因此，在使用统计模型之前研究 ROI 非常重要，因为统计模型既计算密集又耗时，得出的结果与直接使用数学函数获得的结果相当。

目前，对于 ROI 问题没有固定的答案。总的来说，选择的建模方法在很大程度上取决于应用程序、参数的可变性及其幅度和影响范围。最好的建议是对未来技术和器件结构中可能出现的任何类型的建模变化保持开放的态度。

8.5　优化工具的 DFM

自深亚微米技术出现以来，优化功耗和性能一直是 IC 设计的最重要目标。纳米 CMOS VLSI 设计通过操纵与应变、栅极偏置（使用 SRAF）和冗余填充相关因素，为现有的空间优化增加了更多的选择。后者主要与 DFM 相关，但在优化功耗、漏电和性能时也可以用作设计参数。

电路设计人员有许多优化电路的选择。阈值电压的选择、晶体管尺寸、栅极偏置和应变是影响器件优化的因素。类似地，版图优化依赖于互连修改、缓冲器插入和逻辑更改（如取反）。最终的设计良率和性能是所有这些选择的函数。图 8.5 展示了优化引擎的理想设置。它包括电路网表或设计版图作为引擎的输入，其中包含了电路参数可变性、所需参数和良率目标的信息。优化引擎修改设计的各种属性，以生成满足所需目标的最终优化设计。许多引擎可以解决优化的某些方面，而且它们仍在发展。

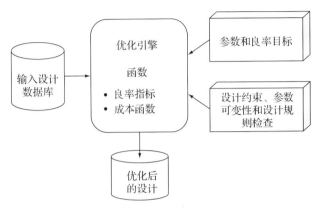

图 8.5　优化引擎的理想设置

　　优化引擎已经存在了 10 年左右。DFM 技术在优化时序和泄漏功耗时，考虑了阈值电压 V_T 的变化和应变因素。相比之下，基于版图关键区域的良率优化已经演变为更具光刻感知特性的亚波长图形化技术。所有优化技术的目标都是最小化或最大化某个特定函数，其极限由参数规范定义。该函数通常被称为工具的成本函数。在每次迭代之后，成本函数都会计算一个新的成本并与现有的成本进行比较。如果成本的变化不支持最终目标，则通常不允许进一步的迭代；当最终成本降至最低且所有目标参数都在规范范围内时，优化完成。

　　尺寸不变的标准单元版图现在具有额外的控制参数，可以产生更高的性能，因此有更多种类的标准库单元可供设计人员使用。Joshi 及其同事提出了一种基于应力和阈值电压的泄漏和时序优化流程，该设计流程使用应力和改进的基于阈值电压的逻辑门组合，以实现泄漏和性能的整体优化[16]。该流程类似于 Sirichotiyakul 及其同事先前提出的双阈值电压优化流程[22]。在这种双重方法中，通过附加的组合来增加参数的高低变化：高低阈值电压与高低应力相结合。基于应力和阈值电压的泄漏和时序优化方法在泄漏(I_{OFF})和时序(传播延迟)上的好处如图 8.6 所示[16]。

　　基于关键区域(CA)的良率估计也已用于版图优化。随着 DFM 技术的出现，需要一种新的良率优化方法——涉及光刻仿真的方法。仅仅基于 CA 分析的良率优化是不够的，因为绘制的线之间的相互作用超出了它们最近的邻元素。光刻参数的变化对线宽的影响在 3.2 节中有过描述，这对预测良率很有用。如果在输入条件组合下(例如聚焦、曝光、抗蚀剂厚度等)，一条线有消失(开路)或与相邻线短路的危险，那么这种概率将影响良率。在这种情况下，每个掩膜层的版图优化目标就是光刻良率指标。

　　整体方法包括在多个工艺角下的光刻仿真，以计算线路开路或短路的概率，如果该概

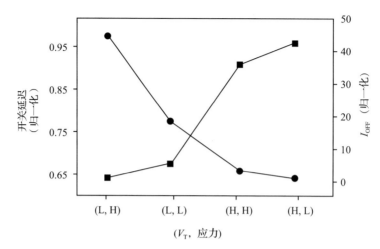

图 8.6　三输入 NOR 门的基于 V_T 和应力优化的各种组合的泄漏和开关延迟

率高于某个阈值，则会标记出由此产生的潜在热点。这些热点按照严重程度进行排序，并逐个选择调整对象。所选的候选对象可以修改，也可以不修改，这是基于邻域决定的。与传统的基于热点的版图优化技术不同，这种方法可能允许某些线路保持原样。该过程类似于有时伴随基于规则的 DRC 的"弃权"过程，在这个过程中，有时允许一些例外。这使得整体设计目标更全面，即满足面积、性能、功耗和可制造性目标。

总之，基于 DFM 的优化已经远远超出了其改善可制造性的初衷。这是因为同一套操作对于提高参数良率和其他设计指标(如性能和泄漏功耗)是有用的。

8.6　DFM 感知的可靠性分析

基于可靠性目标电迁移(Electro-Migration，EM)设计的计算机辅助设计方法，提取设计几何形状并进行驱动电流分析；由此获得的电流密度可用来估算器件由电迁移引起的平均无故障时间(MTTF)。在进行任何光学邻近效应修正之前，通常会使用绘制的版图进行此分析。假设光学邻近效应修正有助于保持制造硅的形状。

改进 MTTF 的典型修改包括改变互连线宽度和减小驱动器尺寸以满足电流密度的要求。随着每一代技术互连密度的增加，印刷所有具有可接受的不规则数量的特征的光刻工艺变得非常复杂。分辨率增强技术(如 OPC 和 PSM)对绘制版图进行修改。后 OPC 版图包含对绘制的掩膜的修改，添加额外的特征，如 SRAF、锤头和衬线等，这些特征可以更改电阻、电容和电流密度的参数值。设计的其他变化包括对较低的金属层的冗余填充和对较高的金属层(如电源轨)的开槽。这意味着基于绘制的版图的可靠性验证检查价值有限。更精确的是 DFM 感知的可靠性技术，它对预测的线宽和通孔宽度进行分析。这是一个新兴的研究领域。其他各种基于绘制几何形状的可靠性工具也必须考虑到光刻后对器件和互连的变化。考虑到制造过程各个阶段的变化越来越大，我们需要 DFM 感知的可靠性技术来尽早识别可能的故障点。

8.7 面向未来技术节点的 DFx

平面体 CMOS 的缩放变得越来越困难。除了传统的短沟道效应（如带间隧穿）和泄漏（氧化物和栅致漏极泄漏）问题外，超高反向沟道掺杂和阈值电压控制的可制造性问题也将变得非常重要。管理寄生参数（如串联源-漏电阻和边缘电容）的需要可能会推动制造向超薄体、完全耗尽的绝缘体上硅和多栅极 MOSFET 结构的方向发展[25]。除了寄生参数外，最具挑战性的问题是控制超薄 MOSFET 的厚度和可变性。主要的设计关注点是控制可变性和泄漏，以提高功耗和性能。

随着器件数量的增加、版图密度的提高和电源电压的降低，参数偏差和功耗问题变得至关重要。任何电源电压的降低都需要降低阈值电压，以维持晶体管所需的噪声裕度。反过来，降低阈值电压会导致待机电流增加或高泄漏功耗。温度和电源电压的变化也会影响泄漏功耗，随着动态功耗管理技术的发展，变化将超出制造参数，扩展到与工作负载和环境相关的条件。必须通过先进的优化流程和反馈机制来控制参数变化和泄漏的恶性循环。因此，需要新的方法来快速完成变化分析、建模和设计修改。在这一要求中，需要更好的SPICE 模型，其有效性在很大程度上决定了设计的参数良率。必须将基于模型和后硅参数变化之间的相关性更新纳入模型，以便有效地控制变化。Cho 及其同事最近提出了一种基于 OPC 的算法来预测这种光刻后的相关性[26]。

目前，应变硅（SiGe 和氮化物衬垫）和浅槽隔离（STI）引起的应力使晶体管迁移率提高了30％以上，同时对泄漏的影响非常小。因此，随着标准单元尺寸的缩小，晶体管和场氧化的应力因子将发挥重要作用。由于工艺引起的应变随着尺度的缩小而减小，应变对于保持和提高载流子迁移率是至关重要的。因此，需要详细了解如何通过物理版图诱导应变。然后，可能需要考虑 STI 氧化物的放置，因为目前基于规则的版图更改不足以通过应变硅来控制漏电和引导迁移率。CAD 工具可以模拟应力在不同标准单元边界上的移动，这将有助于修正由时序因素驱动的放置技术。面对器件特性和环境因素的变化，可靠性感知 CAD工具必须更新，以延长制造产品的使用寿命。

在 22nm 以下技术节点，传统的 MOSFET 极有可能被新的器件结构所取代。这些新结构将带来一系列新的设计和制造问题。例如，FinFET 的栅极尺寸是量化的，因为栅极长度取决于鳍的高度。因此，必须修改综合技术，以从寄存器传输语言中得出更好的门级描述。标准单元设计需要根据适印性、面积和单元内布线问题进行更改。线边缘粗糙度在FinFET 的制造中仍然是一个问题，因此引起的阈值电压变化也可能有依赖于布局的系统性成分。平面双栅、FinFET 和三栅的库特性可能不仅仅涉及模型的参数变化，它们可能需要不同的器件模型来模拟不同范围内的变化。由于这些新的栅极形状完全不同，因此可能需要调整接触点放置和金属互连布线的策略，以确保性能保持在给定的约束范围内。我们必须为未来技术的器件设计一个综合了 CAD 工具、DFM 和工业验证框架的集成方法。

许多 DFM 方法还没有被证明对大规模设计有效，其在未来技术的适用性也远未确定。统计设计被称为 DFM 系统技术的继承者。然而，由于工艺参数（及其标准差）随着制造工艺的成熟而变化，基于初始参数分布的分析和优化解决方案可能无法得到理想的设计解决方案。在设计周期中实施统计设计技术之前，必须仔细分析其投资回报率。事实上，设计人员在处理每一种设计方法时都应该关注 ROI。价值设计是 DFM、DFR 和统计设计方法的首要关注问题。

8.8　本章小结

我们希望本书能为读者揭示纳米 CMOS VLSI 设计背后的驱动因素，特别是亚波长光刻和可制造性设计。本章的主题是学术界和工业界对 DFM 和 DFR 的当前认知和实践。我们相信，本章提供的对 DFx 技术和问题的全面概述将激励读者更深入地探索这些主题。

参考文献

1. Artur Balasinki, "A Methodology to Analyze Circuit Impact of Process Related MOSFET Geometry," *Proceedings of SPIE* **5378**: 85–92, 2004.
2. S. D. Kim, H. Wada, and J. C. S. Woo, "TCAD-Based Statistical Analysis and Modeling of Gate Line-Edge Roughness: Effect on Nanoscale MOS Transistor Performance and Scaling," *Transactions on Semiconductor Manufacturing* **17**: 192–200, 2004.
3. Wojtek J. Poppe, L. Capodieci, J. Wu, and A. Neureuther, "From Poly Line to Transistor: Building BSIM Models for Non-Rectangular Transistors," *Proceedings of SPIE* **6156**: 61560P.1–61560P.999, 2006.
4. Ke Cao, Sorin Dobre, and Jiang Hu, "Standard Cell Characterization Considering Lithography Induced Variations," in *Proceedings of Design Automation Conference*, IEEE/ACM, New York, 2006.
5. Sean X. Shi, Peng Yu, and David Z.Pan, "A Unified Non-Rectangular Device and Circuit Simulation Model for Timing and Power", in *Proceedings of International Conference on Computer Aided Design*, IEEE/ACM, New York, 2006, pp. 423–428.
6. A. Sreedhar and S. Kundu, "On Modeling Impact of Sub-Wavelength Lithography," in *Proceedings of International Conference on Computer Design*, IEEE, New York, 2007, pp. 84–90.
7. A. Sreedhar and S. Kundu, "Modeling and Analysis of Non-Rectangular Transistors Caused by Lithographic Distortions," in *Proceedings of International Conference on Computer Design*, IEEE, New York, 2008, pp. 444–449.

8. Ritu Singhal et al., "Modeling and Analysis of Non-Rectangular Gate for Post-Lithography Circuit Simulation," *Proceedings of Design Automation Conference*, IEEE/ACM, New York, 2007, pp. 823–828.

9. Puneet Gupta, Andrew Kahng, Youngmin Kim, Saumil Shah, and Dennis Sylvester, "Modeling of Non-Uniform Device Geometries for Post-Lithography Circuit Analysis," *Proceedings of SPIE* **6156**: 61560U.1–61560U.10, 2006.

10. Puneet Gupta, Andrew B. Kahng, Youngmin Kim, Saumil Shah, and Dennis Sylvester, "Investigation of Diffusion Rounding for Post-Lithography Analysis," in *Proceedings of Asia and South-Pacific Design Automation Conference* IEEE, New York, 2008, pp. 480–485.

11. Robert Pack, Valery Axelrad, Andrei Shibkov et al., "Physical and Timing Verification of Subwavelength-Scale Designs, Part I: Lithography Impact on MOSFETs," *Proceedings of SPIE* **5042**: 51–62, 2003.

12. Puneet Gupta, Andrew B. Kahng, Sam Nakagawa, Saumil Shah, and Puneet Sharma, "Lithography Simulation-Based Full-Chip Design Analyses," *Proceedings of SPIE* **6156**: 61560T.1–61560T.8, 2006.

13. A. Balasinski, L. Karklin, and V. Axelrad, "Impact of Subwavelength CD Tolerance on Device Performance," *Proceedings of SPIE* **4692**: 361–368, 2002.

14. S. Shah et al., "Standard Cell Library Optimization for Leakage Reduction," in *Proceedings of ACM/IEEE Design Automation Conference*, ACM/IEEE, New York, 2006, pp. 983–986.

15. A. B. Kahng, C.-H. Park, P. Sharma, and Q. Wang, "Lens Aberration Aware Placement for Timing Yield," in *Proceedings of ACM Transactions on Design Automation of Electronic Systems* **14**: 16–26, 2009.

16. V. Joshi, B. Cline, D. Sylvester, D. Blaauw, and K. Agarwal, "Leakage Power Reduction Using Stress-Enhanced Layouts," in *Proceedings of Design Automation Conference*, ACM/IEEE, New York, 2008, pp. 912–917.

17. M. Mani, A. Singh, and M. Orshansky, "Joint Design-Time and Post-Silicon Minimization of Parametric Yield Loss Using Adjustable Robust Optimization," in *Proceedings of IEEE/ACM International Conference on Computer Aided Design*, IEEE/ACM, New York, 2006, pp. 19–26.

18. M. Cho, D. Z. Pan, H. Xiang, and R. Puri, "Wire Density Driven Global Routing for CMP Variation and Timing," *Proceedings of IEEE/ACM International Conference on Computer Aided Design*, IEEE/ACM, New York, 2006, pp. 487–492.

19. K. Jeong et al., "Impact of Guardband Reduction on Design Process Outcomes," in *Proceedings of IEEE International Symposium on Quality Electronic Design*, IEEE, New York, 2008, pp. 790–797.

20. Y. Lu and V. D. Agarwal, "Statistical Leakage and Timing Optimization for Submicron Process Variation," in *Proceedings of IEEE VLSI Design Conference*, IEEE, New York, 2007, pp. 439–444.

21. M. Mani, A. Devgan, and M. Orshansky, "An Efficient Algorithm for Statistical Minimization of Total Power Under Timing Yield Constraints," in *Proceedings of Design Automation Conference*, IEEE/ACM, New York, 2005, pp. 309–314.

22. S. Sirichotiyakul et al., "Duet: An Accurate Leakage Estimation and Optimization Tool for Dual-V_T Circuits," *IEEE Transactions on VLSI Systems* **10**(2): 79–90, 2002.

23. L. Wei et al., "Design and Optimization of Low Voltage High Performance Dual Threshold CMOS Circuits," in *Proceedings of Design Automation Conference*, IEEE/ACM, New York, 1998, pp. 489–494.

24. S. M. Burns et al., "Comparative Analysis of Conventional and Statistical Design Techniques," in *Proceedings of ACM/IEEE Design Automation Conference,* IEEE/ACM, New York, 2007, pp. 238–243.

25. *International Technology Roadmap for Semiconductors Report,* http://www.itrs.net (2007).

26. Minsik Cho, Kun Yuan, Yongchan Ban, and David Z. Pan, "ELIAD: Efficient Lithography Aware Detailed Routing Algorithm with Compact and Macro Post-OPC Printability Prediction," in *IEEE Transactions on Computer-Aided Design of Integrated Circuits and Systems* **28**(7): 1006–1016, 2009.